幼儿心理健康教育

（第二版）

刘　文◎编著

中国轻工业出版社

图书在版编目（CIP）数据

幼儿心理健康教育／刘文编著. —2版. —北京：中国轻工业出版社，2021.5（2025.2重印）

ISBN 978-7-5184-3369-8

Ⅰ. ①幼…　Ⅱ. ①刘…　Ⅲ. ①学前儿童－心理卫生－健康教育－教学参考资料　Ⅳ. ①B844.12

中国版本图书馆CIP数据核字（2021）第017624号

责任编辑：吴　红　　责任终审：腾炎福

策划编辑：吴　红　　责任校对：刘志颖　　责任监印：吴维斌

出版发行：中国轻工业出版社（北京鲁谷东街5号，邮编：100040）

印　　刷：三河市鑫金马印装有限公司

经　　销：各地新华书店

版　　次：2025年2月第2版第4次印刷

开　　本：787×1092　1/16　印张：19.5

字　　数：243千字

印　　数：11001—13000

书　　号：ISBN 978-7-5184-3369-8　定价：58.00元

读者热线：010-65181109

发行电话：010-85119832　010-85119912

网　　址：http://www.chlip.com.cn　http://www.wqedu.com

电子信箱：1012305542@qq.com

250015Y1C204ZBW

专家、园长和家长联袂推荐

幼儿心理健康是一个重要的学术领域，更是学前教育的一个重要追求。在当今的社会背景下，幼儿心理健康问题越来越突出，迫切需要专业引领和指导。刘文教授结合自己的工作实践和对世界前沿研究理论的吸收，在深入研究的基础上修订了《幼儿心理健康教育》这本著作，相信它一定会对我国幼儿园教师和家长开展幼儿心理健康教育起到引领和导航的作用。

——虞永平（中国学前教育研究会前理事长，
南京师范大学教授、博士生导师）

幼儿心理健康问题是困扰教师和家长的一大问题，但相关的教育探讨一直比较薄弱。本书基于作者长期积累的理论研究成果与实践经验，精选了幼儿心理健康教育的十个关键方面进行具体分析，既有理论阐述、研究证据，又有案例描述、培养指导，针对性较强，无论对于托幼机构教师的培养培训，还是家庭育儿指导，都是一本需读、易读、实用的参考用书。

——洪秀敏（中国学前教育研究会副理事长，
北京师范大学教授、博士生导师）

本书是全国知名儿童心理学家、曾兼任辽宁师范大学附属幼儿园园长的刘文教授的力作。它聚焦于幼儿心理健康教育，既从幼儿心理健康的整体角度出发探索了各种因素的影响；又从幼儿认知、情绪、适应能力、人际关系、人格及游戏等维度探索了幼儿心理健康发展的指导策略；还从幼儿教师的视角探讨了教师心理健康与幼儿心理健康之间的关系。本书是实践问题的理论指导，又是理论问题的实践解决，值得阅读！

——缴润凯（教育部幼儿园园长培训中心主任，
东北师范大学教授、博士生导师）

本书作者既做过幼儿园园长，又是心理学教授，所以能写出这样一本幼儿园教师和家长们看得懂、用得上的优秀教材。作者在幼儿气质、自控力、创造性等领域钻研多年，发表过许多杰出的研究成果。本书正是建立在作者多年科研思考和应用实践的基础之上，很适合高校学前教育、心理学等相关专业的学生学习。

——盖笑松（东北师范大学心理学院院长，教授、博士生导师）

十几年前，我还在读研，第一次看到《幼儿心理健康教育》的书稿时，我兴奋地通读，并在给导师刘文教授的电子邮件中写道："这本书像一块加足了蜂蜜的蛋糕，细腻而回味悠长！"

十几年后，我已为人母，并成了一名幼儿园园长。在十几年的幼教工作中，我遇到了很多孩子的问题，也曾和一些束手无策的家长抱头痛哭……太多的幼教工作者和"焦虑"的父母都渴望找到"教育答案"或者"问题形成的原因与对策"，这个时候，我就会推荐这本书，也会回到书中寻找自己工作的方向。

作为一名幼教工作者，我耳边总是响起这句话："你教室里的每一个孩子，都是某些人的整个世界……"希望所有的幼儿都健康！

——胡日勒（辽宁省大连市大连高新技术产业园区新里城幼儿园园长）

"养育一个孩子，需要一个村庄的努力。"社会、家庭和幼儿园都在为幼儿的成长提供"土壤""养分""阳光""雨露"。刘文教授作为一名既在幼儿园担任过园长，又在高校从事学术研究的心理学学者，对于幼儿教育工作者在实践中遇到幼儿心理健康问题时的困境深有体会。这本《幼儿心理健康教育》，融合了作者对当今时代背景下幼儿心理健康教育问题系统深入的思考，对心理健康教育实践智慧的深刻洞察，对幼儿教育工作者专业成长诉求的温情关怀。我深信刘文教授的《幼儿心理健康教育》新版将为众多幼儿教育工作者提供一个非常好的支架。

——李斌（湖南省长沙市望城区虹栖谷幼儿园园长，
湖南省学前教育学会民办教育专业委员会主任）

爱孩子，就要学会读懂她的心。作为家长，大家是不是和我一样经常对孩子心理的成长和变化感到好奇？刘文教授的这本书系统地介绍了幼儿心理健康教育的知识，科学地回答了我做了母亲以来的很多困惑。书中虽有不少教育学和心理学术语，但对我们家长来说是通俗易懂的。相信无论是"准爸准妈"，还是"新手上路"的父母，都需要这本非常实用且非常有趣的书！

——王薇薇（一位幼儿的家长）

很幸运在孩子成长的关键阶段读到了刘文教授的这本经典著作，让我对幼儿的心理健康发展有了深入的了解。这本书从专业理论介绍到幼儿游戏、认知、情绪、社会适应、人际关系与人格的发展指导，再到幼儿常见的问题行为及对策等方面，给予了我在育儿之路上培养孩子健康发展的方法和方向，让我学会了怎样帮助、回应和养育孩子，对孩子进行正面管教。有了这本书，遇到各种困扰我的幼儿心理健康发展问题时，我都更加从容和乐观。

——张雪（一位幼儿的家长）

前　言

赤子之心纯真虚广、稚约简朴、天然无邪，既是人生的本原，也是人的归宿。

幼儿从生命的开始，就具有朝气蓬勃、昂扬向上、无与伦比的自然生长力，具备了毕生发展必需的本原力量。幼儿在成长发育的进程中，由于受到大千世界中形形色色的干扰和影响，自然属性逐渐淡化，社会属性渐渐增长，幼儿的主动感知、认识世界的过程往往被强加、被他控甚至被严重扭曲了，身心发展失衡，心理健康问题就表现出来了。

二十多年前，在我兼任幼儿园园长时所发现的幼儿心理健康问题至今仍然历历在目，为我提供了不竭的研究动力。当时，我们遇到那些有心理健康问题的儿童时常常束手无策。于是，召集家长开会、专家团队研讨、教师个案研究等多种方法齐头并举，我们特别渴望能有参考书可以借鉴和指导。值得欣慰的是，有些幼儿的心理问题经过教师的不懈努力与家长的积极配合，得到了及时的解决。而有些幼儿的心理问题解决不了，导致家长不得不辞去工作，为给孩子治病而远走异乡。从那时起，不论是在大学教学，还是在国内外进行实验研究，我一直都在积累资料，想写一本关于幼儿心理健康教育的书，以了却我多年的心愿。在我的博士后导师林崇德教授支持下，这个心愿在 2008 年实现了，我编写的《幼儿心理健康教育》一书诞生。

今年年初，“万千教育”邀请我修订再版此书。因为新型冠状病毒肺炎（Corona Virus Disease，COVID-19，简称新冠肺炎）疫情，使得本书的出版需求显得愈加迫切和重要。鉴于当今幼儿心理健康的重要性越来越被人们认同，本书第二版编写时的主要思路如下。

第一，幼儿心理健康教育应强调预防。幼儿心理健康教育应该着眼于预防，提前预防比早期干预更为重要。此外，要对幼儿心理问题及时做出正确判断，做到早干预、早治疗。传统观念是在幼儿问题行为出现之后才进行干预，而我们认为早期预防更加重要。从生命全程观的角度来讲，早期预防可以防患未然，以使儿童在每个心理发展阶段的过渡期都能健康发展。

第二，幼儿心理健康教育应该着重促进。既要促进幼儿的心理健康发展，也要促进教师和家长的心理健康发展。心理健康教育要保证幼儿心理健康发展，提升其幸福感，强调教师和家长应从正面对幼儿进行帮助、回应和养育。这其中包括了对家长、教师等养育者心理健康的促进教育，也包括了对幼儿自身心理健康的启蒙和训练。

第三，幼儿心理健康教育应该具有系统性。首先，幼儿心理本身就是一个自组织系统。其次，幼儿心理健康教育是生物学、神经科学、物理学、遗传学、产科学、新生儿学、儿科学、心理学、社会学、人类学和语言学等多种学科的综合。再次，幼儿心理健康教育工作是家长、教师和社区等多方面共同的工作。最后，幼儿心理健康教育也是全人类共同追求的目标，因为它关系到人类未来的发展，因此也是各国和各地区协同的重要工作。婴幼儿期是多种强大能量汇合的时期，在这个交叉点上，通过仔细研究，研究者把生命发展进程的复杂本质进行了分类，从进化论—生物学，到意识—自我意识的结构。在逐渐对生命全程有更多的深入理解的同时，我们也会对困扰我们的幼儿心理健康问题更加从容、乐观。

第四，修订再版此书，我们不仅补充了脑科学研究的最新成果，而且针对近十年来幼儿的心理问题、幼儿教师的困惑和家长们的新问题，补充了关于幼儿使用电子产品、疫情期间居家隔离的人际交往、处境不利儿童的心理健康等方面的最新研究成果。

在本书付梓之际，首先，要感谢我的博士导师杨丽珠教授和博士后导师林崇德教授。杨老师引领我走进了研究幼儿人格发展与教育的大门；林老师指导我提高了毕生发展的格局和能力。特别是今年疫情期间，我在线上聆听了林老师给大学生、高校辅导员等的多次讲座，不仅使我对心理健康的概念有了新的认识，而且使我的心理健康水平得到了新的提升，面对疫情能够临危不乱、稳定情绪、坚定信心、调整心态。在低风险地区，我随时关注不同风险地区的疫情势态，及时启动应急干预状态，带领团队用心抗疫、科研抗疫。我们辽宁师范大学婴幼儿研究团队公众号在疫情期间连续推出 4 大类 20 篇抗疫系列文章，及时为广大家长提供科普服务，其中 15 篇在“学习强国”平台连续转载。师者，所以传道、授业、解惑也。林老师“学为人先、行为世范”的品格，不吝赐教、谆谆教诲的师德，令我敬仰。林老师不仅助我心理健康发展，而且圆了我多年的心愿！

其次，要感谢我的博士和硕士研究生林琳琳、张嘉琪、王薇薇、王依宁、郭鑫、李京霖、刘晓丹在抗击疫情期间，为本书写作查找资料，补充新的研究成果。

再次，仍然要感谢参与第一版工作的研究生魏玉枝、杨莹、彭菲菲、张丽娜、胡日勒，她们不仅事业小有成就，而且已经为人妻、为人母了，为师颇感骄傲。

最后，感谢我的家人对我的支持和关爱，为我提供了创作的灵感。

近些年，随着教育部《3—6岁儿童学习与发展指南》的颁布，幼儿心理健康教育在我国越来越受到重视，发展成果颇丰。如何认识不断出现的幼儿心理的新问题，是研究者和实践者的共同任务和义不容辞的责任。也许我们的观点仍显得稚嫩、不成熟，但我们仍然会不断探索下去。2019年《国务院办公厅关于促进3岁以下婴幼儿照护服务发展的指导意见》指出，婴幼儿照护服务是生命全周期服务管理的重要内容，事关婴幼儿健康成长，事关千家万户。发展是人类永恒的主题，若从源头和本原开始，防微杜渐、积极引导，我们就会少走许多弯路，减少许多烦恼。同时，我也一如既往地希望得到广大读者和同人的支持和帮助，共同发展进步。

刘文

2020年8月28日

于大连万客园

目　　录

第一章　绪论

儿童不只是诗意地栖居于大地之上，还诗意地遨游于历史的长河之中。幼儿本来应该是天真单纯、活泼可爱的。但随着社会的发展，人们生活节奏的日益加快，婚育质量、独生子女的自我观念、父母的厚望、学习和升学压力，以及复杂多变的社会环境都在有形和无形地影响着幼儿的心理健康。促进幼儿的身心和谐发展是幼儿教育追求的终极目标，也是时代赋予我国幼儿教育改革的重大任务，而要想促进幼儿发展，提高其心理健康水平，最重要的就是全面系统地开展心理健康教育。从出生到 6 岁是个体心理发展的关键期，这一点已经为人们所共识。因此，幼儿心理发展与健康教育问题成为整个世界所关注的焦点，更重要的是它体现了教育观念的更新与变革。

第一节　幼儿心理健康教育的实质和目标

一、追根溯源：幼儿心理健康教育的实质

要理解幼儿心理健康教育的概念，特别要弄清楚下列定义。

（一）幼儿心理健康

2012 年 9 月教育部颁发的《3—6 岁儿童学习与发展指南》明确指出："健康是指人在身体、心理和社会适应方面的良好状态。幼儿阶段是儿童身体发育和机能发展极为迅速的时期，也是形成安全感和乐观态度的重要阶段。发育良好的身体、愉快的情绪、强健的体质、协调的动作、良好的生活习惯和基本生活能力是幼儿身心健康的重要标志，也是其他领域学习与发展的基础。"幼儿园必须把保护幼儿的生命和促进幼儿的健康放在工作的首位。

1. "幼儿健康"的概念

2001 年 9 月教育部颁发的《幼儿园教育指导纲要（试行）》明确规定："幼儿园必须把保护幼儿的生命和促进幼儿的健康放在工作的首位。"《3—6 岁儿童学习与发展指南》作为幼儿园课程的纲领性文件，明确指出健康、语言、社会、

科学、艺术五大领域。它将健康领域置于五大领域之首，这一提法具有深刻的理论依据和深远的实践意义。“健康第一”的思想由来已久，许多教育家都对此做出过精辟的论断。儿童教育家陈鹤琴先生明确提出“幼稚园第一要注意的是儿童的健康”。17世纪英国伟大的哲学家和启蒙思想家约翰·洛克（John Locke，1632—1704）认为：“人生幸福有一个简短而充分的描述：健全的心智寓于健全的身体。凡身体和心智都健全的人就不必再有什么别的奢望了；身体和心智如果有一方面不健全，那么即使得到了种种别的东西也是枉然。”

那么何谓健康呢？1946年世界卫生组织（World Health Organization，WHO）在《世界卫生组织宣言》中指出：健康乃是一种生理、心理和社会适应都臻于完满的状态，而不仅仅是没有疾病和虚弱的状态。70多年来，世界卫生组织都未曾修订过“健康”的这一定义。这个定义历经讨论和争议，有关健康的理论研究也在不断发展。健康越来越被看作一个身体、精神、环境和社会的综合适应系统，它不再仅仅是基本需要和权利，也是义务。如今，社会、经济和环境等条件与70年前并不一样，但是人们没有改变对于健康、和平与幸福的强烈渴望。关键是如何顺应时代和运用怎样的方法达到健康的目标。

林崇德、杨治良和黄希庭（2003）主编的《心理学大辞典》将健康的状态概括为三方面的标准。

- 生理标准。身体强壮，各系统功能良好且相互协调，目前的检查手段不能发现病理改变。
- 心理标准。心理功能正常、协调一致，主观感觉良好，精力充沛，情绪稳定，应付环境自如，有积极的人生观。
- 社会标准。行为符合社会规范，有良好的人际关系，家庭功能和职业功能良好，能享受生活和工作的乐趣。

幼儿健康即幼儿持续正常的发展。幼儿期身体组织大小、功能、效能绝大多数处于增长阶段，但由于幼儿个体的遗传素质、环境条件的不同，所以不同幼儿的身体形态和机体功能都存在着个体差异，即使在同性别、同年龄的群体中，每个幼儿的发育速度、体型特点、达到成熟的时间等方面也各不相同。因此，只要幼儿生长发育经历的过程符合人类个体的成熟规律，只要幼儿个体的发展幅度并未远离群体儿童的发展水平，就可以认为他是健康的。同时，拥有生命健康是每一个幼儿的权利，而维护幼儿的生命健康则是法律赋予每一个成人的义务和责任。

2. "幼儿心理健康"的概念

辛素飞、王一鑫和林崇德（2018）认为："心理健康，意指一种良好的心理或精神状态。心理健康的概念既代表心理健康，也表示它的相反方向——心理问题。"

《心理学大辞典》（2003）中关于心理健康的正常状态，有以下四种意义。

- 正常即健康状态，以有无心理疾病为判断标准；
- 正常即平均状态，从统计学角度强调正常和异常之间的程度变化，处于正态分布中间范围的属正常；
- 正常即理想状态，用以评价行为而非描述行为；
- 正常即适应过程，将正常视作不断发展进步的过程，心理健康者能不断学习有效的技巧以应付紧张状态。

符合下列标准可视作心理健康。

- 情绪稳定，无长期焦虑，少心理冲突；
- 乐于工作，能在工作中表现自己的能力；
- 能与他人建立和谐的关系，且乐于与他人交往；
- 对自己有适当的了解，且有自我悦纳的态度；
- 对生活的环境有适当的认识，能切实有效地面对问题、解决问题，而不逃避问题。

幼儿心理健康是指幼儿的心理发展达到相应年龄组幼儿的正常水平，情绪积极、性格开朗，无心理障碍，对环境有较快的适应能力。综合我国儿科医学专家、幼儿心理和教育专家等的观点，我们认为幼儿心理健康的标志如下。

- 动作发展正常。动作发展与脑的形态及功能的发育密切相关，幼儿躯体大动作和手指精细动作的发展水平处于正常范围内，是心理健康的基本条件。
- 认知发展正常。一定的认知能力是幼儿生活与学习的重要条件，虽然幼儿的认知发展存在个体差异，但若某个幼儿的认知水平明显低于同年龄组幼儿，且不在正常范围，那么该幼儿的认知能力就是低下的，心理也是不健康的。幼儿期是认知发展极为迅速的时期，应避免因各种原因造成的脑损伤或不适宜的环境刺激，导致幼儿不健康的心理。
- 情绪积极向上。积极的情绪状态反映了中枢神经系统功能的协调性，亦表明个体的身心处于良好的平衡状态。幼儿的情绪具有很大的冲动性和易变性，但随着年龄的增长，情绪的自我调节有所增强，稳定性逐渐提高，并开始学习合理地疏泄消极情绪。如果某个幼儿经常处于消极的情绪状态，如整天闷闷不乐或一触即发、暴跳如雷，那么该幼儿的心理也是不健康的。

- 人际关系融洽。幼儿之间的交往是维持心理健康的重要条件，也是获得心理健康的必要途径。心理不健康的幼儿，其人际关系往往是失调的，或自己远离同伴，或成为群体中不受欢迎的人。心理健康的幼儿乐于与他人交往，能与同伴合作，在游戏中能够谦让。
- 自我意识良好。自我意识是个性中最核心、最本质的表现，它反映在幼儿对客观现实和自我关系的稳定态度以及习惯化了的行为方式中。心理健康的幼儿一般具有正常发展的自我评价、自我控制和自我体验，以及自信、自尊、主动、合作等特征。而心理不健康的幼儿常常具有冷漠、胆怯、自卑、被动、孤僻等特征。
- 没有严重的心理卫生问题。幼儿不健康的心理往往以各种行为方式表现出来，诸如吸吮手指、遗尿、口吃、多动等。心理健康的幼儿应没有严重的或复杂的心理卫生问题。

总之，发育良好的身体、愉快的情绪、强健的体质、协调的动作、良好的生活习惯和基本生活能力是幼儿心理健康的重要标志。

（二）幼儿心理健康教育

心理健康教育是围绕心理健康开展的教育活动。心理健康教育的目的是促进心理和谐。所谓和谐主要是指处理和协调好各种各样的关系。心理和谐与社会和谐是一致的；和谐社会的三个空间是自我关系、个人与他人关系、个人与社会关系。从心理和谐角度来说，围绕这三个空间，我们开展心理健康教育工作必须考虑以下六大关系：人与自我的关系，人与他人的关系，人与社会的关系，人与自然的关系，硬件与软件的关系，以及中国与外国的关系，以此达到心理健康教育的目的（辛素飞，王一鑫，林崇德，2018）。

《心理学大辞典》（2003）中指出，心理健康教育的主要内容是：普及心理健康基本知识，树立心理健康意识，了解简单的心理调节方法，认识心理异常现象，初步掌握心理保健常识。心理健康教育重点是学会学习、人际交往、升学择业以及生活和社会适应等方面的常识。心理健康教育要求立足教育，重在指导，遵循身心发展规律，保证其实践性与实效性；坚持根据学生心理发展的特点，面向全体学生、关注个体差异和尊重学生等教育原则，做到科学性与针对性相结合，共性与个性相结合，尊重、理解、真诚与威严相结合，预防、矫治与发展相结合，辅导与主动参与相结合，助人与自助相结合。

幼儿心理健康教育是幼儿教育的重要组成部分，主要是为了使幼儿懂得保护心理健康的基本知识和技能，纠正其不良情绪和态度，形成有利于心理健康的行为习惯，预防和矫治心理障碍和行为异常，从而保证幼儿心理健康发展，提升其幸福感。

幼儿心理健康教育的定义有下列三层含义。

1. 促进

幼儿心理健康教育要保证幼儿心理健康发展，提升其幸福感。强调教师和家长从正面对幼儿进行帮助、回应和养育。这其中包括对家长、教师等养育者心理健康的促进教育，也包括对幼儿自身学习心理健康知识的要求。

2. 系统

首先，幼儿心理本身自组织就是一个系统；其次，幼儿心理健康教育是生物学、神经系统科学、物理学、遗传学、产科学、新生儿学、儿科学、心理学、社会学、人类学和语言学等多种学科的综合；再次，幼儿心理健康教育工作是父母、教师、社区等多方面共同的工作；最后，幼儿心理健康教育也是全人类共同追求的目标，因为它关系到人类未来的发展，因此也是各国和各地区协同的工作。婴幼儿期是多种强大能量汇合的时期。在这个交叉点上，通过仔细研究，研究者把生命发展进程的复杂本质进行了分类，从进化论—生物学到意识—自我意识的结构。随着我们逐渐对生命全程有更多的理解，就会对困扰我们的幼儿心理健康问题更加乐观。

3. 预防和干预

幼儿心理健康教育首先应该着眼于预防幼儿的心理问题，如，对地震、洪水、疫情等自然灾害的认识，对死亡的正确认识，以避免幼儿出现创伤后应激障碍。其次，要对幼儿心理问题及时做出判断，做到早干预、早治疗。传统观念是在幼儿问题行为出现之后才进行干预；而我们认为早期预防更加重要，从生命全程观的角度来讲，早期预防可以防患未然。

二、明确要求：幼儿心理健康教育的目标

（一）幼儿健康教育的目标

《幼儿园教育指导纲要（试行）》根据幼儿教育的根本目的提出了幼儿健康

教育的四条总目标。

- 身体健康，在集体生活中情绪安定、愉快；
- 生活、卫生习惯良好，有基本的生活自理能力；
- 知道必要的安全保健常识，学习保护自己；
- 喜欢参加体育活动，动作协调、灵活。

首先，这四条目标体现了当代健康教育的整体性、动态性、调适性。整体性即完整性，强调每一个幼儿都应该能够充分发挥潜能，达到身心和谐。动态性是指要教育幼儿积极参与，也就是说，健康的生命并非完全由自然给予，而需要个体的积极参与，健康状况因个体的自身活动而不断变化。调适性是指对疾病的有效抵抗与对生活环境的良好适应。幼儿知道必要的安全保健常识，就可以具备抵抗未来危险的能力。

其次，这四条目标体现了三种价值取向。

- 身心和谐。幼儿健康应包括身体健康和心理健康两个主要方面，幼儿身体健康以发育健全、具备基本的生活自理能力为主要特征；幼儿的心理健康以情绪愉快、适应集体生活为主要特征。
- 保护与锻炼并重。目标既重视让幼儿掌握必要的保健知识、提高自我保护的能力，又强调让幼儿通过体育活动提高自身素质。其中，了解必要的安全保健知识并提高相应技能是保健教育的主要目标，培养对体育活动的兴趣、增强动作的协调性和灵活性是体育锻炼的主要目标。
- 注重健康行为的养成。健康教育的最大挑战就是如何鼓励、协助幼儿树立健康态度，培养其健康有益的行为习惯。因此，幼儿健康行为的养成是幼儿健康教育的核心目标，也是提升其幸福感的基本途径。

（二）幼儿心理健康教育的目标

1. 目标制定的依据

制定幼儿心理健康教育目标必须考虑到与幼儿教育总目标的关系、与终身教育的关系、预防与干预的关系、社会发展变化与个人适应的关系。

（1）体现幼儿教育总目标和幼儿健康教育的目标。

2016年教育部颁布的《幼儿园工作规程》明确规定了幼儿园保育和教育的主要目标："（一）促进幼儿身体正常发育和机能的协调发展，增强体质，促进心理健康，培养良好的生活习惯、卫生习惯和参加体育活动的兴趣。（二）发展幼儿智力，培养正确运用感官和运用语言交往的基本能力，增进对环境的认识，培养有益的兴趣和求知欲望，培养初步的动手探究能力。（三）萌发幼儿爱祖国、爱家乡、爱集体、爱劳动、爱科学的情感，培养诚实、自信、友爱、勇敢、勤学、好问、爱护公物、克服困难、讲礼貌、守纪律等良好的品德行为和习惯，以及活泼开朗的性格。（四）培养幼儿初步感受美和表现美的情趣和能力。”

幼儿心理健康教育是幼儿素质教育大系统中的一个部分，因此必须将其置于素质教育的系统中，并考虑它与健康教育、语言教育、社会教育、科学教育和艺术教育各目标之间的联系。

（2）促进幼儿终身发展。

《幼儿园教育指导纲要（试行）》明确指出，“幼儿园教育是基础教育的重要组成部分，是我国学校教育和终身教育的奠基阶段”，它要为“幼儿一生的发展打好基础”。因此，幼儿心理健康教育要将培养幼儿终身学习的能力，促进其终身发展放到核心位置，既要符合幼儿现实的需要，又要有利于其长远的发展。融入终身教育理念的幼儿教育追求幼儿健康、真实、全面的可持续发展，使幼儿心理健康教育真正地成为人生心理健康发展的初始阶段，同时也奠定人一生主观幸福的基础。

（3）从干预到预防。

幼儿健康教育的目标包含了“知道必要的安全保健常识，学习保护自己”，因此，幼儿心理健康教育的目标不仅要考虑幼儿心理障碍和行为异常问题的治疗以及对问题儿童的指导帮助，更重要的是要考虑预防，防止幼儿异常状态的产生和进一步发展。过去幼儿心理健康教育多侧重在发现幼儿的心理健康问题后，再进行干预治疗，而现代心理健康教育观念更侧重于预防，即防止幼儿心理行为问题的发生，变被动的心理健康教育为主动的心理健康教育。例如，当幼儿事先知道了死亡的科学概念时，亲人意外亡故就不会对幼儿造成过重的打击。《3—6岁儿童学习与发展指南》指出：“幼儿身心发育尚未成熟，需要成人的精心呵护和照顾，但不宜过度保护和包办代替，以免剥夺幼儿自主学习的机会，养成过于依赖的不良习惯，影响其主动性、独立性的发展。”

（4）社会发展变化和个人适应的关系。

幼儿心理健康教育的目标和内容必须考虑到幼儿的年龄特征、心理发展水平和未来的幸福感，同时，也需要根据环境的变化做出相应的调整。随着社会的发展，人类所处的环境也在很大程度上发生改变，过去没有出现过的心理问题也会随之而来，因此，要因时制宜地调整幼儿心理健康教育的目标。

2. 幼儿心理健康教育的目标

姚本先和邓明（2004）把幼儿心理健康教育的目标归纳为：以发展性教育

模式为主，从儿童成长需要出发，解决他们在成长中的问题，促进其心理机能的开发与发展。

依据幼儿教育的总目标，综合专家的意见，我们认为幼儿心理健康教育的总目标就是促进全体幼儿的心理健康发展，充分开发幼儿的潜能，培养幼儿积极、乐观、向上的心理品质和健全的人格，提升其幸福感，为其终身幸福奠定基础。

从幼儿发展角度来看，幼儿心理健康教育的目标具体包括以下几个方面。

- 使幼儿具有良好的自我意识。增强幼儿自我调控、承受挫折、适应环境的能力。提高幼儿的自信心，培养幼儿的独立性和坚持性。
- 培养幼儿积极、乐观、开朗的性格。
- 培养幼儿的交往能力和关爱他人的品格。幼儿不仅要学会关心自己、爱护自己，更要学会同情他人，关心和帮助他人，特别是父母、老师和同伴。
- 培养幼儿广泛的兴趣，保持幼儿的好奇心，激发幼儿的求知欲，训练幼儿的思维，开发幼儿的智能和创造性。
- 对有心理行为问题的幼儿给予科学有效的心理辅导，对幼儿可能出现的问题要及早进行心理教育，防止问题的发生。
- 促进教师和家长保持良好、积极、健康的心态，促使其更新教育观念，提高他们的心理健康水平。

（三）幼儿心理健康教育的内容

《3—6岁儿童学习与发展指南》指出："为有效促进幼儿身心健康发展，成人应为幼儿提供合理均衡的营养，保证充足的睡眠和适宜的锻炼，满足幼儿生长发育的需要；创设温馨的人际环境，让幼儿充分感受到亲情和关爱，形成积极稳定的情绪情感；帮助幼儿养成良好的生活与卫生习惯，提高自我保护能力，形成使其终身受益的生活能力和文明生活方式。"

1. 爱心教育

爱心即爱人之心。爱心教育是幼儿心理健康教育的基础和基本内容。幼儿有得到爱和爱别人的需要。通过爱心教育，使幼儿得到爱的满足和学会从爱别人的过程中得到快乐，提高爱的能力和自尊。众所周知，爱是幼儿健康发展的"精神食粮"，是幼儿生活中的"太阳"，爱能使幼儿获得安全感、满足感和幸福感，使其心理得到健康成长。为此，从园长到教师、家长都应该将点点滴滴的爱心倾注在幼儿身上，时刻用乐观的情绪、柔和的表情、适度的动作、温柔的语言与每个孩子进行情感接触和交流，对每个孩子都充满信心，从而使孩子在亲人之爱和师爱的摇篮中长大，也使他们懂得去关心和爱护周围的人。

2. 探索周围世界的教育

幼儿健康心理和人格的形成，是在与周围世界的不断交互作用中逐步展开的，而多方位、多层面的环境能激起幼儿对美的向往和追求，形成健康的心理素质。为此，让幼儿从观察中接触、了解自己与世界的关系，促进幼儿多种经验的获得，多种情感的体验，发展幼儿的探索精神，使幼儿成长的环境成为一本立体的、多彩的、富有教育内涵的、激发幼儿情感的无声“教科书”。

3. 交往教育

交往是个人与社会建立联系、提高社会适应能力、培养健全人格的重要途径，对幼儿健康心理和人格的形成起着举足轻重的作用。首先，让幼儿学习一些语言或非语言的交往方法，丰富幼儿的交往策略。其次，为幼儿创设交往环境，提供交往机会。交往环境从与同龄幼儿交往，再扩展到与异龄幼儿交往，加强幼儿与哥哥、姐姐、弟弟、妹妹之间的交流，发挥互补效应。最后，以开放式教育拓宽幼儿的交往空间，将其人际环境延伸到部队、农场、农贸市场、超市、社区等，以巩固幼儿的交往技巧，发展幼儿礼貌待人、主动交往、友好协商、谦让合作的技能。

4. 自主自理教育

培养幼儿的自理能力和自主意识，使其学会面对困难、积极克服困难，独立地解决问题，也是心理健康教育和人格教育的重要内容。在平时的生活管理中，教师和家长要有意识地帮助、鼓励幼儿自己克服困难，学会自理。在教育活动中，要鼓励幼儿敢于发表自己的意见，教师和家长尽量做到不把自己的观点、想法强加给幼儿，注意让他们自己得出结论。通过自由活动，锻炼幼儿自主交往、独立思考、独立克服困难的能力。

5. 积极的自我意识与主观幸福感的教育

培养幼儿积极的自我意识是幼儿心理健康和人格形成的核心内容。幼儿对自己积极的认识来源于成人的尊重、认可和夸奖，在此基础上形成积极的自我评价和自信心。成人要时时以肯定的语气鼓励幼儿的进步，恰如其分地让幼儿相信自己是有能力的，让每个幼儿相信“我能行”。让幼儿体验成功，形成良好的自我价值感。如利用幼儿群体的力量和以强带弱的优势，帮助胆小自卑的幼儿找胆大自信的幼儿做朋友，达到双方共同提高的目的。教师和家长要杜绝伤害、贬低幼儿自尊心、自信心的语言和教育方式，使幼儿在和谐、愉快的氛围中感受到自我的尊严和价值，使其自我意识得到升华。有了积极的自我意识，幼儿才能产生主观幸福感。研究表明，幸福感中的积极情绪与易于社交的性格有关，抑郁和焦虑会引发消极情绪，不是幸福感。快乐是和高度自尊、正确自我评价、生活上自我控制以及乐观、外倾的性情相关的（郑雪，刘学兰，王玲，2006）。因此，健全幼儿人格，进而针对提升幼儿的主观幸福感进行教育，关系到幼儿一生的幸福。

（四）幼儿心理健康教育的要求

1. 体察幼儿的内心感受

为了使幼儿的身心得到全面、和谐发展，家长和幼儿教师需要具有正确评价幼儿心理健康的能力和了解幼儿心理特征的能力，特别是体察幼儿内心感受的能力。

意大利著名教育家蒙台梭利（Maria Montessori，1870—1952）在她所著的《童年的秘密》一书中记载了她在一次旅行中的经历。在旅行途中，一名1岁半的儿童哭闹个不停，大家都在帮助其母亲哄这个孩子，但是都没有效果。而蒙台梭利走过去，帮助这个母亲把她搭在手臂上的衣服穿好，孩子立即停止了哭闹。蒙台梭利根据自己多年对儿童的观察，了解到这名儿童正处于秩序敏感期，所以，当物体没有放在它应该放的位置时，儿童就会感到不安。

教师和家长只有根据幼儿的年龄特征，及时体察幼儿内心的感受，并给予幼儿充分的关爱，才能够提高幼儿心理健康教育的成效。反之，如果教师在日常活动中，在幼儿情绪不愉快时未能敏锐觉察和及时疏导，就会降低幼儿心理健康教育的成效，还会对幼儿的心理造成伤害。

2. 满足幼儿的心理安全需求

幼儿生活的物质环境应该具有安全、舒适、卫生、实用等特点，家里和幼儿园里的设备和材料应丰富多彩，能满足不同幼儿的不同需要和多种需求。心理环境包括幼儿生活、学习和游戏的全部心理空间，特别是幼儿生活的氛围。和谐的氛围有助于满足幼儿安全的需求，培养幼儿的爱心、健全的人格以及建立和谐的家庭关系、师生关系和同伴关系。相反，不良的心理环境，比如父母关系紧张、教师过于严厉、同伴的欺侮行为等，只能使幼儿感到处处受压抑，导致幼儿形成各种不良的个性品质，致使幼儿在学习、游戏中情绪低落，容易出现各种行为问题。

虽然家长们在很大程度上满足了幼儿的物质需求，但缺乏对幼儿心理安全需求的了解，往往将自己的意志强加给幼儿，从而导致幼儿缺乏心理安全感。心理学家鲍尔比认为，艾恩斯沃斯实验中依恋分类最为安全的儿童，也就是那些一直被母亲悉心呵护的孩子，他们最有可能成长为稳定、自立并且信任他人的人（Robert & Karen，2018）。

3. 引导幼儿换位思考，多为他人着想，融洽人际关系

首先，要引导幼儿在日常生活中观察、体验、感受别人对他们的态度，激发幼儿与他人情感的共鸣。比如，当成人对他们的礼貌行为给予相应的回报时，幼儿就会很开心，不仅体验到了快乐的情感，而且体会到了成人快乐的情绪表现。其次，要引导幼儿学会在感知他人情感体验的同时，调整自己的态度和行为方式。例如：在与小朋友一起玩的时候，看到同伴不高兴，知道自己抢了人家的玩具，就马上把玩具还给人家；不小心撞倒了小朋友，就马上道歉，安抚他，等等。最后，要引导幼儿学会主动利他，主动关心父母、老师和小朋友。看到老师不舒服，知道问询，表示同情；当父母工作疲劳时，自己不哭闹，主动帮助倒水；对新来的小朋友，会主动帮助他熟悉环境，陪着他玩，等等。

4. 不要流于形式，而应该渗透在生活教育之中

陈鹤琴先生认为："儿童离不开生活，生活离不开健康教育，儿童的生活是丰富多彩的，健康教育也应把握时机。"幼儿健康教育的出发点与归宿是培养幼儿的健康行为，即养成健康的生活方式；幼儿心理健康教育的根本目的是提高幼儿期的生活乃至整个生命的质量。因此，幼儿心理健康教育是生活教育，应当在盥洗、进餐、清洁、睡眠、锻炼、游戏等日常生活的每一环节渗透心理健康教育理念，实施心理健康教育策略；要充分认识到，仅仅依靠传统意义上的心理健康教学活动（尽管这是不可或缺的教育形式）是无法真正达成幼儿心理健康教育的目标的；要积极探寻日常生活中的幼儿健康教育的特点和规律。

首先，这对幼儿园全体工作人员都提出了要求，尤其是保育员和后勤工作人员，他们片面地认为教育是主班老师的事情。应加强他们参与教育的意识，以便更好地、正确地引导幼儿，提高教育的成效，减少对幼儿的伤害。

其次，家长的态度是否与幼儿园一致，直接影响到幼儿的心理健康教育。家长与家长之间的交往、家长与教师之间的交往都直接影响着幼儿心理的发展；特别是家长对待别的小朋友的态度，也会影响到孩子与其他同伴之间的交往。

第二节　幼儿心理健康教育的任务和意义

一、细化工作：幼儿心理健康教育的任务

幼儿心理健康教育的任务是根据幼儿心理健康教育的总目标和具体目标、幼儿年龄特征以及心理发展水平而确定的。

（一）面向全体幼儿实施心理健康教育

通过发展性的心理健康教育，健全幼儿的人格，提高其社会适应能力和自我意识水平，进而提高全体幼儿的心理健康水平和幸福感。

心理矫治是面向全体幼儿不可缺少的一项工作，在同一时空，每一个幼儿都会发生不同程度的心理问题，就如每个幼儿都会生病一样。在发展的某些阶段，儿童出现一种或少数几种偏异行为的现象是十分普遍的。并不是只有发展性和预防性的心理卫生工作是面向全体幼儿的。对这部分幼儿的异常心理不给予关注和帮助，忽视了整体中的部分，实际上就是没有面向全体幼儿。每一个幼儿都有可能需要心理矫治服务，因此，正确认识矫治的全体性，有利于我们提高对幼儿心理卫生重要性的认识和幼儿心理卫生工作的水平。我们曾对胆怯倾向型的儿童运用行为塑造法，取得了良好效果，也曾对孤独型、被动倾向型的儿童运用认知行为疗法、暗示法、箱庭疗法等进行矫治，积累了经验，赢得了教师和家长的认可。

（二）针对有心理问题的幼儿开展补救性的心理健康辅导

作为教师，面对有心理问题的儿童时，其责任是不言而喻的。子云：有教无类。教则教矣，类还是要分的。这里所说的分类，就是根据幼儿不同的心理疾患，因人施教，对症下药。幼儿心理健康教育必须根据儿童在幼儿阶段的生理和心理上的个体差异，有针对性地教育。我们在重视幼儿群体心理健康的同时，必须十分关注个体儿童的心理健康，实施个别教育，使其尽早摆脱心理问题，尽快恢复和提高心理健康水平。

（三）提高幼儿教师和家长的心理健康水平

影响儿童心理健康的因素包括家庭、学校、社会环境等，其中教师和家长起着很重要的作用。例如，父母争吵不断，甚至动辄以离婚相威胁，家庭阴云密布，孩子怎么会热情开朗呢？再如，素有“早教之母”之称的区慕洁教授曾说：“不存在一个孩子有多聪明的问题，只存在一个孩子在哪方面聪明和聪明地解决了哪些问题。家长要多和孩子一起游戏，在游戏中培养孩子的情商和智商。有益的玩就是学，有趣的学就是玩。要使孩子在快乐中学习，并在学习中得到快乐！”因此，要实现幼儿心理健康教育的目标，必须提高教师和家长自身的心理健康水平。

（四）树立全球化观念

通过开展幼儿心理健康教育的全球合作，增进世界各国的联系，共同促进世界各地幼儿的心理健康发展，这是21世纪全球合作的新观念。首先，通过各国学者的合作研究，可以更好地解决一些难以解决的心理问题；其次，通过各国的交流可以提前预防一些心理疾病的出现；最后，通过合作可以更好地借鉴一些先进、科学的方法，有利于转变一些落后的观念，使得教师和家长在面临有心理问题的儿童时，能够及时得到社会系统的支持。

二、深切领会：幼儿心理健康教育的意义

（一）和谐社会全面实施素质教育的需要

党的十八大报告强调："加强和改进思想政治工作，注重人文关怀和心理疏导，培育自尊自信、理性平和、积极向上的社会心态"。习近平总书记在2016年全国卫生与健康大会上提出："要加大心理健康问题基础性研究，做好心理健康知识和心理疾病科普工作，规范发展心理治疗、心理咨询等心理健康服务。"《国民经济和社会发展第十三个五年规划纲要》明确提出要加强心理健康服务。《"健康中国2030"规划纲要》要求加强心理健康服务体系建设和规范化管理。2020年新冠肺炎疫情发生以来，习近平总书记多次强调心理疏导、人文关怀的重要性。这说明心理和谐是构建和谐社会的重要基础。社会和谐与社会每个成员的心理和谐有着密切关系，和谐社会说到底在于人与人之间的和谐，即相互谦让、配合默契、关系融洽以及冲突的减少。

发展心理学研究表明，幼儿阶段是儿童各种素质结构发展的奠基阶段，是儿童健康心理开始形成的关键期。提高幼儿的素质和心理健康水平，就可以为提高全民族素质和心理健康水平打好基础。

以同伴关系发展类型为例，大量的研究表明，幼儿时期的同伴关系类型可以作为未来心理健康的预测指标。纵向研究表明，同伴关系差的儿童青少年，日后的自我适应也较容易产生困扰，包括学校适应不良，较低的学业成就，较高的退学率和辍学率，较高的少年犯罪倾向以及成人期较多的心理健康问题等（刘文，2007）。再以自我控制发展为例，米歇尔（W. Mischle）等人对自我延迟满足的长期影响所做的长期跟踪研究表明，四五岁时能够做到自我延迟满足的儿童，十余年后，其在学业成绩、社会适应能力、应对挫折和压力等方面均有较好的表现，而且学习能力倾向测验（scholastic aptitude test，SAT）分数也较

高。琼恩（T. P. June）等人（2004）研究发现，自控水平能有效预测个体的调节能力、学习成绩、人际能力和病理表现。

（二）解决幼儿心理问题的需要

资料显示，我国幼儿的心理健康状况不尽如人意，据全国22个城市的调查发现，4—16岁儿童行为问题的检出率达12.97%，其中幼儿占很大比率。上海市精神卫生中心对上海市3000名4—5岁的幼儿进行的心理健康调查表明：8.8%的幼儿有不良习惯，11%的幼儿情绪抑郁、自卑，5.8%的幼儿焦虑、紧张，20%的幼儿表现出多动、坐立不安，25%的幼儿偏食，22%的幼儿性情古怪（袁源，周燕，2016）。幼儿突出的心理问题依次为意志力、注意力、适应性、自我意识和性格5个维度（郭铁成，曾凡梅，刘忠义，2020）。

林达和卡姆拉斯（Linda & Kamras，2004）在第28届世界心理学大会上发表的《中美儿童发展》报告中指出，3周岁美国儿童的微笑比率比同年龄的中国儿童多55.6%。杨丽珠、王江洋和刘文等人（2005）的研究表明，澳大利亚3.5—4.5岁幼儿的自我延迟满足能力高于我国同龄幼儿。

陈会昌对3—9岁中国儿童的社会性调查表明，我国儿童在社会性发展方面明显差的是独立性、对成功和失败的自我归因能力、对情绪的自我控制能力、角色承担能力、面临两难情境时的果断性、自尊心和自信心、移情能力等。

针对这些幼儿心理问题，国家越来越重视幼儿的心理健康教育。国务院2001年5月颁布的《中国儿童发展纲要》强调："儿童期是人的生理、心理发展的关键时期。为儿童成长提供必要的条件，给予儿童必需的保护、照顾和良好的教育，将为儿童一生的发展奠定重要的基础。"国家要"努力创造条件，让儿童享有可达到的最高标准的健康咨询及不良心理矫正服务"。《幼儿园教育指导纲要（试行）》明确指出："幼儿园必须把保护幼儿的生命和促进幼儿的健康放在工作的首位。树立正确的健康观点，在重视幼儿身体健康的同时，要高度重视幼儿的心理健康。"国务院办公厅2003年发布的《关于幼儿教育改革与发展指导意见的通知》指出："要尊重儿童的人格尊严和基本权利，为儿童提供安全、健康、丰富的生活和活动环境，满足儿童多方面发展的需要；尊重儿童身心发展的特点和规律，关注个体差异，使儿童身心健康成长，促进德智体美等全面发展。"可见，幼儿心理健康教育作为培育幼儿身心健康的重要组成部分，已日益受到全社会的重视。

（三）改变忽视幼儿心理健康教育的现状、完善幼儿心理健康教育理论的需要

由于长期对幼儿心理健康教育的忽视，我国目前的幼儿心理健康教育仍存在很多问题。

1. 偏重身体健康教育，忽视心理健康教育；偏重智力培养，忽视人格的促进

目前从家庭到幼儿园，对幼儿的身体健康都极为重视。不少幼儿园往往把测查幼儿的身高、体重、血色素三大指标作为衡量幼儿身体健康是否达标的依据。例如，幼儿园的管理者为确保本园体检能达到国家规定标准，制定了一系列严格的措施；医生对全园发病率、营养计算等非常关注；教师为了幼儿园的考核达标，在进餐、午睡、户外锻炼等方面狠下功夫；家长尤其看重幼儿体重或身高长了多少，幼儿园的膳食搭配是否合理等。但是对幼儿的入园焦虑、过度依赖、爱发脾气、好打架、任性等心理健康问题却不以为然。

2005 年，据哈尔滨市妇幼保健院儿童保健科专家介绍，在接受调查的孩子中，32.7% 的儿童存在睡眠问题，17.7% 的儿童出现抑郁，10.5% 的儿童存在焦虑，11.4% 的儿童诉说身体不适，14.0% 的儿童存在多动问题，12.9% 的儿童存在社会退缩问题。调查还发现，与几年前相比，此次接受调查的孩子的智力水平相对较高，但自理能力较低；心理行为出现问题的比例较高，出现的年龄则比以往更低。

有研究（夏莹，张昕月，2011）表明，幼儿的心理问题主要表现在行为适应上：25 % 的幼儿喜欢争论；17% 的幼儿精神不能集中，注意力不能持久；13% 的幼儿明显表现为坐立不安，活动过多；16% 的幼儿有轻微的强迫观念；13% 的幼儿明显表现出做事情必须做到最好；34% 的幼儿在座位上手脚动个不停；34% 的幼儿难以安静地参加或投入某项活动；33% 的幼儿惧怕上幼儿园；等等。研究者在座谈中还发现，幼儿存在不同程度的焦虑，缺乏自信、孤独、不合群、不会与人沟通交流、有攻击性行为，更多的幼儿无法接受父母表扬同伴。这些充分说明幼儿心理健康教育势在必行。

在幼儿教育中，显然心理健康教育没有摆在应有的位置，也没有针对心理健康而开展的教育。

2. 只重视发展好的幼儿，忽视了发展相对滞后的幼儿

发展心理学研究表明，幼儿期已经开始形成个性的心理倾向性。心理健康教育应该是个性化的，即根据幼儿在智力、情感和生理，特别是气质方面的差异来进行教育，使之得到创造性的发展。在观察中我们发现，一些教师对本班

发展好的幼儿常常在各种活动中都给予更多的机会，而对班级中发展相对滞后的幼儿关注却不多，影响了这些孩子自信心的形成。幼儿心理健康教育个性化已在经济发达国家兴起，正在成为世界各国教育改革的一个共同趋势，并将成为未来幼儿教育革新的重要标志。

此外，未来社会需要个性特色的创新人才，21 世纪的信息化社会的突出特点是个性化、多样化，它要求教育要以幼儿为中心，因材施教，建立以培养创造力为核心目标的个性化教育模式，来适应社会发展的需要。因此，应该避免只重视小部分幼儿的做法，而应该面向全体幼儿进行心理健康教育。

3. 偏重幼儿的知识技能培养，忽视了幼儿的情绪、情感、态度和社会交往能力的培养

目前，我国从家长到教师都普遍比较看重幼儿知识技能的培养。不少家长对送孩子到各种特色班学习的热情极高，有的甚至将每天的课程排得满满的，根本不考虑孩子的兴趣和承受能力。过去，我们曾经对家长接送孩子时的问候语进行了调查，结果发现，95% 的家长都关心孩子在幼儿园里学了什么，而仅有 3% 的家长关心孩子在幼儿园里是否快乐。这几年，情况得到了一定的改善。越来越多的家长开始询问孩子在幼儿园里是否快乐，开始关注孩子的情绪问题。这说明越来越多的家长懂得了孩子心理健康的重要性。

4. 追求奢华的物质环境，忽视人文关怀的精神环境

随着经济水平的提高，一些幼儿园越来越重视用高档的材料布置和优化活动环境，给幼儿提供过多的高档结构材料，而忽视低档结构材料的投放，其实原始的材料有时恰恰是幼儿所需要的。

原始的积木材料可以使幼儿玩出多种花样，并且在必要时可成为孩子之间、孩子与大人之间的沟通桥梁。而现代的电动玩具玩法比较单一，可以代替成人起到保姆的作用，剥夺了大人与孩子、孩子与孩子之间交流的机会。著名教育家蒙台梭利将自由的观念列为儿童所受教育环境的六大要素之首。蒙台梭利认为，只有在自由的气氛中，儿童才会显露他们的本质。蒙台梭利相信，给儿童自由的先决条件是儿童的人格（包括独立性、意志力与自制力等）必须健全地发展。另外，比较重要的还有美感与气氛。这说明幼儿心理健康教育精神环境的重要性。

5. 幼儿园、家庭与社区文化之间的衔接不够

在我国，较多的幼儿园仍然只重视园内教育，还未广泛重视如何将教育延伸至家庭、社区的问题。从管理者到教师和家长普遍对幼儿的心理健康教育还存在模糊的认识，甚至在有些方面走入误区，对健康的认识存在很大的片面性，

忽略了心理健康的重要性。幼儿心理健康不可避免地受到不断发展的社会文化的影响，例如，日本动漫所带来的影响导致很多幼儿盲目崇拜甚至模仿动漫中的人物。因此，深入地研究幼儿心理健康教育的社会文化因素，进而科学地、有针对性地开展心理健康教育，具有重要的实际意义。

第三节 幼儿心理健康教育的原则和途径

一、牢固掌握：幼儿心理健康教育的原则

幼儿心理健康教育除了要遵循幼儿教育的一般原则之外，还要遵循其自身特有的原则。这是根据幼儿心理健康教育的目标和内容确立的，是开展幼儿心理健康教育所必须遵循的原则。

（一）整体性原则

整体性原则是指在幼儿心理健康教育中，教育者要运用系统的观点指导工作。具体要求如下。

1. 树立幼儿全面发展的观点

既要关心幼儿知识与能力的发展，又要关注幼儿人格整体素质的全面提高。心理健康教育的最终目的是促进幼儿人格的整体性发展，提高幼儿的心理素质，因此，对幼儿心理健康问题要从多角度、全局来分析。

2. 采用保教并重的方式

注意将心理健康教育渗透在一日生活的各个环节，这也是幼儿心理健康教育的特点。同时也要将幼儿心理健康教育与健康教育、社会教育、语言教育、科学教育和艺术教育五大领域的教育内容相结合。

3. 幼儿园教育、家庭教育和社会教育相一致

现代幼儿心理健康教育强调以幼儿园教育为基础，即以幼儿园教育为主，使幼儿园、家庭和社会教育三者能相互联系，相互配合，多方面人员团队合作，发挥各自的积极作用。

（二）个性化教育原则

个性化教育原则要求教育者必须充分尊重幼儿的主体地位，尊重每个幼儿独特的人格特点。

1. 了解每个幼儿的气质特点

气质是个体与生俱来的差异特征，是人格发展的基础，它使每个人的行为方式都带有了独特的色彩。只有当教师和家长了解了幼儿的气质特点时，才能够充分尊重幼儿的个体差异，避免对幼儿进行横向比较和按照成人的期望去教育幼儿。

2. 了解幼儿的心理年龄特征

幼儿期有其特定阶段的特点，并有规律可循。例如，低年龄儿童注意力不集中是正常的，随着年龄的增长，幼儿注意力集中的时间会逐渐延长。但如果幼儿注意力集中的问题仍没有改变，可能就有行为问题了。再如，2—3 岁是幼儿发脾气的高峰期，因为人生的第一个危机到来了。但是如果过了这段时间，幼儿仍会每天发脾气，可能就有心理问题了。

3. 个性化与社会化相协调

在遵循个性化教育原则的同时，也要重视社会发展所需要的共同性心理特征，如，与人相处的问题等。现代社会是一个多元化的时代，具有独特个性的个体应该得到社会的重视和鼓励，但也要注意与社会发展协调一致。

（三）活动性原则

幼儿心理发展是通过活动来进行的，所以幼儿心理健康教育也应该通过活动来进行。

1. 游戏是幼儿心理健康教育的主导活动

在游戏活动中，幼儿能够最充分地表达自己、认识自己、实现自我价值和潜能。特别是假想游戏，幼儿在游戏中能够满足自己盼望长大成人的种种假想，情绪能够得到适当的宣泄，解决成长愿望与自己能力低之间的矛盾，进而促进幼儿的心理健康发展。

2. 自发活动与教师和家长设计的活动相结合

幼儿游戏首先是自发的，如果全部由教师和家长设计，就失去了游戏的意义。但是，针对幼儿心理健康问题，必须要有成人精心设计的符合幼儿发展需要和兴趣爱好的各种活动，特别是在幼儿园。要鼓励幼儿积极主动地参加这种专门设计的活动，激发他们参与活动的主动性和自觉性，例如，开展同伴分享游戏以帮助过分以自我为中心的幼儿等。

3. 教师和家长的直接指导与间接指导相结合

教师和家长要在活动中把直接指导与间接指导结合起来，耐心地指导幼儿实际操作，使其亲身体验，让幼儿对成功充满自信，促进其富有个性的发展，例如，成人可以直接参与幼儿的角色游戏或在幼儿游戏情节单调时提示他们增加内容等。

（四）全体性原则

全体性原则就是要面向所有幼儿，全体幼儿都是幼儿心理健康教育的对象。

- 综合考虑全体幼儿共同发展的规律和普遍存在的问题，设计幼儿心理健康教育的计划，组织和开展教育活动。
- 对所有幼儿都要一视同仁，尽可能地创造机会和条件，让所有幼儿参与所有的活动。
- 具体问题具体对待。在面向全体的同时，也要考虑到个别幼儿的需要，使幼儿心理健康教育发挥最大的价值。

（五）发展性原则

幼儿心理健康教育兼有矫治、预防和发展三种功能。发展性原则既要求我们以发展的眼光来看待幼儿，又要求我们以发展为重点，极大限度地发展幼儿的潜能。

- 要明确发展是心理健康教育的出发点和归宿，将矫治、预防与发展结合起来。
- 正确对待幼儿发展过程中的心理问题，不要苛求幼儿，要尊重幼儿，鼓励幼儿战胜困难，变消极的矫治为积极的发展，努力使每个幼儿得到健康成长。

（六）保密性原则

保密性原则是指在幼儿心理健康教育过程中，教师和家长及相关的成人对幼儿的心理问题等情况予以保密，幼儿的隐私权应受到道德上的维护和法律上的保护。有些人将对幼儿的心理干预的全过程公开在电视上播放，这是极不道德的表现。

- 尊重幼儿的人格，尊重幼儿的合理要求。对幼儿进行心理健康教育时，应积极鼓励幼儿建立相互信任的心理基础，使之大胆讲出自己的心里话。
- 成人切忌在幼儿面前议论其心理问题以及一些明显的缺陷，同时有责任、有义务对所有涉及幼儿心理健康的信息保密。公开议论幼儿的问题，是教育者的失职，也是对幼儿人格的极大不尊重，这既要受到道德的谴责，也要负法律责任。

二、灵活运用：幼儿心理健康教育的途径

幼儿心理健康教育是一项具有连续性、多面性、相关性和预防性的活动。

（一）与一日活动的融合是幼儿心理健康教育的主要途径

1. 游戏活动中的心理健康教育的融合

游戏是幼儿的生命，一日活动中游戏是贯穿始终的活动。除了游戏本身的教育作用外，将心理健康教育融入游戏中，能够发挥增效作用。游戏是培养幼儿合群性和独立性的极好手段。在角色游戏中，幼儿通过对游戏主题的确立、角色的选择、情节的发展等活动，学会如何与同伴友好相处，自我意识、合群能力得到良好发展，进而促进社会化和个性化的协调发展。

2. 教学活动中的心理健康教育的融合

教学活动中融入心理健康教育，不是增加一日活动环节，也不是代替原有的教学活动，而是把教学活动内在的、潜在的因素挖掘出来，根据幼儿的心理特点和发展需要，更好地发挥心理健康教学活动的作用。不是各类教学活动互相割裂开来，也不是对原有活动中隐含的心理因素视而不见，不考虑幼儿的心理反应，一味地灌输、渗透。可以在活动组织形式上采用融合模式，打破班级界限，实现混班教学，使小班、中班和大班各年级间、各班级间的幼儿互相参与活动，从单一的同龄伙伴交往发展到混龄伙伴交往，扩大儿童交往的场合和机会，提高他们的合群性。

3. 日常生活中的心理健康教育的融合

日常生活是儿童人际交往相对频繁和心理品质自然显露的时刻。首先，可以结合日常生活练习对幼儿进行心理健康教育。例如，蒙台梭利幼儿教育课程中就包括日常生活练习。它包括动作练习、照顾自己和周围环境以及文明礼貌训练等内容。这种日常生活练习可以满足幼儿模仿成人的心理需求。其次，在一日生活的各种环境里都应该渗透心理健康教育，要充分利用幼儿日常生活活动，进行随机教育。例如，吃饭要注意养成良好的习惯，游戏时要注意合群，生活需要合群性，合群性可以在生活中培养。最后可以设立生活角，开展编织、绣花、擦皮鞋等活动，使儿童在共同合作中锻炼合群能力，感受群体感以及表达和控制自己情感的能力。

4. 体育活动和感觉统合训练促进心理健康的发展

体育活动和感觉统合训练不仅能促进幼儿大脑的发育，更是促进幼儿心理

健康行为发展的有效方法。

身体健康也是心理健康的基础，科学研究已经证明，适当的身体运动，有利于促进幼儿的生长发育，提高大脑神经系统的工作效率，并且使幼儿体力充沛、精神饱满、情绪愉快。在体育活动中，幼儿自己支配身体运动的自我意识表现越强，身体练习表现出的主体能动性就越高，学习效果也越好。幼儿教师可以有目的地在组织活动中培养幼儿的自我意识，激发幼儿身体运动的内驱力，为人格培养和发展创造理想的体育环境；体育活动还可以促进幼儿自信心和良好的社会适应能力的发展。

感觉统合训练针对幼儿因过度敏感、好动分心、脾气暴躁或笨拙固执等问题，所导致的情绪行为问题和阅读、演算上的困扰，从改善脑干低层次感觉的过度敏感和笨拙着手，并以心理学上的支持和行为学习上的增强削弱原则为手段，促使脑神经系统发展较良好的感觉，配合特殊教育诊断和课程补救教学措施，加上对家长的辅导，以期用最有效的方式发展有问题儿童的潜能。

（二）社区、家庭、幼儿园的融合和回归主流教育是心理健康教育的保证

幼儿心理健康教育的一体化有两层含义。

一是指幼儿园、家庭和社区共同关注，形成合力，开展幼儿心理健康教育，实现时空开放，积极利用社区资源，努力形成一体化的教育网络，提高心理健康教育工作的综合能力。幼儿园是生态环境中学前教育子系统的支柱，对学龄前儿童的教育起着导向作用。幼儿园应该主动与社区沟通，优化社区的教育环境，使幼儿的心理在自然的、社会的规范环境中得到健康发展。家庭是幼儿赖以生存和发展的社会组织，家庭的教育功能会影响幼儿的健康发展。可以通过家长学校开设有关幼儿和家长心理的讲座，开展亲子活动，开设家庭心理咨询，周日“串门子”活动，对有问题幼儿的家庭上门进行心理辅导，开展“社会模拟活动”，让小区中的中小学生定期来园与孩子们一起游戏活动，或让幼儿到社区中参与社会活动等。

二是指让正常幼儿与有特殊需要的幼儿在幼儿园里共同生活，也称为回归主流教育。通过与不同特点的人交往，可以解决独生子女的任性、自我封闭、不合群等问题，更重要的是为有特殊需要的幼儿回归主流社会，与正常人一起生活打下良好的基础。

（三）开展个别心理辅导和治疗，促使幼儿心理健康教育个别化

幼儿心理健康教育必须根据儿童在幼儿阶段的生理和心理上的个体差异，有针对性地进行教育。例如，有针对性地对家庭和幼儿开展个别辅导和心理治疗等。有关这方面的内容，将在第四章至第十章分别从幼儿的游戏、认知、情绪、适应、人际关系、人格、常见的问题行为七大方面进行重点阐述。

心理学小常识

3岁看大的证据

1980年，卡斯比教授同伦敦国王学院的精神病学家对1000名3岁幼儿进行了面试，根据面试结果，将这些幼儿分为充满自信、良好适应、沉默寡言、自我约束和坐立不安五大类。

2003年，也就是当他们26岁时，卡斯比等精神病学家再次与他们进行了面谈，并且对他们的朋友和亲戚进行了调查，结果发现：

当年被认为“充满自信”的幼儿占28%。小时候他们十分活泼和热心，为外向型性格。成年后，他们开朗、坚强、果断，领导欲较强。

40%的幼儿被归为“良好适应”类。当年他们就表现得自信、自制，不容易心烦意乱。到26岁时，他们的性格依然如此。

当年被列入“沉默寡言”类的幼儿占8%，是比例最低的一类。如今，他们要比一般人更倾向于隐瞒自己的感情，不愿意去影响他人，不敢从事任何可能导致自己受伤的事情。

10%的幼儿被列入“坐立不安”类，主要表现为行为消极、注意力分散等。如今，与其他人相比，这些人更容易苦恼和愤怒。熟悉他们的人对其评价多为：不现实、心胸狭窄、容易紧张和产生对抗情绪。

还有14%的“自我约束”类幼儿长大后的性格也和小时候一样。

卡斯比教授指出，父母和幼儿教师务必认真对待幼儿的所作所为。因此，家长和教师要重视孩子幼儿时期各方面的发展，要将幼儿教育放在重要位置。

（《环球时报》，2003-09-02）

一些学者认为，大脑的发育关键期从出生开始，到3岁结束。一旦错过这个阶段，儿童的发展潜能就被锁定，没有进一步发展的机会了。发育关键期理论来自20世纪60年代的研究者所做的系列实验。实验的其中一

部分是，科学家把一只新生小猫的眼睛缝上，几个月后，他们把小猫的眼睛打开，发现小猫几乎是瞎的。把一只成年猫的眼睛缝上同样的时间，却没有产生这样的后果。发展认知神经学家据此得出的结论是：特定感官功能的发育有关键期。但是研究也发现，虽然特定的感官功能和运动功能的传递以及诸如词汇、阅读和数学等技能存在发展的关键期，但事实上，在合适的环境下，失明的小猫也能重新获得部分视力。有关脑损伤患者和盲人的研究结果也表明，如果在个体发展的早期进行教育和干预，那么大脑皮层就会表现出比较强的重组或补偿效应，因而要重视早期教育。当然，重视早期教育并不意味着其他时期的教育不重要。鉴于在生命全程大脑都有一定的可塑性，因此，在重视早期教育的同时，也不能忽视其他时期的教育。

（Dixon，Gouge，& Price，et al.，2017）

第二章　影响幼儿心理健康的因素

幼儿心理健康是如何形成的，受哪些因素影响？这涉及一个千古难解的命题：遗传和环境的关系。随着科学的发展，难解的基因黑箱之谜渐渐呈现灰色，甚至有些已近白色，它和环境之间的关系也越来越明朗。幼儿心理健康受制于许多因素，其中生物因素提供了幼儿心理健康的基础和前提条件，心理社会因素和环境与教育是幼儿心理健康的外部条件，起着非常重要的作用。

在我担任幼儿园园长的时候，有一名小朋友让老师非常头疼。他似乎听不懂老师的指导语，经常重复老师的问话，也从不和同伴以及老师交流，总是哼着一首儿歌。老师非常无奈地将他送到了我的办公室。我和他的父母进行了一次长谈，他们极不情愿地带着孩子去进行诊断，最后他们将专家的诊断结果告诉了我，孩子患了孤独症。他们感到非常困惑：他们的家庭两代人都是大学教授，为什么孩子会得这种病？这到底是先天造成的还是后天导致的？我无法特别明确地回答这个问题。

人既是一个生物的个体，又是一个社会的个体。人出生后，各种环境的影响就开始了，并会作用于人的一生。这些因素相互作用，难以截然分开。

第一节　影响幼儿心理健康的生物学因素

影响幼儿心理健康的生物学因素主要有遗传、胎儿孕育和生理发育。

一、前提条件：遗传

生物学上说“人之初，受精卵”，就是说，每个人的生命都是从一个细胞开始的。在高倍显微镜下观察一个细胞，会发现每个细胞都有一个细胞核，细胞核中含有染色体的螺旋结构；每个染色体都包含着一连串的基因，基因又是由脱氧核糖核酸（DNA）组成的。基因的整体组合叫作基因型。人类正是由于基因型的作用，把遗传物质由一代遗传给下一代。

（一）遗传为幼儿心理健康提供了潜在的动力设备和生物前提

研究发现，一个人的自我感觉良好的基线水平，即个体毕生所体验的幸福感的平均水平，具有明显的遗传性。研究者考察了同卵双生子和异卵双生子所具有的相似行为模式。结果发现，同卵双生子的幸福感具有 80% 的相似性，而异卵双生子则没有什么相关性。据此可得出结论，幸福感具有较强的遗传因素（Kendler，Brennan，& Davies，et al.，1993）。研究证实，遗传对认知的影响占 50%~70%（但是这种估计可能存在群体偏差），这种影响力从人类婴儿期一直到成人期不断地在变化；而对于环境因素来说，优越的社会经济条件则最能影响人类的认知发展（Tuckerdrob，Briley & Harden，2013）。还有研究表明，遗传和环境对人格的影响力随年龄增长而稳定增加。在儿童的发展过程中，遗传因素的影响作用相对稳定，与此相反，环境对人格的影响作用从童年早期的微乎其微逐渐上升到成年期的中等影响程度。因此，上述的影响力主要是由环境因素所引起的（Briley & Tucker-Drob，2014）。

人类行为遗传学的研究已经证明，人类的行为和人类的身体一样是在遗传和环境的相互作用下发展起来的，人的遗传基因的差异不仅表现为人的身高、体型等结构方面，也表现为行为方面的差别。

影响幼儿心理健康的遗传因素通常分为三大类。

1. 明显地由于遗传因素而引起的行为异常

例如，唐氏综合征（又叫先天愚型），表现为智力严重缺陷，样子呆傻，反应时间长，对言语的理解也很差，语言和算术能力很差。唐氏综合征患者和精神病患者的子女患病率比正常人高，许多精神病患者生的孩子交给别人抚养，但仍然会患精神病。

2. 由某一遗传性缺陷而间接引起的异常行为

例如，有些研究发现男性反社会行为的某些形式，可能与性染色体中存在过多的 X 或 Y 有关。近亲结婚，父母的生殖细胞会把基因传给下一代，如果有致病基因，传给后代则会发展成为遗传性疾病。又如，语言能力发展的基本条件是听觉器官、脑组织和发音器官正常，其中某一方面有问题，就会导致幼儿的语言障碍。

3. 环境起主要作用，而遗传起轻微作用

例如，幼儿语言发展的首要条件是遗传，但是起主要作用的还是环境。有的幼儿说话早，而有的幼儿说话晚，就是最好的例子。因为语言发展早晚受到遗传、环境和幼儿气质的影响。

（二）遗传通过气质类型影响幼儿的心理健康发展

1. 气质影响父母的教养方式，进而影响人格的发展

蒋清和陈婷夫妇直到30岁事业有成之后才打算要孩子。为此，他们做了大量的准备工作，装修了房子，买了很多玩具。当陈婷顺利地生下一个3.9千克重的胖儿子时，全家人都欣喜若狂。但是，当开始三人世界的生活时，夫妻俩都感到精疲力竭。因为，儿子嘟嘟每一两个小时就要醒一次，饮食根本没有规律，只能是他什么时候哭，大人什么时候喂。几个星期下来，蒋清每天都得不到休息，上班感到非常疲惫，而下班回到家，看到妻子也是疲惫不堪。他们都感觉自己是不称职的父母，无法应对孩子的哭闹，甚至夫妻的感情也受到了影响。当他们向周围的朋友求助时，发现每个家庭的孩子都各不相同，有的一出生就很乖，吃睡都很有规律，而有的也和他们的孩子一样。

从上面这个例子可以看出，幼儿的气质直接影响到父母，甚至他们对婚姻的满意度。幼儿自出生之日起，其气质就表现出天然的差别，由此气质的行为特征也就不同，诸如活动频率、活动强度、反应强度、反应速度、反应节奏等都存在差异。幼儿这些先天的气质差异会直接影响父母的教养方式。新生儿的气质特征从一开始就影响到他与父母的交往，因为这种气质特征所表现出的独特的“行动风格”，必然会使幼儿在与父母交往中表现出不同的特点。

- 研究表明，父母的教养方式和子女气质之间存在一定的良性循环和恶性循环。例如：一个脾气暴躁的幼儿，在等待母亲哺乳时会大哭大叫，容易引起母亲的手忙脚乱，导致母亲对其态度不好，长期发展下去，幼儿就会形成急躁的性格。反之，一个脾气温和的幼儿会较耐心地等待母亲哺乳，这样母亲就会高高兴兴、有说有笑地给孩子哺乳，长此以往幼儿就容易形成温文尔雅的性格。
- 研究表明，气质表现为容易适应、易于抚慰、易社交的幼儿会导致父母温和、反应迅速的教养方式。同时，气质表现为易怒、苛求和退缩的幼儿会导致父母的激怒、疏远或缺少刺激的教养方式。因此，温和型和反应迅速型父母可以减少幼儿气质中负面情绪的发生，而疏远或缺少刺激的父母教养方式会加强幼儿气质中抑郁特质的发展。
- 研究表明，幼儿较高的适应性、积极乐观的心境和较高的注意持久性容易引发母亲的民主型行为（杨丽珠，杨春卿，1998）。这类孩子适应新环境、接受新刺激快；积极乐观，活泼可爱，很少与他人吵架；做事能够

坚持到底，不虎头蛇尾，即使碰到困难，也有信心做下去；容易和周围各种环境形成和谐关系，和母亲相处融洽，更多地得到母亲的赞许、表扬、信任、支持，使母亲形成民主型教养方式，养成幼儿积极主动、自尊、自信、自制、独立创新的良好个性品质，形成健康心理。

影响母亲教养方式的消极气质因素有：高活动性、低适应性、高趋向性、高反应强度、低反应强度、消极心境和中性注意力分散度。

- 高活动性的幼儿特别好动，显得很淘气，母亲批评他，能够顺从一会儿，过后又大闹起来，使母亲感到很麻烦，采用了不太适当的教育手段，就会引发幼儿的心理问题。
- 低适应性的幼儿适应环境的速度慢，母亲因教育无效而丧失信心、无可奈何，这些容易引发母亲采取放任型教养方式。
- 高趋向性的幼儿胆大鲁莽，常常制造恶作剧或危险事件，使母亲感到不安，对于这类棘手的幼儿，母亲常常给予训斥，强制孩子服从。
- 高反应强度的幼儿通常表现为采用大动作来表达情绪的起伏。比如说，看到喜欢的食物或玩具，会开心得咿咿呀呀喊叫；如果不想吃或者玩耍到一半被打断，就可能会以号啕大哭、大叫、用手推开等大动作来表现自己不开心的情绪。
- 低反应强度的幼儿对什么都不感兴趣，往往是母亲强制孩子做事。
- 处于消极心境的幼儿爱生气、吵架，碰到不顺心的事就大发脾气，母亲劝说孩子不听，便打骂孩子，打骂也不听，就只好迁就，孩子要什么给什么，听之任之，这容易导致母亲采取专制型、溺爱型和放任型的教养方式。
- 中性注意力分散度的幼儿，注意力不太集中，很难专注于某一件事，常遭到母亲的强制管教。然而，当母亲用新异刺激引导幼儿注意某件事时，这类幼儿的注意力又不能很快地转移，常使母亲感到无计可施，这就容易引发母亲采取专制型和放任型的不一致的教养方式，最终导致幼儿心理问题的出现。

2. 气质影响教师的态度，进而影响幼儿的心理健康发展

在实际工作中存在这样的现象，在一所幼儿园和教师相处不愉快的幼儿，转到另外一所幼儿园，遇到另外一位教师却发展得很好，并与教师相处得非常愉快。其中一个主要原因就是教师自身气质特征与幼儿气质特征的适应问题。

所以，一位好的教师不仅要了解所教幼儿的气质差异，也要对自身做出正确的评价。在师幼互动过程中，教师不仅是施动者，影响着幼儿的发展，同时教师也是受动者，幼儿的气质也对教师起着某种强化作用，因此师幼互动是教师和幼儿双方气质、个性共同成长和发展的过程。在幼儿园教育教学中，我们会发现教师喜欢的孩子的类型不尽相同，导致他们对幼儿的态度也不相同，这就会影响幼儿的人格形成和发展，甚至影响幼儿的心理健康。

3. 气质的反应性水平差异，影响幼儿心理健康的形成

反应性是气质能量中的一种行为特质，其生理机制决定对刺激的需求，个体为了满足这种刺激的需求，经常会选择相应的情境和活动，坚持下去就会形成一种习惯性的行为方式，形成一种人格特征。例如，反应性高的幼儿喜欢安静的环境，而反应性低的幼儿喜欢热闹的环境。随着时间的推移，反应性高的幼儿就会形成谨慎稳重的性格，而反应性低的幼儿就会形成寻求冒险、挑战、新异的性格特点，将来也会影响职业的选择。

二、先天环境：胎儿孕育

先天素质是遗传基因和胎儿发育过程中环境因素之间相互作用的结果。影响胎儿发育的环境是多方面的。例如，母亲孕期的营养、情绪、用药状况、身体健康状况和情绪等都可以通过母亲的子宫对胎儿发育产生影响，不良的子宫环境所造成的某些素质上的缺陷可能成为幼儿发育过程中的障碍，导致其异常心理的产生。

孕妇营养不良可使低体重儿出现，低体重儿有可能导致脑细胞减少，智力发展迟缓，脑功能异常，对心理健康产生不可挽回的影响。妊娠妇女患病和使用药物不慎，也会给幼儿的心理健康带来损害。例如，孕期高血压、肾炎、贫血、关节炎、低热和感冒等，都可能和幼儿的多动症有关。

孕妇的情绪状态也会对幼儿的心理健康产生影响。孕妇受到精神刺激，特别是突发的重大刺激，会造成心理紧张，从而引起胎儿发育的异常和障碍。研究表明，孕妇过激的情绪会导致细胞新陈代谢发生变化，血液合成物也发生变化，这些物质通过胎盘对胎儿的神经系统产生不良影响，甚至造成畸形。蒙克（Monk）等人通过一个认知任务测量了孕妇在中等压力下的胎儿心率，发现高抑郁和焦虑的孕妇，其胎儿的心率增长比非抑郁和焦虑组的快。研究者认为胎儿增高的自主反应性可能是未来情感控制困难的一个先导。

母亲分娩过程异常也是影响幼儿心理健康的一个重要因素。例如，剖宫产、产钳助产和吸引助产、产后新生儿窒息都可能造成新生儿脑组织的损伤，导致其心理发生障碍。

胎儿期和婴儿出生后早期的不良环境可能使个体的细胞发育、组织和器官的结构与功能发生适应性的变化，从而导致终生的不良后果。这些早期不良环境的长期后果被认为是通过表观遗传机制的改变导致个体的表型不同，其与生命早期的编程和可塑性相关，并可持续整个生命周期。有证据表明较差的认知功能、行为问题、负向情感相关的气质和人格特征，可能危害心理健康和健康状况，两者的交互作用可能增加精神障碍的易感性（严双琴，刘国栋，陶芳标，2015）。

总之，母亲怀孕过程中的良好适应对健康、灵活和互惠的母子关系非常关键。母亲怀孕中所做的一切都只是为了一个目的：确保孩子健康、安全和在爱中成长。那些不能较好地适应怀孕过程的母亲会发现做妈妈十分困难，而且她们的孩子也会经历很多困难。

三、后天生长：生理发育

脑科学研究为婴幼儿的心理健康提供了一个框架。胚胎和胎儿时期的脑发育会受到母亲压力等的影响。婴幼儿机体的发育水平和速度存在着个体差异，如果发育过分缓慢，与同龄幼儿相比，发育水平过低，会对其心理健康产生不利影响。研究表明，幼儿大小便的自控能力、动作和语言等方面的发育迟缓，不仅会造成身体发育障碍，还可能造成幼儿孤独、退缩、自卑的性格，导致各种心理健康问题。另一项研究表明：发育晚熟者更多地感到自己的不足，认为自己是受人排挤和支配的，依赖性强，容易与家长对抗；发育早熟者则表现出独立、自信，在与人相处中能承担成人的角色。

第二节　影响幼儿心理健康的心理社会因素

幼儿的心理健康与其内在的心理特征密切相关。从心理健康和社会适应的角度看，幼儿内在心理特征的作用主要表现在人格特征、情绪特征、应激能力和与周围人的关系上。心理社会因素是指个体的主观心理状态，在个体的发展过程中个体与环境相互作用的经验积累，包括早期的和后来的生活经验。影响幼儿心理健康的心理社会因素主要有早期经验、情绪倾向、应激事件和人格特征等。

一、早期经验对幼儿心理健康的影响

一个6岁的小女孩问妈妈："花儿会说话吗？""噢，孩子，花儿如果不说话，春天该多么寂寞，谁还对春天左顾右盼？"小女孩满意地笑了。小女孩长到了16岁，问爸爸："天上的星星会说话吗？""噢，孩子，星星若能说话，天上就会一片嘈杂，谁还会向往？"女孩又满意地笑了。女孩到了26岁，已经是个成熟的女性了。一天，她悄悄地问做外交官的丈夫："昨晚的宴会上，我的言谈举止合适吗？""棒极了，亲爱的。"外交官毫无吹捧之意，却不无欣赏和自豪之情，"你说话的时候，像叮咚的泉水、悠扬的乐曲，动人心、怡人情，虽千言而不繁；当你静处的时候，似浮香的荷、优雅的鹤，美人目、爽人神，虽静音而传千言……亲爱的，能告诉我你是怎样修炼的吗？"妻子笑了："6岁时，我从当教师的妈妈那儿学会了和自然界的对话。16岁时，我从当作家的爸爸那里学会了什么时候该说话，什么时候不该说话。在见到你之前，我从史学家、哲学家、文学家、音乐家、外交家那里学会了和什么样的人谈什么样的话。亲爱的，我还从你那里得到了思想、智慧、胆量、看法和爱！"

（戴明忠，2017）

上面这个案例说明了早期经验对人的心理健康的影响。研究表明，早期经验的获得对个体一生的发展具有重要作用。

首先，现代神经科学研究表明，个体大脑的发育在两岁左右基本成形，此时的经验对其智力发展影响很大，早期经验能充分发挥大脑的潜力。幼儿期已具有140亿个神经细胞，潜力远没有发挥出来，如果采取措施使其潜力充分得以发挥，可使人更聪明。

其次，幼儿一出生，就需要与母亲或看护者相互交往，这种亲子之情是幼儿最初的社会化的情感。幼儿经常从父母那里得到爱抚，就会性格温和，对他人表示友爱，形成信赖感。如果幼儿失去母亲的积极关注与照料，母爱被剥夺或遭受虐待，就会对幼儿的心理健康产生直接不良的影响。研究表明，那些早期受到父母虐待的幼儿，虽然经过救治，但是大多数幼儿长大后仍然存在神经系统方面的问题，对他人不信任，很难与人相处，甚至出现狂躁或怨恨等心理问题。儿童早期的负性生活经历，特别是儿童期的心理虐待会促使个体对威胁性信息产生选择性注意，这种对情境中线索的注意分配能力促使个体处于自我平衡状态。社会信息加工的研究指出，受到心理虐待的儿童在信息加工的早期阶段与正常儿童存在差异。儿童期的负性经历可能会导致个体对涉及情绪方面的特定信息的加工偏向。里德尔和西科迪（Rieder & Cicchetti，1989）指出，儿童在信息加工中出现的偏差与其认知控制机能有关，受到心理虐待的儿童在一些实验任务中表现出被削弱的认知控制机能。受到心理虐待的儿童在处理无关的攻击性信息时往往缺乏效能，即他们无法抑制对无关信息的注意，其攻击性幻想的特征使他们不由自主地将注意指向攻击性刺激（刘文，刘方，邹姝姮，2015）。

二、情绪对幼儿心理健康的影响

毛毛是我当园长时记忆最深刻的淘气包。他脾气特别坏，动不动就用打人来发泄，班上的小朋友都挨过他的打，老师批评他时，他会用号啕大哭来反抗。当他特别高兴时，也会配合老师做一些事情，但是都不能持续较长时间。虽然他上小学后成绩优秀，但是小学的老师也反映他经常和同学打架、斗嘴和扮鬼脸，高兴起来特别兴奋，而沮丧时就会产生攻击性行为。

这个例子说明了情绪特点对心理健康的影响。有些学者（泽纳，2014）把幼儿心理健康领域解释为，“用多种方法来提高幼儿在生物学、人际关系和文化背景下的社交和情感的能力”。该领域的根本原则是了解幼儿发展的需要，以及父母和其他主要的照顾者是如何对幼儿的需要做出很好的反应的。通过临床实践和理论研究的结合，这些原则已经得到了应用、评价和提炼，使我们能够很好地理解婴幼儿的发展道路。情绪是指短暂而强烈的具有情境性的感情反应，如愤怒、悲伤、恐惧等。情绪是影响个体心理健康、导致心理异常和障碍的中介，这是因为由生理、心理变化以及环境刺激等因素造成的各种情绪反应，可以导致神经系统和内分泌系统的变化，使人的心理活动和行为方式也发生相应的变化。目前，在众多影响幼儿心理健康的因素中，不良情绪最为突出，深入分析幼儿不良情绪产生的原因，通过提升家长和幼儿教师对幼儿情绪的认知能力、帮助幼儿学会合理地宣泄和控制情绪，结合“渐入式”和“淡出式”的家园合作并适当满足幼儿的情感需要，将有效地疏导幼儿的不良情绪（郑国，潘莉，张骞，2018）。

良好的情绪反映了中枢神经系统功能活动的协调性，它表示人的身心都处于积极的健康状态。良好的情绪是幼儿保持身心健康和行为适应的条件，有助于幼儿的行为适应。相反，消极的情绪则会使幼儿的心理失去平衡，如果消极的情绪强度过大或持续时间过长，还可能使幼儿神经活动的功能失调以及造成机体的某些病变。例如，长期焦虑就会导致失眠、记忆力下降、反应迟钝等。上面例子中所说的毛毛经过心理治疗后，情绪特征得到改变，最终考上了浙江大学，这说明早期关注了幼儿的情绪特征，就会逐渐改善其消极因素，避免心理问题的发生和延续。

三、应激事件对幼儿心理健康的影响

创伤后应激是个体在经历或目睹了极度的、不可抵抗的创伤事件后所引起的一种精神紊乱，从而感到强烈的害怕、无助或者恐惧。幼儿所能经历的应激事件有两种。

（一）家庭应激事件

家庭中发生的一些生活事件可以直接或者间接地损害幼儿的心理健康，其中最严重的生活事件莫过于父母死亡，其次是父母离异、分居、长期争吵或发生冲突。这些生活事件对于大多数孩子都是充满紧张性的，从而会导致强烈的心理和生理性质的应激反应，造成许多身心症状，甚至危及幼儿成年后的心理健康。家庭应激事件对幼儿心理健康的影响与两类因素有关：一是幼儿的年龄、性别、心理发展水平和气质特征等；二是环境因素，包括家庭环境条件和社会支持等。一般来说，婴幼儿期丧母对其以后的心理健康的影响较丧父而言要大，而少年期丧父同丧母对以后心理健康的影响大致相当。父母离异对幼儿的负面影响甚至可以超过父母死亡，因为他们不得不生活在父母中间，而且要面对重组家庭的新成员。然而不同气质的幼儿面对这些事件所产生的反应是不一样的，有些幼儿能够坦然面对，而有些幼儿则不能够面对。最后，如果社会支持足够，幼儿心理问题出现的概率也会降低。

（二）社会重大事件

社会生活中发生的一些重大事件，例如突发的新病毒、战争、自然灾害（海啸、地震、飓风和洪水等）和社会经济制度的重大变革等，都可以直接或者间接地对幼儿的心理健康和身体健康产生负面影响。例如，新冠肺炎、非典型性肺炎、战争、地震等不仅会造成幼儿各种疾病的患病率增高，而且会造成幼儿严重的心理应激反应。

四、人格特征对幼儿心理健康的影响

幼儿的人格特征与心理健康有着密切的联系。那么究竟是同一心理障碍的人都具有同样的人格特征，还是任何一类人格特征都可能会产生心理障碍呢？这个问题在学术界一直有争议，目前还没有得出结论。我们认为，可以把人格的缺陷视作心理障碍的产生原因或基础条件，也可以把人格的改变看作心理疾病造成的结果。幼儿阶段的人格倾向性基本形成，但还不稳定，因为幼儿期是人格发展的关键期。因此，促进幼儿的人格向良好的方向发展十分重要。

下面是对几种幼儿心理健康问题与人格因素之间的联系的研究结论进行的概括。

- 品行障碍：幼儿表现出情绪不稳定、攻击性强、冲动和适应困难等。
- 焦虑症：情绪不稳定和内向性格被视作此症的易感素质或性格特征。具有这种性格的幼儿多愁善感、易焦虑不安、严肃、古板、保守、不善交际、孤僻。
- 恐惧症：幼儿性格多是高度的内向、胆小、怕羞、依赖性强、易焦虑。
- 神经性厌食症：幼儿多表现出任性自负、固执、敏感、爱打扮、追求时髦和盲目自信等特点。
- 适应障碍：依赖性强、自我中心、敏感、易紧张不安、耐受力差和适应环境困难的幼儿，易在某些环境因素的作用下发生此症。

第三节　环境和教育对幼儿心理健康的影响

心理学家布朗芬布伦纳（U. Bronfenbrenner）曾将生态系统划分为四种不同的类型：一是微观系统，这是最直接也是最重要的生态系统，它由幼儿园、学校、家庭等组成，微观系统的活动和事件一般比任何其他系统对人的行为影响更大；二是中间系统，它由各个微观系统之间的关系构成；三是外部系统，它是人生活在其中的社会结构；四是宏观系统，指的是人的文化，是一整套价值观、习俗和信仰，代代相传，影响着人的知觉、动机和生活经验。根据这种理论，社会和文化会对幼儿的心理健康产生普遍的影响，价值观、习俗和反应类型等会通过各种渠道，以各种方式影响人的知识、技能、态度和情感，特别是微观系统与个体行为之间的关系最为密切。

一、幼儿教育微观系统之一：家庭

家庭是幼儿心理发展的重要影响因素，良好的家庭环境是幼儿心理健康发展的重要条件和保证。幼儿心理健康问题不仅仅是个人问题，家庭因素在幼儿心理问题的发生和发展上也起着十分重要的作用。不少有心理障碍的幼儿可能生活在“病态”的家庭中。林崇德教授（2009）对不同阶段的儿童人格的发展与家庭环境之间的关系做了阐述。他认为，在胎儿阶段，母亲的精神压力和极端情绪会影响儿童未来人格的发展。比如，夫妻感情不和、常发生矛盾、争吵甚至动手打架，处在这种状态下的母亲生下的孩子出现人格障碍的概率要高得多，这些孩子常见的人格问题是：神经质、长大后常常表现为神经过敏，很难与周围人和睦相处，总有一种孤独感，而且常常感到自卑，无端怀疑，有时甚至发展为偏执。再比如，母亲如果在怀孕期间受到诸如丈夫亡故、遭丈夫遗弃等重大事件的精神刺激，孩子出生后大多数会精神失常或患精神抑郁症，也有为数不少的人患精神分裂症或出现其他的病态人格。

下面是一个典型的例子。

一个寒冷的夜晚，一个6岁的小女孩绑架了邻居3岁的小男孩，将他绑在树上，放火烧他。这个小男孩目前正在医院，情况很危急，而小女孩则被警方拘留。她叫席拉，她的母亲在她4岁时就离家出走了，父亲因吸毒和酗酒而入狱。席拉辗转于亲戚、朋友的家中，后来被抛弃在高速公路的围墙下，最后被社会工作者带到救助中心时，全身是被虐待留下的伤痕。

陈晓霞和韩清（2019）对幼儿的心理健康影响因素的研究发现，在影响幼儿心理健康的诸多因素中，家庭因素是最重要的因素之一，尤其是家庭成员的因素，如父母的行为、人格特征、亲子关系、教育观念、教育方法等，都与幼儿的心理健康有着密切关系。史慧中（1991）对我国十省（市、自治区）幼儿所处的家庭环境与幼儿心理素质发展关系的调查结果（见表2-1）表明：家庭不仅对散居幼儿的心理发展具有决定性的作用，而且对幼教机构中的幼儿心理发展影响颇大，幼教机构各幼儿样本组在心理发展方面的家庭独自贡献量占总贡献量的70%，可见幼儿心理健康发展的关键在于家庭。家庭环境对幼儿心理健康究竟起怎样的作用呢？我们主要讨论与幼儿心理健康关系最为密切的家庭结构、家长的期望、家长的心理健康状况和家庭经济地位。

表 2-1 家庭环境诸因素

家长特性	父母文化水平，父母职业，婚姻状况，一周与儿童分离的时间
家庭条件	家庭人口，年龄，职业构成，住房条件，生活设施，文化设施，交通设施，人均收入
家长教育行为	对孩子的期望水平，教识字数，教外语、音乐等技能，上公园次数（半年），买书支出（半年），买玩具支出（半年），讲故事时间（周），一起游戏时间（周），表扬次数（月），打孩子，对任性等不友爱行为的处理方法，父母晚间活动内容，父母为教育孩子的争吵频率等

（一）家庭结构

家庭中不同的人际交往与幼儿心理健康发展有着密切的关系。

首先，由父母和孩子组成的核心型家庭成为主要的家庭组成形式。这种家庭组成对孩子的健康成长最为有利，父母双全可以为幼儿提供两种行为的范例，这对幼儿适当的性别认同的发展有益。

其次，扩展型家庭（即除了父母和子女外，还包括其他家属的家庭）这类家庭对幼儿心理健康的影响取决于家庭中的人际关系或家庭气氛。较好地保持良好的家族传统，亲子和谐，对孩子的心理健康极为有利。

再次，单亲家庭（即由父亲或母亲及其子女组成的家庭）随着离婚率的上升而增多。大量研究表明，单亲家庭幼儿心理健康取决于单亲家庭中家长处理问题的态度，如果父母双方都从孩子的角度考虑问题，共同养育孩子，那么幼儿心理障碍的发生率就低；反之，如果父亲或母亲独自一人担负着双重责任，同时缺乏社会支持时，幼儿就会出现心理健康问题，因为他们承受着比同龄人更多的压力和消极影响。

最后，家庭中孩子的数目过多和太少都会影响到幼儿的心理健康。

研究表明，留守儿童的情绪问题主要涉及孤独、委屈难过、敏感自卑和忧虑四个方面。大部分留守儿童与父母关系疏远（申继亮，2009）。

（二）家长的期望

由于几千年的传统观念、母子相互作用和我国前些年的独生子女政策的影响，“望子成龙”“望女成凤”已成为我国家长的普遍心态。家长没有意识到学习上对孩子的要求过高、生活上过分的照顾、交往上的过分保护，会使孩子形成问题行为，如：任性、依赖、被动、不会与人沟通等。事实上，对孩子过高的期望是对孩子的精神虐待。父母的期望过高，会给儿童青少年带来极大的压力，儿童青少年的生活满意度随之降低（Jones，2015）。

（三）家长的心理健康状况

父母的心理健康水平特别是母亲的心理健康水平与孩子的心理健康发展水平密切相关。父母患有精神疾病或人格有缺陷，会使其子女处于很不利的地位。与父母心理健康的子女相比，这些孩子产生心理问题的危险性会显著升高。首先，父母的心理健康会直接影响家庭的人际关系和气氛，心理健康的父母会为孩子营造人际关系和谐、轻松愉快的家庭气氛。而心理不健康的父母则导致家庭气氛紧张、不和谐。其次，父母的心理特点和健康状况会影响孩子的培养和教育。父母的心理特点和健康状况不良，则会有不良的期望和教养。例如，前面例子中的女孩席拉，她的父亲吸毒和酗酒，母亲又在她 4 岁时离家出走，她最终被诊断为有品行障碍。

（四）家庭经济地位

家庭的经济地位与幼儿心理健康的关系是比较复杂的。适当优越的经济地位可以为幼儿心理健康的发展提供良好的环境，但是，经济条件差可能对幼儿的心理健康造成两种后果。

一方面，幼儿因为生活贫困过早地承担了生活的重担，养成了积极、独立的健康心理。

例如：

湖南省耒阳市的留守女孩钟芳蓉在 2020 年高考中取得了 676 分的好成绩，是湖南省文科第四名。钟芳蓉 1 岁起就跟着爷爷奶奶生活，父母一直在外打工。从六年级开始，她就在校寄宿，一个月回家一次。独立自强的她在高考中取得了这么好的成绩，选择了北京大学考古专业，希望以后读研深造，做考古研究。据报道，钟芳蓉的父亲表示，当得知女儿想报考考古专业时，他去问了村里的大学生，听说这个专业很冷门，就业面狭窄而且赚钱少。“农村人最主要的是担心钱的问题，但是孩子把金钱看得比较淡，我也认为孩子做自己喜欢的事会更开心。”

另一方面，研究也表明，精神发育迟滞、品行障碍、青少年犯罪等案例中，贫困家庭的幼儿占据的比例较非贫困家庭大。所以贫困家庭能走出独自抚养妹妹并感动中国的十大人物之一的洪战辉，也能走出“杀人恶魔”大学生马加爵。

二、幼儿教育微观系统之二：幼儿园

世界卫生组织专家委员会曾指出：“与人的生命的其他时期相比较，儿童时期的心理健康问题与周围环境有着更为直接的联系。关于这方面，在人的一生中占据重要位置的是学校，学校在人的心理健康形成和发展中起着十分重要的作用。”幼儿园是儿童步入社会的第一个场所，幼儿园的教学内容和教学方法，教师和幼儿的关系，以及幼儿园里的气氛，特别是幼儿园的办园目的和教育目标，都与幼儿心理健康的维护和增进有关。

接受系统的幼儿园教育已经成为现代社会文明的标志之一。幼儿走进幼儿园，就有机会接受全面、系统的教育，其中包括心理健康教育。幼儿园心理健康教育是幼儿园教育中的主要方面，它渗透在其他教育领域，从而共同促进幼儿的心理健康发展。下面着重从幼儿园课程和幼儿园环境两个方面来阐述。

（一）幼儿园课程

1. 幼儿园课程的作用

课程是促进幼儿全面发展的教育手段和方法。课程是一个有结构的框架，它的内容包括：幼儿学习的内容，为达到预定的课程目标幼儿所经历的学习过程，为帮助幼儿达到这些目标教师应当做的事情，教学情境和学习情境等。课程与整体教育质量相关。课程决定着教师行为和提问类型；课程决定着课堂组织方式；课程决定着幼儿园与家庭的关系；课程决定着是以教师指导为主还是以幼儿为中心进行教学。课程应能促进幼儿的全面发展。在现实生活中，幼儿发展的各方面必须被看作一个整体，要整体地进行教育。课程只有提供这样的内容，才能真正地促进幼儿的身心全面发展，使之形成健康的心理和良好的人格。

2. 幼儿园课程与教学方式

（1）高瞻课程。

高瞻（High/Scope）课程由戴维·韦卡特（David Weikart）等人于 1964 年提出。该课程认为，幼儿既是积极的学习者，又是学习过程的积极计划者。教师的作用就是布置教室和提供材料，同时制订允许幼儿计划、体验和对活动进行评价的活动计划表。追踪研究证明，该课程对幼儿的智力和社会性的发展都有积极作用。

（2）银行街课程模式。

银行街（Bank Street）课程模式由露西·斯普拉格·米切尔（Lucy Sprague Mitchell）提出，芭芭拉·比伯（Barbara Bibber）发展并完善，以精神分析理论及进步主义教育者约翰·杜威（John Dewey，1859—1952）的思想为基础。该课程模式主张为幼儿提供与年龄相适应的材料，不管幼儿的年龄大小，都为他们制定同样的发展目标，包括主动性、探索精神、自我概念、交流能力和学习能力的发展。所提供的材料经常是教师制作的，教师还为幼儿学习能力和技能的发展做榜样。

（3）蒙台梭利教育。

蒙台梭利教育集中体现了幼儿人格与认知能力的和谐发展目标。鼓励幼儿自我约束、自我指导，发展幼儿的独立性，为幼儿准备的环境和材料是“自我纠正”的，幼儿操作材料的结果就“告诉”了他是否正确地操作了材料。大部分活动是幼儿独立完成的，幼儿通过与材料的互动而不是通过与同伴的互动来完成活动。教师的作用是为幼儿准备能满足幼儿需要的环境，让幼儿通过正确操作来进行自我教育。

（4）进步主义教育。

约翰·杜威提出的进步主义教育理论对美国公立教育的影响在20世纪是任何一种理论思想都无可比拟的。他把教育环境看成培养“民主”的场所。课堂教育应以小组活动、合作以及共同的责任和目标为中心。幼儿对群体活动和生活的责任使他们能表达自己的意愿，使自己成为群体的一分子，从而促进智力和社会性的“自我实现”。杜威认为，教育要培养“有创造性的个体”。幼儿是通过积极地“做”身体和智力方面的事情来学习的。教师所提供的这些活动是以幼儿的兴趣、需要、目的和能力为基础的。他说：“学习是积极的。它包括智能以外的许多内容。它还包括内部有组织的吸收同化。严格地说，我们必须坚持同幼儿在一起以及最后必须从他们身边离开的立场和态度。”（杜威，1990）

（5）行为主义教学法。

它是由贝雷特－恩格尔曼（Bereiter-Engelmann）提出的课程模式，20世纪60年代盛行于美国。该课程模式运用直接教学法来教授数学、阅读和言语等内容，用于帮助经济处境不利的幼儿。课程和活动是由教师发起和指导的，要求教师进行结构化的、不断重复的教学，通过奖励来激发幼儿的学习动机。幼儿的学习经验主要是封闭的、有固定答案的内容，学习是为了寻求预期的正确答案。

（6）瑞吉欧教学法。

瑞吉欧教学法由意大利教育家洛里斯·马拉古兹（Loris Malaguzzi）提出。它强调课程的艺术教育内容和教室环境，重视幼儿的思想和日常经验，鼓励幼儿通过他们的自然“语言”或创造性的表达方式来表达自己，鼓励父母和社区参与幼儿教育。其指导思想是“与幼儿有关的事情和为幼儿做的事都是从幼儿那里学来的”。

（7）创造性游戏课程模式。

该课程模式由美国的卡罗尔·卡特伦（Carol Catron）和简·艾伦（Jane Allen）于1985年提出。它是以皮亚杰（Jean Piaget，1896—1980）的心理发展理论为基础的建构主义学习模式，是一种以游戏为基础的课程，强调创造性的个人发展和其领域之间的联系。该课程主张鼓励和支持幼儿的游戏，以促进幼儿在六个领域（自我概念、情感健康、认知、交流、社会性和感知运动能力）的发展。

3. 好的幼儿园课程的标准

目前，《幼儿教育指导纲要（试行）》要求全国各省、自治区、直辖市根据自己的实际情况制定课程标准，提倡幼儿园编制园本课程。那么，什么是好的幼儿园课程呢？全美幼教协会（National Association for the Education of Young Children，NAEYC）提出，课程必须反映幼儿所处社会的文化价值，必须与当地文化相适宜，必须是有意义的。课程既应当反映当地的文化、语言、价值观、需要以及家庭和社区的利益，也应当反映幼儿、父母和教师的需要。

好的课程应当符合以下标准。

- 促进幼儿间的相互学习，鼓励幼儿进行知识建构。
- 有助于实现幼儿在社会性、情感、身体和认知方面的发展目标。
- 在鼓励幼儿的学习倾向和情感积极发展的同时，有助于幼儿的知识、技能学习。
- 对幼儿来说有意义，与幼儿的生活有关系，幼儿能够很容易地从中获得直接经验。
- 教师对幼儿的期望必须符合幼儿的实际。
- 对幼儿和教师来说是有趣的。
- 尊重语言和文化差异，尊重、允许和欣赏个体差异，能促进家庭之间积极关系的建立。
- 建立在能发挥幼儿现有的知识和能力的基础上。
- 能通过帮助幼儿在有意义的背景下建构他们自己的理解来发展对概念的

理解。

- 能促进各学科领域内容的一体化。
- 能根据各相关领域已有的标准，提供正确、可靠的信息。
- 课程内容有学习价值，幼儿能有效地学习。
- 鼓励幼儿积极学习，允许幼儿做出选择。
- 有利于幼儿的探索，不强调“正确”的答案。
- 有助于幼儿思维能力、推理能力、问题解决能力和做出决策能力的发展。
- 能促进和鼓励幼儿与成人的交往。
- 尊重幼儿的活动需要，感官刺激的需要，对新鲜空气、休息、营养和排泄的需要。
- 有利于幼儿的身体安全感、心理安全感和归属感的发展。
- 能提供促进幼儿成功感、学习能力和学习兴趣发展的活动。
- 给予幼儿和教师一定的灵活性。

全美幼教协会的文件还指出，教师是决定课程质量最重要的因素。教师在课程设计活动中要参与的活动包括：

- 选择和设计课程内容。
- 在实施课程时，参加职前和在职培训。
- 与幼儿父母讨论有关课程和幼儿的每日活动方面的问题。
- 在课程实施中经常进行讨论和改进。
- 把课程运用到有特殊需要的幼儿的教育中去。

以上标准可以供我们编制幼儿心理健康教育活动课程时参考，我们的最终目的是要编制出适合每一所幼儿园的特点的课程。“中国著名幼儿园丛书”汇聚了全国各地的18所幼儿园的课程建设，介绍了这18所幼儿园的园本课程，它们各具特色，但都是按照幼儿的心理发展规律来设计教育活动，尊重每一个个体的发展需求（张新洲，2015）。

4. 幼儿园课程与幼儿压力

记得我在幼儿园工作的时候，有一名小朋友问我：“老师，为什么做孩子的要上很多兴趣班？周末了我还要学钢琴、英语和美术。”还有一名幼儿的家长说：“在我给孩子报的所有兴趣班中，儿子最喜欢的是英语班，因为他感觉老师从来不批评人，小朋友们在唱唱跳跳中就不知不觉地学会了很多东西，老师也不让他们考级。”

上面的例子说明好的课程可以促进幼儿的健康成长，而不以儿童为中心的课程，乃至所谓的兴趣班却给幼儿带来了精神压力甚至心理问题。

心理压力一般是指生活环境不能满足个人需要，个人的学习与经验无法与现实生活的要求相互配合所导致的生理或心理失去平衡的一种紧张状态。幼儿的学习压力多来自家庭、幼儿园不适宜的学习内容、教师的教育方式方法和评价态度。其中不适宜的课程很容易导致幼儿产生心理压力。通常我们认为，学习压力具有两重性，适度的压力对人的行为具有动力作用。这一原理可能并不完全适用于幼儿。幼儿心理的无意性强，幼儿的行为受直接兴趣左右，如果在压力之下学习，又不会调适，幼儿很可能感受到威胁或紧张，从而厌学或产生消极的情绪。有关研究指出，给学前儿童的学业压力，是造成幼儿对幼儿园乃至未来的学校的负面态度及创造力减少的元凶。

近些年来，幼儿教育改革虽然有了长足的进步，但幼儿学习压力似乎有增无减。现代社会竞争日益激烈，为了能在竞争中取胜，不少幼儿很早就开始学习小学课程，失去了应该游戏的机会，被剥夺了在幼儿园生活的乐趣。有些幼儿园变相地搞识字教学、英语教学和数学教学，这些教学占据了幼儿一日生活中的大量时间。通过这种不符合幼儿身心发展规律的学习，幼儿虽然能获得某些方面的知识，但是要付出很大的代价。更严重的是，枯燥的学习会滋生幼儿对学习的厌烦情绪，导致幼儿产生精神上的痛苦和疲倦，还有可能使幼儿产生对幼儿园的厌恶，不喜欢上幼儿园，甚至害怕上幼儿园，患上入园恐惧症。特别是社会上举办的学前班，对幼儿园大班孩子的影响是很大的。家长们让孩子们退园参加学前班学习，付出高昂的费用，而孩子们过早地接受小学化教育，等真正上小学后，却产生了厌学情绪和逃学行为，真是得不偿失。

（二）幼儿园环境

幼儿园的环境可以分为人文环境和物理环境。

1. 幼儿园的人文环境

幼儿园的人文环境主要体现在幼儿园的气氛及人际关系等方面，它对幼儿心理及行为的发展产生着实实在在的影响。幼儿园的人际关系是幼儿园人文环境中对幼儿心理健康影响最大的因素之一。许多研究表明，幼儿与教师之间关系紧张，是引起幼儿心理出现问题最主要的原因。教师整日与幼儿在一起生活和活动，教师的言行和情绪状态无时无刻不在影响着幼儿。教师稳定的情绪和完整的人格是影响幼儿心理健康的重要因素，教师的个性在很大程度上也影响着幼儿的行为。有实验资料表明，两组教师同时担任事先设计好的教育幼儿同情、帮助别人的游戏活动的指导者，实验组教师对幼儿热情、友好，对照组教师则沉默寡言、没有表情，结果实验组的幼儿更乐于助人。教师对幼儿的不公正、偏爱、无同情心、蛮横粗暴、挖苦和讥讽等更会给幼儿的心理健康造成损害。

有这样一个故事：

第二次世界大战后，在德国有两所设备和食品质量都完全相同的幼儿园。但是，当调查人员对这两所幼儿园的幼儿健康状况进行调查时却发现：甲园幼儿的身心都很健康，情绪也很愉快；而乙园幼儿的身心健康状况却较差。迥异的结果使调查人员感到十分困惑，他们经过认真的调查分析之后，终于找到了原因。原来，甲园管理幼儿吃饭的保育员态度和蔼，富有爱心，在幼儿吃饭时总是以微笑、鼓励来对待和帮助幼儿；而乙园的保育员则对幼儿缺乏耐心与爱心，每逢进餐就训斥幼儿，致使幼儿一到进餐时间就害怕、流泪，甚至小便失禁，进餐时情绪低落，严重地影响了幼儿的食欲及消化吸收，最终对幼儿的身心健康产生了不利的影响。

这是一个由不良人文环境造成幼儿心理及生理健康受到损害的典型事例。幼儿园作为幼儿接受教育的主要场所，其环境的好坏对幼儿生理及心理的影响不容置疑。

（1）幼儿园里的气氛与教师的道德素养、职业意识及教学水平等方面有十分密切的关系。

某幼儿园的一位教师因为有一位小朋友在做游戏时与自己的孩子发生了纠纷，便将这位小朋友的右手按在滚烫的暖气片上达 3 分钟之久，致使该幼儿的右手严重烫伤。当然，这位教师受到了严肃处理，但她的行为对该幼儿心理上的冲击十分严重，致使其在很长一段时间内对幼儿园感到恐惧，情绪不能稳定。

幼儿教师应该对幼儿充满爱心与耐心，如果整天阴沉着脸，动不动就大声呵斥幼儿，那么幼儿园将被笼罩在压抑的气氛之中，导致幼儿心理扭曲、情绪不稳定，甚至出现暴怒、焦虑、抑郁等情况，而且会对幼儿的社会认知、社会情感（如对爱的体验与认知）的发展产生极为不良的影响。如果教师的教学生硬、呆板，缺乏激情，不符合幼儿的年龄特点，只强调知识的传授而缺乏情感的教育，如果教师只注重自己的教，而忽视幼儿的玩与学，忽视对幼儿兴趣的培养等，那么幼儿就会生活在一种机械的、缺乏活力与互动的、缺乏情感交流的气氛中，对幼儿的心理健康将产生消极的影响。

（2）同伴之间关系紧张，也会对幼儿的心理健康产生不良影响，并导致幼儿出现不良行为。

研究表明，在幼儿园里，幼儿的攻击性行为常常受到别的幼儿的强化，而被攻击的幼儿常被迫退缩或放弃，攻击他人的幼儿的行为由此得到强化，其他幼儿也易对这些行为进行模仿。在这样的过程中，幼儿还会体验到许多负面情绪，长此以往，将会对幼儿的心理健康造成不良影响。

2. 幼儿园的物理环境

幼儿园的物理环境是影响幼儿心理健康的另一个主要方面，它包括幼儿园的自然环境（如声、光、绿地、空气等）、人工设施（如房屋建筑、玩具、活动场地等）。

（1）幼儿的活动空间是影响幼儿心理健康的重要物理环境因素。

人员密度过高的幼儿活动室，有可能使幼儿的攻击性行为增多，社会交往行为减少，不主动参与活动的比率提高。如果幼儿园为了经济效益而一味地扩大招生，使 25 人左右的一个班扩编到 40 人，将会对幼儿的心理健康造成不良影响。

（2）空气质量的好坏也是影响幼儿心理健康的一个重要因素。

污染严重的空气中的二氧化硫、二氧化氮和飘尘等，以及汽车废气中的主要污染物一氧化碳、氮氧化合物、烃类化合物和铅化合物等，如果被幼儿吸入一定的数量，就会对其身心健康产生危害。例如，一氧化碳与血红蛋白结合后，血液的携氧能力会下降，导致组织缺氧，从而影响幼儿的手指精细调节功能和大脑智力活动；汽车废气中的铅在幼儿体内蓄积，可导致幼儿神经衰弱。噪音不仅会损害幼儿的主观听觉，还会使其中枢神经的调节功能紊乱，导致全身性机能失调，如肠胃功能紊乱、心跳加快、血压波动，产生慢性疲劳和情绪烦躁，等等。目前私家车充斥在各个大城市，在接送幼儿时，汽车停在幼儿园门前，排出的尾气正好对着幼儿，这对幼儿的身心发展极为不利，幼儿园应该规定接送幼儿的车辆远离幼儿园的大门。

（3）幼儿园室内的采光过差，光照不足，幼儿整日生活在阴暗、潮湿的环境中，会感到十分压抑，这也会对幼儿的心理健康造成不良影响。

3. 幼儿园环境建设

幼儿园环境对幼儿的心理健康影响很大，搞好幼儿园的环境建设十分重要。在蒙台梭利看来，幼儿园就应该给幼儿提供一个有准备的环境，这种环境要能使幼儿的身体、智力、个性都得到发展。她认为，这种环境应包括六个要素：自由的观念、结构与秩序、真实与自然、美感与气氛、蒙台梭利教具以及群体生活。

- 自由的观念。蒙台梭利认为只有在自由的气氛中，幼儿才会显露他们的本质。由于教育者的角色在于确认并协助幼儿的心智发展，能够在自由与开放的环境中观察他们，因此，这方面极为重要。蒙台梭利相信，要给幼儿自由的先决条件是幼儿的人格（包括独立性、意志力与自制力等）必须健全地发展。在蒙台梭利教室的自由环境中，幼儿有机会去反省自己的行为，了解行为对自己及对别人的影响，测试自己在现实环境中的能力，体会自我实现的感觉，了解有可能使自己空虚与不满的情况，还有发觉自己的能力与短处。
- 结构与秩序。教室中的环境必须能表现外面世界的结构与秩序，以使幼儿了解、接受进而建立自己精神上的秩序和智慧。经由这种内在的智慧，幼儿便会信赖他所处的环境，并了解自己与环境沟通的能力。这样可以保证幼儿能从事有目的的活动，指导他如何去寻找与选择自己所需的教材。
- 真实与自然。幼儿必须有机会将自然与真实的范围内在化，以免受到各种奇想与幻象的干扰。只有如此，幼儿才能发展自我约束能力，以便探索内在与外在的世界，同时敏锐地观察人生百态。因此，教室的设计应该使小朋友接近真实社会的情况，教室里的冰箱、电话等都应是真的。
- 美感与气氛。蒙台梭利认为美对发育中的幼儿并非是锦上添花的事，而是唤起幼儿对生活做适当的反应的绝对要素。真的美建立在简洁的基础上，因此教室无须装潢得太精巧，不过其内部的一切却必须有良好的设计，能吸引幼儿、颜色明亮、有朝气而且协调。室内气氛必须轻松、温暖，使幼儿乐在其中。
- 蒙台梭利教具。由蒙台梭利设计的教具，不注重外在的教育功能，而是尝试通过内心来帮助幼儿建立自我与促进心灵的发育。它们提供可以集中注意力进而启发幼儿专心的程序刺激，因此可以帮助幼儿成长。
- 群体生活。蒙台梭利认为，幼儿的班级应该是混龄的，通过这种兄弟姐妹式的交往，达到促进幼儿社会化发展的目的。

幼儿园环境和家庭环境有什么不同？最大的差别也许在于，幼儿园环境是一个集体生活的地方。此外，幼儿园环境应该是幼儿可以和他人分享自我经验与感受的地方，应该为孩子们的学习提供更为丰富的表达机会。

总之，幼儿园环境应该能够为幼儿提供身心健康发展所需的活动和练习，充满自由、爱、营养、快乐与便利。

三、幼儿教育宏观系统：社会环境和生活事件

1. 社会经济发展和社会风气

目前，研究者对心理学有三品论，即：心理学在贫穷社会是装饰品；在发展中的社会是调味品，就像做菜放味精，对菜的营养成分并无改变，只是口感好坏而已，这时的心理学对社会没有任何实质性的意义；而在经济发展到一定水平的社会，心理学就是必需品了，它在我们的生活中扮演了一个实质性的重要角色，会对个体甚至社会的发展产生实际的影响。简言之，就是人的生活水平提高了，但幸福感并未水涨船高；相反，苦恼和问题却在增加。因此，幼儿的心理健康也会受到影响。

社会风气对幼儿的影响很大。幼儿由于受自身心理发展水平的限制，往往缺乏适当的独立思考和辨别是非的能力。因此，不良的社会风气不利于幼儿树立正确的人生观和形成良好的人格。

2. 大众传媒

就现代社会而言，幼儿一出生就被大众传媒包围了。作为人们获得社会信息的首要途径，大众传媒甚至成为人们生存环境的一部分。同样，作为幼儿生存环境的一部分，大众传媒无疑会给幼儿的生活带来重大影响。

以美国心理学家班杜拉（Albert Bandura）为代表的学者们认为，大众传媒与家庭、学校、同伴一样是幼儿社会化的影响因素。大众传媒给幼儿提供了一幅鲜活的现实画卷，并提供了社会现实生活的行为规范和角色期待，通过观察示范的过程，幼儿学会了特定社会的一系列要求，而逐渐实现社会化。

电视是大众传媒中与人们联系最为密切的。在拥有电视机的家庭中，绝大多数孩子出生后两三个月就开始看电视。有学者研究认为，3 岁以下的小婴儿，每天看不超过半小时的电视，有助于其认知和社会性发展（卢珊，崔莹，王争艳，李亚庆，郭文婷，梁熙，2018），看过长时间或者从不看电视对婴儿的发育不利。彭聃龄等人的一项研究证明，5 岁的儿童在看电视时能较好地调整注意状态与模式。日本学者通过研究婴儿看电视时的脑电波后认为，婴儿看电视也是认识事物的过程。

目前，家长最为困惑的就是平板电脑是否可以使用。我们的观点是合理使用（刘文，秦梦媛，陈楠，胡艳红，陈亮，2018；刘文，聂春晖，黄丹，李英玉，2019）。合理的使用就是要让孩子在使用电子产品时有节制、有计划，通过使用计划的帮助，让孩子养成良好的使用习惯，自觉杜绝一切不良影响。首先，

在制订使用计划时，需要把握 when（时间）、where（地点）和 what（内容）这一“WWW”原则，家长要与孩子一同计划，共同完成，并相约遵守。其次，在使用内容上，家长们需要付出更多的精力和时间来帮孩子筛选，在孩子拿到电子产品之前就要对设备上的软件、视频文件等内容进行把关和筛选。要拒绝一切有关性、毒品、暴力的内容，事先帮孩子关掉一些任意下载、弹窗信息的功能，给孩子更加清洁的使用环境和更好的使用体验。挑选内容时要倾向于有教育意义的内容，家长可以与孩子一同观看一些优质的电影、科普片，让孩子在节目中学到学校里没有教过的知识、理解没有机会接触的事情。详细内容见本书第十章。

3. 文化因素

每个个体都隶属于不同的社会，而文化背景是个体所生存的社会环境中十分有意义的方面，它是指不同社会、地区、民族或国家中的人群拥有和接受的文化倾向。研究表明，父母的民族差异、民族信仰的差异会影响其对子女发展的期望，这种影响甚至超出了其父母经济地位的作用。

吴凤岗和梅建（1990）研究了黄河下游山东、河北一带沙袋育儿的习俗。由于缺水和贫穷，这一带的父母将婴儿装在沙袋里抚育，以减少用水和育儿时间。婴儿在沙袋里一般待 1~2 年，长的达 3~4 年。沙袋育儿严重妨碍了婴儿的身体发育和智力发展。在沙袋中时间越长，其身心受到的伤害越大。显然，剥夺了婴儿活动的条件、环境刺激单调、缺乏与人交往和学习是根本原因。

文化因素首先影响人们对心理健康的定义。同一种行为，在一种文化条件下可以受到人们的广泛关注，得到赞赏或宽容，在另一种文化条件下可能遭到惩罚或非议。心理健康意味着一个人的行为与所在社会的主流文化的主导常模和谐一致。此外，文化因素也影响心理障碍的表现形式、患病率以及治疗方式和愈后状况；有些心理障碍是特定文化的产物，仅见于特定的社会文化环境。跨文化研究发现，中国儿童和美国儿童在行为形式上存在较大的差异。中国儿童守纪律、安静，服从父母和教师的吩咐，而美国儿童好吵闹、攻击、不顺从。这种差异与由两种文化决定的育儿方式有关系。中国家长对儿童的养育方式反映了以社会为中心的东方文化，而美国家长对儿童的养育方式反映了以个人为中心的美国文化（陶国泰，郑毅，宋维村，2008）。

心理学小常识

1976 年，唐山发生大地震，留下了 4200 名孤儿。这些早期家庭环境遭到严重破坏的孩子，其心理发展如何呢？有研究调查分析了震后 21 年这些孤儿的心理健康状况。出乎人们意料的是，尽管这些孤儿经受了大地震和丧失父母的双重创伤，但他们基本上不存在特殊的生活应激问题，心理状况也无明显的变化。研究者认为，社会支持系统在这些个体的成长中起到了重要作用。研究表明，儿童具有相当的恢复能力，他们能够克服由于经验不足或操作不当所造成的绝大多数负面效应。

对儿童、青少年的弹性研究似乎证实了这一点。就人类发展而言，弹性包含三方面的意思：一是高危背景下的儿童，战胜逆境后获得良好的发展；二是儿童即使仍处在不利的环境条件下，其能力并不因此而受到损害；三是从儿童期大灾难（如战争等）中成功恢复过来。

在承受不良环境刺激的过程中，个体会出现敏化或钢化效应。敏化效应是指以前的害怕体验、压力和逆境，使个体在今后面临类似的消极经历时，变得更为脆弱。“一朝被蛇咬，十年怕井绳”就是最典型的例子。相反，钢化效应是指先前的害怕体验、压力和逆境，使个体对今后类似消极经历的耐受性提高，即所谓见怪不怪了。

（桑标，2003）

第三章　幼儿教师与幼儿心理健康

某年中秋节前夕，我收到了一封邮件，是一名新入学的研究生写的。她在邮件中说，自己不敢和老师亲近是由于她在幼儿园大班时的一件事。因为别的小朋友告状，她被老师批评，并当众被老师打了一拳。从此，她就再也不敢和老师近距离接触了，特别害怕与老师亲近。她说自己之所以选择了心理学专业，也是因为这件事对她的影响，她想改善自己的人际关系，特别是与老师的关系。

上面的例子就发生在我身边，它使我们更加意识到，一名幼儿教师是幼儿步入社会所面临的第一位重要他人，将对幼儿一生的心理健康产生重要影响。特别是幼儿期的心理健康程度会影响幼儿今后的一生，而在幼儿期所造成的心理伤害、心理裂痕如果不及时消除，则会给幼儿留下不可磨灭的心灵阴影，阻碍幼儿今后的发展。

第一节　幼儿教师心理健康的重要性

一、春风化雨：幼儿教师对幼儿心理健康的影响

幼儿园是幼儿家庭之外的专门化教育机构，是幼儿成长和发展的重要场所，而幼儿教师也日益成为除父母以外幼儿心理健康发展的重要影响者。首先，由于教师的权威地位，幼儿更多地把教师作为模仿、认同的对象。其次，从幼儿教师的影响性质来看，幼儿教师作为专业工作者对幼儿的影响更具有目的性、计划性和系统性。最后，从时间角度来看，幼儿每周在幼儿园的时间是30~40小时。如果以每年40周来计算，三年与老师共处的时间长达3600~4800小时。因此，幼儿教师对幼儿的指导、要求和纠正更能激发幼儿形成或改变自身观念和行为的动机，幼儿更容易接受教师对自己的要求。

（一）幼儿教师自身的心理健康对幼儿心理健康的作用

研究表明，幼儿的问题行为与幼儿教师的心理健康状况有很高的相关性

（刘瑛，2006）。教师心理健康状况越好，幼儿行为问题越少，反之亦然，它们是互相影响、互相干扰的。因为幼儿一天的大部分时间都和教师在一起，教师的心理表现就是他们的参照系，教师的情绪、性格、人生态度以及为人处世的态度都直接影响着幼儿的心理和行为发展，甚至会影响幼儿的一生。

幼儿教师与幼儿的关系对幼儿的心理健康具有重要影响。具体表现如下。

（1）良好的师幼关系能够增强幼儿的安全感、自信心及探索精神。

在教师与幼儿的交互作用中，教师的诚实以及他们对幼儿的尊重与细心照顾对于幼儿的安全感、自信心以及童年期对事物的积极探索都是必不可少的。例如，皮亚塔和埃格兰德（Pianta & Egeland，1994）从情感和行为两个维度将师幼关系分为两种模式：积极的关系和有障碍的关系。在积极的关系中，教师对幼儿比较热情、充满关爱，使幼儿在幼儿园环境里能获得充分的安全感；而在有障碍的关系中，教师对待幼儿很冷淡，师幼之间经常发生冲突，幼儿缺乏安全感。

（2）良好的师幼关系能增强幼儿对新环境的适应能力。

幼儿从家庭到幼儿园是其迈向社会的第一步，也是非常艰难的一步。很多家长在把幼儿送到幼儿园时，都是眼含着泪水离开的，而幼儿往往会在适应新环境时出现吮吸手指、夜惊、尿床等问题，严重的还会导致分离焦虑。但是，良好的师幼关系会避免这一切，因为父母不在身边，幼儿自然而然地将老师当成自己的父母，当老师像父母那样关心和爱护幼儿时，幼儿的一切紧张和恐惧就消失了，他们就会处于快乐、轻松的状态。

（3）良好的师幼关系能促进幼儿同伴关系的发展。

我们在进行一项研究时发现，幼儿之间的评价大多数依从教师的评价。幼儿被同伴拒绝和忽视，往往也是由教师的态度所导致的。因此，良好的师幼关系是幼儿受欢迎的前提条件，也是幼儿学会交朋友的重要因素。

（4）良好的师幼关系有助于幼儿自我概念和社会性的发展。

幼儿期是幼儿自我概念和社会性发展的关键期，良好的师幼关系能够促进幼儿的自我认知、自我评价和自我控制。幼儿越小，榜样的作用越重要，因此幼儿学习与人交往，也是以教师为榜样的。如果师幼关系密切，幼儿就会对教师形成信任感，从而模仿教师的言行；如果师幼关系紧张，不仅不利于幼儿自我概念的形成，而且很可能会影响到他的社会性发展。

（二）幼儿教师主要的心理问题及产生原因

1. 心理问题

幼儿教师心理健康状况日益成为研究者关注的焦点。我们通过文献整理发现：1994—2006 年，国内有关幼儿教师心理健康研究的论文有 30 余篇；2007—2020 年，国内有关幼儿教师心理健康研究的论文多达 120 余篇。大多数研究都认为幼儿教师存在不同程度上的心理健康问题。例如，江西省 11 个地市的幼儿教师心理健康症状的自评中发现：有轻度症状者占总人数的 24.2%，有中度症状者占 11.2%，有严重症状者占 1.8%。对湖北、河南两省的在职幼儿教师进行的心理健康评定发现，有 20.8% 的幼儿教师心理健康水平欠佳，在人际交往和情绪状态方面存在较多问题。综合所有的研究来看，幼儿教师的心理健康问题主要如下。

- 心身疾病。心身疾病又叫心理生理疾病，它既包括身体疾病，又包括心理社会因素和个体的情绪状态，如强迫、抑郁、偏执、躯体化和人际关系敏感等。幼儿教师常见的身体疾病有慢性咽炎、心律失常和神经衰弱等。
- 人际关系问题。与幼儿教师职业有关的人际关系主要包括教师与幼儿、教师与家长、教师与教师以及教师与园领导之间的关系，而教师与教师间的同事关系的满意度低是所有这些关系中最突出的问题（孔敏仪，周燕，2016）。
- 职业观念及职业行为。幼儿教师随时要面对来自幼儿、家长和幼儿园的偶发事件，尤其是幼儿园的安全事故，因而是一个具有应激性的职业，其职业观念和职业行为问题大多数是在这种情况下引发的。这些问题在日常工作中主要表现为缺少职业自豪感和工作效能感，产生职业倦怠和职业厌倦感，对教育教学工作缺乏进取心和责任心，对幼儿失去耐心、爱心和积极应对的情绪。

2. 产生原因

为什么幼儿教师的心理健康会出现问题呢？只有找到原因才能有效地预防，进而避免对幼儿的心理健康产生不良影响。

（1）社会因素。

社会的高期望、家长的高要求、幼儿教师的高付出与低回报的失衡性是引发幼儿教师心理问题的重要原因。此外，社会重大事件的发生也给幼儿教师带来了压力，例如新冠肺炎疫情的暴发导致幼儿园不能正常开园，直接影响到幼儿教师的生活和事业发展。

（2）家长因素。

家长的高期望值与幼儿教师的承受能力存在较大的差距。几年前，一位园长给我讲了他们幼儿园发生的一件事。

丽丽属于体质弱的孩子。有一天，她在室外的塑胶地面上没有站稳，不小心把嘴磕破了。丽丽的妈妈既心疼又气愤。虽然带班老师和园长亲自登门道歉，并由幼儿园支付了丽丽的医疗费，但是丽丽的妈妈还是向有关部门状告幼儿园的老师不负责任。虽然有关方面经过严谨的调查分析，判定这起事故不是老师的责任，属于意外事故，但老师感到既委屈又内疚，同时心累。后来，丽丽的身体渐渐康复，家长要求调班，新老师接纳了她。然而，新班级的几个老师一致把丽丽当成了特殊保护对象。当孩子们在户外跑动时，老师尽量把她安排在一个万无一失的地方，甚至由一个老师牵着她。带她的老师说："我带班一辈子没出过事，现在快退休了，可千万别出意外。"

这个案例说明，如果家长的态度不是这样激动和坚决，那么幼儿教师就不会有这么大的心理压力，不会造成责任意识过重。如果幼儿教师处在高压力的情境下，那么他们对幼儿的积极引导就会变成消极保护，甚至畏缩不前。

（3）幼儿园因素。

通过硬性的管理来提高教育教学质量是幼儿园求生存、谋发展的一项重要举措。与奖金、聘任等挂钩的严格管理制度和措施，使幼儿教师因压力过大、负荷过重而长期处于应激状态。

一天，刚工作不久的小王老师神色紧张地跑进园长室："园长，小刚玩转椅时摔倒了，膝盖一直流着血。"园长问："孩子呢？""我把他送到医务室去了。""走，我和你去看看。"园长边向医务室走边问："孩子是怎么摔的？""他跑得慢，还非要玩转椅。我让他别玩转椅，玩其他的器械。可我刚一离开，他又去玩转椅了，结果摔了。"说着说着，小王的眼泪已经流下来了。园长来到医务室，看到大夫已经给小刚进行了处理，没有什么大碍了，这才放心。回到办公室，园长边安慰小王，边帮助她分析小刚摔倒的原因和小刚非要玩转椅的心理。她耐心地告诉小王应如何处理此类事件，告诉她如何教会小刚玩转椅，如何让其他小朋友照顾个子小、跑得慢的小朋友一起玩。最后，园长嘱咐小王在家长来园时向家长说明情况，求得家长的谅解。这时小王既紧张又害怕的心理得到了缓解，也不再流泪了。

这个案例说明好的管理可以避免教师产生心理健康问题。

（4）幼儿因素。

幼儿的气质、态度、语言和行为反应会引起教师的心理变化，通常表现为情绪上的变化，特别是行为异常的幼儿，更容易使教师劳心伤神，久而久之，教师就会出现头痛、抑郁、紧张、焦虑等多种不良症状。研究表明，幼儿问题行为越多，幼儿教师的身体健康状况越差，其心理健康状况也越差。

（5）个人因素。

不同的幼儿教师个体在身体素质、业务素质、能力素质和心理素质等方面的不同特点和强弱差别，也是制约其心理健康水平的一个重要因素。

（三）促进幼儿教师心理健康的建议

从上述影响幼儿教师心理健康的因素来看，社会的理解、园长的鼓励、家长的配合以及家人的支持都能促进幼儿教师的心理健康发展。这里重点阐述一下幼儿教师如何积极主动地维护自我心理健康的问题。具体来说，幼儿教师应该注意以下几点。

1. 培养自己乐观、豁达的人生态度

人们对客观事物的反应往往受到主观态度的影响和折射。乐观、豁达的人常会看到生活中光明的一面，对前途和未来充满信心和希望。即使遇到困难和挫折，也不会丧失信心和勇气，能够始终保持愉快而美好的心境，克服困难，不断前进。

2. 不断完善自己的人格

人格健全是心理健康的重要标志。健全的人格不仅有助于维护自我身心健康，也有助于人们适应迅速变化的社会环境。

3. 适当地宣泄自己的情绪

宣泄情绪是平衡身心矛盾的重要方法，压抑情绪不利于人们的身心健康。幼儿教师产生不良情绪后，可以向自己的好朋友或信得过的同事倾诉，也可以找心理医生咨询，从而避免向幼儿发无名火。

4. 建立良好的人际关系

建立良好的人际关系是维护与增进幼儿教师身心健康的重要途径。幼儿教师工作有集体合作的特点，这就要求幼儿教师既要注重和同事建立融洽的关系，维持和谐的社交，也要和幼儿建立良好的情感关系，控制自己的情绪，用一颗平常心积极地与同事、幼儿、家长以及园领导进行交流，建立较为融洽的人际环境。

5. 钻研业务，提高自己的工作胜任能力

幼儿教师的工作兼有脑力劳动和体力劳动两种性质，既要求有一技之长，又要求有广博的知识和丰富的教养经验。只有对自己的工作充满自信，有能力承担日常的教养工作，才能减轻心理压力，避免焦虑。如果长期处于对工作的担心、焦虑、紧张等应激状态，就会出现心理不健康的现象。

二、身正为范：幼儿教师应具备的良好心理素质

幼儿教师是幼儿身心发展的重要他人，教师蕴含于中、形之于外的良好心理素质和健全的人格始终潜移默化地影响着幼儿，对幼儿的心理健康发展起着重要作用。我国学者通过对来自东北、华北、西北、华东、中南、西南六大区八省九市共计1700余名幼儿教师心理素质的调查发现，我国幼儿教师心理素质的结构主要由11个成分构成，这些成分包括激励性、灵敏性、进取心、坚忍性、自我调控、教学效能感、创造性、心胸豁达、自尊、客观公正性以及乐观倾向（李婷婷，刘晓明，2015）。

幼儿教师在保教过程中应该具有较高的心理健康教育水平，这就要求幼儿教师自身的心理必须健康。健康、成熟的人格是健康心理的最高体现，是幼儿教师自身健康生活的需要，也是幼儿心理健康发展的需要。幼儿教师的心理健康有一定的标准，它既要符合一般人心理健康的要求，又要体现幼儿教师职业的特殊需要。心理学家兰肯（P. T. Ran Kin）从心理卫生角度指出，优秀教师应具备以下条件。

- 喜欢儿童。
- 自我调节良好，可为学生心理健康之表率。
- 具有教育和心理卫生方面的知识。
- 明了儿童成长与发展的途径，并能应用不同的技术了解儿童及儿童的需要。
- 能营造促进心理健康的教室气氛。
- 能鉴定有严重问题的学生，并知道在什么地方及如何使他们得到帮助。

我认为，兰肯提出的六项标准也正是当今时代幼儿教师必须拥有的健康心理的表现。幼儿教师应不断提高自身的心理健康水平，从而潜移默化地影响幼儿，最终达到促进幼儿心理健康发展的目的。

第二节　幼儿教师对幼儿心理健康的指导

一、润物无声：幼儿教师内隐心理素质与幼儿心理健康观念

研究表明，不适宜的幼儿园教育活动对幼儿造成的伤害主要有：教师对幼儿的有意忽略，对幼儿人格的侮辱，教师对教学内容的选择不当、偏爱，等等。而这些主要源于幼儿教师的内隐心理素质。所谓教师的内隐心理素质指教师在教育活动中内隐的间接对幼儿产生影响的心理品质，包括教师的知识观、人生观、儿童观、教育观、人才观。教师的这几种观念引导着教师的言行举止。一旦这几种观念出现偏差，就会对幼儿的心理造成一定程度的伤害。因此，幼儿教师若要对幼儿的心理健康发展进行指导，就必须提高自己的内隐素质。

（一）树立终身发展观，改变旧的知识观

例 1：有一位教师问幼儿“8”的一半是多少时，大多数幼儿都异口同声地回答“4”。而一个平时调皮捣蛋的男孩提出了自己的看法，他说：“老师，8 的一半是 0 或 3。”这位教师没有鼓励这个男孩的看法，决然地否定了他的说法，并批评他没有跟着老师的思路走。

例 2：如今幼儿园出现了一种怪相。每年的小班招生人满为患，但到了大班，有的幼儿园却连一个班的人数都不足。通过深入探访发现，原来大部分家长觉得幼儿园以游戏为主要依托的教学方式使孩子学不到任何所谓的知识。因此，在大班阶段，家长纷纷将幼儿送到打着幼小衔接口号的私立培训机构提前学习小学知识，美其名曰“不让孩子输在起跑线上”。

这些例子听起来真的是不可思议。例 1 中的男孩从数字的形状角度出发，提出了有道理的答案，却遭到老师的指责。例 2 中的幼儿园大班怪相，看似不让孩子输在起跑线上，实则属于揠苗助长的现象，对幼儿日后的成长有百害而无一益。

持旧知识观的教师把知识看成是静态的、结论性的，认为知识是客观性的、绝对性的和普遍性的，把知识的获得视为信息的接受，把知识仅仅看作对世界的描述与解释，因此，由这种知识观出发来组织的教学活动必然是缺乏创造性、呆板、枯燥、停滞的，并且努力去实现大人所定下来的目标。毋庸置疑，这在某种程度上会对幼儿造成心理的创伤。第一个例子将会导致幼儿再也鼓不起勇

气站起来回答问题，就算是自己有正确的答案也总会怀疑与教师的或者与所谓的标准答案是否一致，久而久之会导致幼儿不善言辞，不爱表达自己内心的想法，对待问题畏缩，以教师为权威，缺乏创造性与大胆的想象力。第二个例子说明了旧的知识观追求儿童获取知识的多少而不是追求儿童终身发展的适宜性。

急功近利地提前灌输知识和训练幼儿的技能至少存在三个方面的问题。

- 第一，违背了儿童发展规律对儿童进行训练，他们被迫付出的努力太大，牺牲了个性多方面的发展机会。据教育进展国际评估组织对世界21个国家的调查，中国孩子的计算能力世界第一，但创造力却倒数第五，这世界第一的代价是中国的孩子每周比其他国家的孩子要抽出更多的时间来做数学题。
- 第二，超前训练所获得的即时效应意义不大。有些知识和技能在儿童成熟到一定的程度时再教授是轻而易举的事，刻意加速发展、不恰当的拔高会使儿童过早成熟。以对待幼儿的方式塑造婴儿，以小学的要求规范幼儿，这种效应难以持久。按照这种培养模式，儿童的发展是没有后劲的，许多后来者居上的例子已经证明了这一点。
- 第三，幼儿教师和家长这种急于求成的焦虑心情，久而久之将不利于幼儿的心理健康发展。其结果是当成人为自己的成果感到欣喜时，孩子却牺牲了心理健康。

造成上面这种结果归根结底是因为教师的旧知识观在作怪。因此，要减少由教师的旧知识观所造成的幼儿心理伤害，教师应注意在以下三个方面进行改变。

1. 树立终身发展的观念

所谓终身发展的观念就是要明确培养使幼儿终身受益的能力和品质，使其终身心理健康，快乐地发展。首先，使幼儿终身受益的能力就是其自我发展的能力。作为幼儿教师就是要培养幼儿的自我保护能力（健康）、自我表达能力（语言）、社会交往能力（社会）、独立思考的能力（科学）、创造能力（艺术）。其次，使幼儿终身受益的品质包括独立性、自制力、专注性、自尊、自信和合作等。这些品质是人一生为人处世、求学做事得以成功的保障。只有着眼于能使幼儿终身受益的品质，而不是事倍功半地按照大人的意图去设计教育方案，才能真正扭转旧的知识观，避免无心造成的对幼儿心理的伤害。

2. 课程和知识的动态发展观

课程和知识的动态发展观，首先要求教师意识到：课程与知识是动态发展的，课程要有内容，要让师生共同参与探索知识，而不是由教师灌输，幼儿被动接受，教师要承认并尊重幼儿的建议和看法，多倾听幼儿的意见，不要只抓住固定的教学方式、所谓的标准答案而扼杀幼儿的创造性，忽略幼儿提出的看似无理却有深入研究价值的纯真看法。

其次要求教师要激发幼儿的内在动力。传统的教师在培养幼儿的独立性等品质时往往刻意地对幼儿进行训练，忽略了幼儿的体验和情感。例如，有的幼儿教师为了培养幼儿思维的创造性，刻意地说，自己画自己的，不能和别人的一样，要说自己的话，不能和别人说的一样；培养幼儿的利他行为时，就要求幼儿把自己的玩具或心爱的东西让出来给其他小朋友，而不是让幼儿心甘情愿地主动让出玩具；培养幼儿的规则意识则强调规则的利他性，如果不遵守，幼儿将面临惩罚，导致幼儿没有遵守规则的自觉性。这种刻意的训练都与幼儿的特点不相符。

创造宽松自由的环境，从兴趣和需要出发，引导幼儿主动参与、自主选择，幼儿才会逐步产生主体意识，终身受益的品质才能真正形成。特别重要的是：独立性的形成，其价值在于自信和自主；自制的形成，其价值在于目标明确的自觉行为而非他人控制；专注的形成，其价值在于热情和投入；合作的形成，其价值在于能与人共处。

最后，教师要避免过于注重学习结果而忽略了学习过程。定位于结果的教学会导致教育者的急躁心理，从而带给幼儿很大的压力，甚至超负荷，导致幼儿心理问题的出现，如厌学、不会主动注意等。而定位于过程的教学则使教育者带有极大的热情和耐心，他会允许幼儿有不同的表现方式，而不是单一指向教师固定的答案；也会允许幼儿有自由交流和表达的机会；还会允许幼儿自己去获取知识，从而能够将知识进行内化和迁移，即遇到相同或类似的情景时，他仍然会运用知识。可以想象，按照这种知识观教育出的幼儿是快乐的、充实的和健康的。

3. 发展的全面性和差异性

（1）发展的全面性。

首先要培养完整的幼儿。目前，不少幼儿园借早期开发的名义，通过办特色班来为幼儿过早地定向，框定一个狭窄的发展领域，导致幼儿很多发展方面的缺失。

例如，某些计算方法让幼儿能够快速学会借助于一些工具的心算，但是却忽略了数学是让幼儿发展逻辑思维的最终目的，导致幼儿进入小学学习后逻辑思维的发展受阻。有些快速识字，不是注重理解，而是注重机械的背诵，导致幼儿虽然认识了大量的文字，却不会阅读和用语言与人沟通和交流。有些幼儿很小就开始练习乐器，由于被迫练习和有成人陪练，导致其注意力下降，不会主动注意。有些幼儿过早从事体育定向训练，导致身心发展失调等。

因此，要注意教育内容的全面性和教育手段的全面性。杨雄理院士曾说："在发展的早期，重要的不是知识的灌输，而是提供或创造一种丰富、适宜的环境，促使婴幼儿的整个脑以全面的方式成熟起来。"

其次要保证所有在园幼儿的成长。传统的教学是一种有目的、有计划、有严密结构的预设性教学，因此教师所面对的是孩子的平均水平。那么在幼儿教师的眼中，只有抽象的整体，而没有了活生生的个体。可以想象，有些幼儿就成了陪读生，根本得不到教师的爱和关心，久而久之，他们就成了"隐形人"。下面的案例就非常典型。

某幼儿园举行体育示范课评比，这次示范课评比将评出最好的一节课参加地区优质课评选。这节课对于即将评职称的Y老师来说非常重要。为此，Y老师花了很多心思，准备了一节丰富多彩的体育游戏课。快轮到Y老师上课了，她边组织幼儿整队边想：这次我的选材挺新颖的，孩子们的常规也挺好。可是，昂昂和军军两个孩子是有名的"人来疯"，今天有那么多听课的人，他俩会不会闹呢？于是，Y老师灵机一动，把他俩叫过来说："你们两个在玩具角那儿玩玩具，不要出来。"昂昂和军军呆呆地看着老师，Y老师没有多做解释，就急急忙忙地把其他幼儿带上场上课去了。上课时，孩子们表现得很好，得到了听课老师的赞许。可在教学过程的后半部分，昂昂和军军终于耐不住寂寞，跑出活动室，从走廊的小通风口往外看，当看到自己熟悉的老师和小朋友们时，他俩你一声我一声地叫起了小朋友们的名字。孩子们的注意力被吸引过去了，兴奋得不得了，大声叫他俩的名字。当时，Y老师尴尬极了，脸腾地红了，身上直冒汗，不知道怎样才能把孩子们的心收回来。还好，旁边活动室的老师赶快把他俩送回了玩具室。Y老师心情复杂地上完了课。回到活动室后，孩子们兴奋地谈论着刚才的游戏。昂昂和军军哪里去了？Y老师怀着内疚的心情寻找着。只见他俩怯怯地站在角落里望着Y老师，似乎在等着接受批评。Y老师赶紧回避了他俩的目光：自己还有什么资格批评他们呢？

这个案例就反映了教师的知识观甚至是教育观和儿童观潜在的问题。

（2）发展的差异性。

每个幼儿都是独特而灵动的个体。在对幼儿的引导与教育过程中应注意儿童发展的差异性，即因材施教，它与幼儿的心理健康紧密相关，让幼儿教师在教育教学活动中越来越多地发现孩子的差异，特别是要根据幼儿的个别差异来满足他们的需求，而不是人为地缩小孩子之间的差距。比如，每个个体出生时由于遗传基因的作用都具有某种独特的气质特征，这种气质特征使个体表现出不同的行为及个性差异。在不断地与环境的相互作用过程中，这种基因印刻呈现了随时间的发展性（刘文，张珊珊，陈亮，杨丽珠，2014）。

作为幼儿教师，首先要能够正确对待幼儿因气质特征而表现出的行为差异性。比如，高活动性的儿童对奖赏敏感，但耐挫折能力较低。这种类型的儿童在规则活动中容易完成任务，保持良好的行为，并具有较好的控制能力。而缓慢发动型儿童可能需要多次尝试才能掌握新任务，但他们不需要很多约束就能够完成更困难的任务。若不能正确对待幼儿发展的差异性，可能会将缓慢发动型儿童的多次探索误认为不聪明、缺乏学习动机等。

其次，要善于利用这种发展差异性培养幼儿的健康心理及完善的人格特征。我国学者研究发现，通过对幼儿气质的消极特征进行长达一年的干预后，实验班里处于社交劣势地位的幼儿的同伴关系得到了明显改善，实验对被拒绝儿童的专注性的促进，以及对被忽视儿童的社会抑制性的促进都具有显著效果。要做到关注幼儿发展的差异性，教师需要有意识地调整自己的教育风格，使之与幼儿的气质相匹配，这样才能帮助幼儿建立良好的自我价值感，形成健全的人格，真正做到因材施教（刘文，彭菲菲，2010）。

（二）树立正确的儿童观和教育观

教育观念是教师实施教育的基本依据和内在基础。儿童观是指教师对儿童的根本看法。幼儿教师的儿童观和教育观直接影响了幼儿的心理健康。那么，幼儿教师的儿童观和教育观是如何产生的？一是自我建构的结果，即教师的教育观念产生于教师个人的直接经验，每个人的经验不同，其教育观念也不同。二是受社会文化的影响。个人受文化适应、教育的影响从而形成教育观念。

持有传统儿童观和教育观的教师认为幼儿是“小大人”，忽略幼儿的独特之处。现在许多教师在对待幼儿的态度上往往是以成人为本位的。“说了不准就是不准”“老师叫你怎样你就怎样”“刚才谁叫你不上厕所，现在我没有允许你上，就不许上”，这些话无非是告诉幼儿这里是由教师说了算，教师的话就是圣旨，不得违背。无论是在什么情况下，用粗暴的、将帅式的言语和态度只会伤害幼儿的自尊心，将自己的意志强加于幼儿，不从实际出发，不顾幼儿的自身特点，一味追求智力开发，迎合家长的口味，盲目地让幼儿背唐诗、学 ABC……把幼儿当成容器，动辄斥责幼儿而不说明道理，或明知自己错了也不向幼儿低头道歉，反而执意要幼儿接受自己的说法，按自己说的去做。重压之下，一方面会造成幼儿逆反性格的形成，另一方面会造成幼儿畏缩、服帖，使幼儿的心理得不到健康成长，而是畸形发展。

例 1：某日，一位母亲找到园长激动地说："昨晚我儿子画画，一边画一边嘴里嘀咕：'培养了一个超级浑蛋……哈，超级浑蛋……'我问他是从哪儿听说的，他回答是小 B 老师说的。"听了她的话，园长感到非常震惊，多年的工作经验告诉她，家长不到万不得已，是不会轻易找园长反映老师的问题的。经过了解得知，原来是小 B 老师看到幼儿随地大便时，生气而随口说出了那句话，现在她也感到非常后悔。

例 2：在一次中班语言展示活动中，老师带着小朋友们一起学习《小雨点沙沙沙》这首儿歌。展示活动正在顺利进行，老师讲得绘声绘色，小朋友们也非常投入。这时，外面突然狂风大作，几声春雷响彻天空，豆大的雨点紧接着就哗啦哗啦地落下来。听到外面的响声，突然有个小朋友叫道："老师，下雨啦，下大雨啦！"其他小朋友也按捺不住，不停地站起来往窗外张望。老师看着下面听课的老师，非常着急。摇起铃鼓，请小朋友们坐好，继续刚才的活动。可是小朋友们哪里还能集中注意力，不停地在下面讨论着外面的大雨。

这两个案例就反映了幼儿教师所持有的不正确的儿童观和教育观在实际教学中无意识的流露。著名幼儿教育家蒙台梭利认为，幼儿阶段不是通向成人的必经之路，幼儿是与成人平行共同成长的，成人应该向幼儿学习，幼儿有自己的心理发展规律和特点，每一个幼儿都应该受到重视。作为幼儿教师，首先要关心、热爱幼儿，这是对幼儿心理健康发展最基本的承诺。其次，要促进每个幼儿富有个性地、充分健康地发展，这也是对儿童权利的最大尊重。最后，不仅要把幼儿作为一个年幼的个体来培养，而且要把幼儿作为一个成长中的个体、未来社会的成员来培养，对幼儿一生的心理健康发展负责，为其一生的发展奠定基础。

对于上面案例反映的情况，首先要从幼儿园制定的各项规章制度出发，明确要求教师要有心理健康教育的意识，有责任给这些幼儿一些特殊的帮助，让他们与其他幼儿一同快乐成长。其次就是要端正教师的儿童观，把每个幼儿都看成有巨大发展潜能的人。最后，幼儿教师每天应该多留出一些时间与幼儿平等交流，了解幼儿的各种情感表现，要有个别谈话的时间。如果幼儿因为家里的小动物死亡而难过，教师千万别说："不就是一只动物嘛，有什么值得难过的。"而应该让幼儿感受到你也同样关心小动物，为它而难过，从而创设一种宽松的学习生活氛围。教师也应以正确的教育观武装自己，从而正面影响幼儿。

（三）树立均衡的人才观

1. 幼儿教师均衡的人才观

幼儿教师均衡的人才观是指幼儿教师对幼儿适度的期望。教师期望是一种特殊的人际期望。

美国心理学家罗森塔尔和雅各布森（R. Rosenthal & L. Jacobson）等人通过教育实验研究发现，教师期望对儿童发展具有直接、重大的影响，证明在教育过程中也存在“皮格马利翁效应”，即教师期望效应。

1968 年，罗森塔尔和雅各布森等人对 18 个班的一至六年级小学生进行了一项“预测未来发展”的测验。在运用智力测验对他们进行能力鉴定后，研究者给这些学生的教师们提供了一份名单，告诉他们，鉴定测验结果显示名单上的学生具有极大的发展潜力，在学业上会有“迅猛发展”，是“行将盛开的花朵”，而实际上，这份名单中的学生都是随机选择的。8 个月后，研究者对 18 个实验班的小学生进行了复测。结果发现，与没有被列入名单的其他学生相比，那些被教师认为学业会有“迅猛发展”的学生其智力水平有了显著提高，尤其是一、二年级学生的提高更为明显，约有一半的学生智力提高了 20 分以上。被列入名单的学生完全是随机的，因此，这些“具有极大的发展潜力”的学生与其他学生在智力发展上出现的差异，只能用教师的不同期望来解释。

已有的研究表明，教师对幼儿的期望不同，对幼儿的态度、接触方式等也会不同。当教师对幼儿抱有较高的期望时，教师会给幼儿更多的学习、表现和锻炼的机会，经常地提问他们，对他们有更高的学习和行为要求，幼儿也能学到更多的东西。此时幼儿教师与幼儿关系融洽，教师不仅在语言上对幼儿进行鼓励，而且通过手势、眼神、表情等给幼儿更多的、积极的鼓励。但是，当幼儿教师对幼儿形成了消极的期望（失衡的人才观）时，在与教学有关和无关的方面，幼儿教师都会倾向于对幼儿消极对待，对幼儿的学习没有要求，不耐心解答幼儿的问题，给予的批评多于表扬，幼儿教师对期望低的幼儿的反馈远不如对期望高的幼儿那么精确和详细，教师也很少运用身体语言来鼓励幼儿。教师会经常贬低期望低的幼儿，认为幼儿这也不行、那也不行，这些话会经常挂在嘴边：“你就是这么笨，怎么教都不会，人家某某什么都会，就你不会！”“你的年龄和别人一样大，为什么别人会你就不会？！好好跟人家学一学！”就算教师不是存心伤害幼儿的自尊心，然而说者无心、听者有意，幼儿会认为老师是在批评和指责自己，不喜欢自己。在这种消极的情绪中，幼儿只能沉默、伤心，从此对什么都失去信心和兴趣，得不到发展。教师应该确立合适的期望值，不过高或过低期望幼儿，用正常合理的心态对待幼儿。最后，特别应该指出的是，对幼儿有过高的期望也属于失衡的人才观。确立过高期望值的教师不考虑幼儿的身心发展与年龄特点，不顾幼儿的需要，一味地揠苗助长，压抑其个性发展，也会损害幼儿的心理健康。

有一个小女孩长相漂亮，是幼儿园里的“小画家”，可是这几天她总是愁眉苦脸的。妈妈问她为什么，她一下子哭了起来。原来平时一向都称赞她的老师最近经常说她的画不能拿出去比赛，可其他老师都说她画得不错，以至于这个小女孩从原来对绘画很感兴趣到现在变得兴趣全无了，还经常跟妈妈说：“我的画画得不美，老师都不喜欢我了。”老师的话给幼儿造成了无形的压力。究其原因，无疑是教师担心她骄傲，而且对她的期望值过高了，从而降低了她的自信心和成就感。

幼儿教师应以平常心对待有特别优势（特长）的幼儿，善于捕捉幼儿的闪光点，对幼儿的不足则以他能接受的语气向他表述清楚，要求其改正，切勿操之过急。无论在什么情况下，教师都不能过分地批评、斥责幼儿。

2. 幼儿教师均衡人才观评价

综上所述，幼儿教师的期望对幼儿心理健康具有重要影响。在教育工作中，幼儿教师应充分利用和发挥积极期望效应，形成均衡的人才观。但是，由于各种原因，不少幼儿教师会自觉不自觉地对某个或某些幼儿形成消极期望。因此，幼儿教师应有目的地对自己的期望进行自我评价，避免给幼儿带来不良影响。

心理学家经过长期研究发展出了系统的教师期望评价方法。这些方法非常有助于教师了解在实际教育过程中是否存在消极期望和消极对待，从而更有针对性地、更有意识地、更有效地去克服消极期望，发展积极期望。

首先，教师可按照自己对儿童的喜欢程度，从强到弱依次将班上的儿童排列名次。排列在最后的几位儿童，就是教师可能抱有消极期望的人选。顺序越是接近最后，意味着教师对他的期望可能越消极，在教育和交往上投注的热情也越少。对于这些儿童，教师就需要重新审视自己对他们的期望和态度。

其次，教师可按照自己所认为的儿童聪明程度，将班上的儿童从高到低进行排序。同样的道理，排在最后的几位儿童，就可能是教师认为比较笨的，因而可能抱有较低期望的人选。顺序越往后的幼儿，教师对他们的期望可能就越低。对于他们，教师需要改变自己已经形成的期望和态度，以便使他们获得与其他儿童同等的对待。

最后，还可以使用量表法进行评定。下面是一个自陈式量表。

我对有些孩子要求不高	1 2 3 4 5
我讨厌有些孩子	1 2 3 4 5
我没有耐心对待某些孩子	1 2 3 4 5
对有些孩子我懒得多费心思	1 2 3 4 5
我曾当众说某个孩子“你真笨”	1 2 3 4 5
我好像从来没有赞扬过某些孩子	1 2 3 4 5
唱歌、跳舞或绘画表演时，我一般安排一些固定的孩子参加	1 2 3 4 5
有时我会觉得某个孩子碍手碍脚	1 2 3 4 5
有些孩子使我笑不起来	1 2 3 4 5
有些孩子说不清楚事情时，我就不再去管他们	1 2 3 4 5

在评价时，请每个教师按照自己的实际情况，将每道题后符合自己情况的数字圈出。“1”代表“不符合”，“3”代表“较符合”，“5”代表“完全符合”。这个圈出的数字，就是该教师在这道题上的得分。以前面的例题为例，如果某个教师总得分是10分左右，说明该教师的教育期望总体是积极的，基本上没有对儿童的消极期望和消极对待存在；得分为11~30分，说明该教师有一定程度的消极期望和消极对待，但还比较轻微；如果得分高达31~50分，则说明教师在教育过程中存在较为严重的消极期望和消极期待，应该引起注意，并需要有意识地避免且改变消极期望，使自己的教育行为和方式朝着积极的方向转变。（庞丽娟，2001）

二、为人师表：幼儿教师的外显行为与幼儿心理健康

这里所说的外显行为指的是幼儿园教育活动中直接对幼儿产生影响的行为，包括教师的生活习惯、行为习惯及对生活的态度等。

（一）幼儿教师的生活习惯和行为习惯

王老师是南京某大学附属幼儿园的老师。某天巡视午睡时，王老师一边看一边下意识地咬起了手指。突然小朋友贝贝叫了一声：“王老师，你咬手指！”午睡室里很安静，贝贝的叫声引起好几个小朋友翻身抬头看。王老师怔了一下，忙说：“快睡觉，老师只是看了一下手指，没有咬。”贝贝疑惑地看了王老师一

会儿，终于和别的小朋友一起睡着了。王老师看着熟睡的贝贝，突然想到几天前贝贝的妈妈请她多注意贝贝，因为贝贝最近总是爱咬手指玩儿。王老师还注意到，班上最近几天多了好几个喜欢咬手指的小朋友。王老师甚至批评过贝贝：“又咬手指了，看，别的小朋友都被你带坏了……”想到这儿，王老师意识到自己错怪了贝贝，是自己的下意识习惯影响了孩子的行为。

（王超，2015）

早在20世纪五六十年代，著名心理学家班杜拉就提出了“观察学习”理论，揭示了榜样在儿童社会学习和行为发展中的重要作用。大量的观察和实验研究均已证明，教师对待他人和幼儿的情感态度和行为、解决问题的思路和方法都对幼儿的发展产生深远的影响。

幼儿教师随时都会通过自身的日常行为、言谈举止对幼儿的心理健康产生潜移默化的影响。教师不良的生活习惯包括：赶潮流，穿戴怪异，染鲜艳颜色的头发，在幼儿面前毫无禁忌，拿起东西就大吃而不顾为人师表，在幼儿的厕所方便或者对喜欢的幼儿过分亲昵，对不喜欢的幼儿嗤之以鼻等。因为幼儿好模仿的心理特点，他们会跟着老师做。如果幼儿教师有上述不良习惯，可能会导致幼儿纷纷效仿，去买与老师一样的衣服和丝巾，在家也不洗手就拿东西吃。若幼儿的这些行为受到家长的制止，会使幼儿产生叛逆心理，若发现其他同伴都拥有了而自己没有，则会产生自卑、嫉妒与攀比心理。因此，幼儿教师应注重自己的着装，要大方得体、干净整洁，可化淡妆。另外，教师应与幼儿分开用厕所。总之，教师要时刻注意自己的言行举止，因为幼儿的心智是“吸收性的”，可塑性很强。

（二）幼儿教师的自我效能感

幼儿教师对自己影响幼儿心理发展的能力的信念、判断及自我把握与感受，即幼儿教师的自我效能感，直接影响到幼儿教师的教育行为。幼儿教师的自我效能感通过两个途径对幼儿心理健康产生作用。一是幼儿教师的自我效能感通过影响教师的教育行为作用于幼儿的心理发展；二是幼儿教师的自我效能感直接对幼儿的发展产生作用。

首先，幼儿教师的自我效能感影响到教师对自己工作目标的设定、努力程度和工作情绪等。自我效能感较高的教师相信教育对幼儿发展有着重要的影响，他们对自己积极引导幼儿形成健康的心理充满信心，会高标准地严格要求自己，以极大的热情投入工作中，并且能够及时捕捉幼儿的心理健康状态，及时调整自己的教育方法和言行举止。相反，自我效能感低的教师则由于对工作的动机不强，对自己的职业有不良的职业态度，只把这个工作作为一种谋生的手段，不热心于幼儿教育，甚至讨厌幼儿，导致不专心于幼儿教师应该做的工作，不注重自己职业素质的培养，不注重自己的言语、专业知识、技能的进修与培养，例如板着脸对幼儿一时冷一时热，对家庭经济状况不好的幼儿不闻不问，这会严重伤害幼儿的自信心，增加经济困难幼儿的自卑感，也会使某些幼儿狂妄自大。在学习方面，由于低自我效能感的教师大多提一些简单的问题，幼儿无须思考就可以回答，长此以往，自然就降低了幼儿对问题的敏感性和解决问题的灵活性，幼儿的学习能力几乎得不到提高。

其次，幼儿教师的自我效能感直接对幼儿的心理健康产生影响。自我效能感高的教师，在教育过程中通过将自己沉浸在教育活动中，来带动、激发幼儿的学习热情和积极性，并且教师的这种热情也带动幼儿有效学习，从而唤起幼儿的自我效能感，从教师那里获得有效解决问题的策略，从而使幼儿的心理健康发展。

（三）幼儿教师的人格特征

著名教育家乌申斯基指出："在教育中，一切都应该以教育者的个性为基础，因而教育的力量只能从人的个性这个活的源泉流露出来""只有个性才能作用于个性的发展和形成"（万云英，1990）。具有良好的人格特征的教师是幼儿模仿的楷模，潜移默化地影响着幼儿个性的形成。在表 3–1 中，威蒂（Witty）根据对 47000 名学生的调查，归纳出了有效能教师和无效能教师的性格差异，它可以作为幼儿教师塑造自己人格的参考。我国学者采用 16PF 对优秀幼儿教师与普通幼儿教师的个性特征进行比较，发现优秀幼儿教师在坚持性、独立性和敢为性上的得分更高，这在一定程度上表明优秀幼儿教师多具有好强奋发、积极独立的个性特征（邝廷舜，李城，许晓梅，李晓云，范晓荧，2016）。

表 3–1 有效能教师和无效能教师的性格差异

有效能的教师	无效能的教师
1. 合作，民主	1. 坏脾气
2. 仁慈，体谅	2. 不公平，偏爱
3. 能忍耐	3. 不愿帮助儿童
4. 兴趣广泛	4. 狭隘，对儿童的要求不合理

（续表）

有效能的教师	无效能的教师
5. 和蔼可亲	5. 忧郁，不和善
6. 公正	6. 讽刺、挖苦儿童
7. 有幽默感	7. 外表令人讨厌
8. 言行稳定一致	8. 顽固
9. 有兴趣研究儿童问题	9. 啰唆不停
10. 处事有伸缩性	10. 言行霸道
11. 了解儿童并给予鼓励	11. 骄矜自负
12. 精通教学技能	12. 无幽默感

第三节　幼儿心理健康教育课程的设计

幼儿心理健康教育课程既可以是以培养幼儿个体良好的心理素质为目的的专门课程，也可以结合幼儿教育的其他领域课程同时进行。

一、把握全局：幼儿心理健康教育课程遵循的基本原则

（一）个性化与社会化相协调的原则

个性化就是随着身心的发展和成熟，一个人越来越显现出与他人相区别的独特的人格特征。社会化是指特定社会通过各种措施使个人形成该社会所规定的具有一定共同性的行为模式或人格特征。个性化和社会化是心理品质发展过程中的两个方面，它们相辅相成，互为补充，不可偏废。因此，对幼儿心理健康教育课程，我们应遵循个性化与社会化相协调的原则，既要重视幼儿的社会化，培养社会发展所需的共同的心理特征，又不能忽视幼儿的个性化，抹杀他们的个性特点，还要通过各种个别性教育措施来促进幼儿的特长和独特性的发展。例如：某幼儿园针对家长包办代替过多的幼儿，设计生活自理的活动目标；针对缺乏自信的幼儿，设计培养幼儿接纳自己、乐于大胆表现自己的活动目标；针对过于内向或不会和同伴交往的幼儿，设计培养他们学会合作与交往的活动目标。

（二）渗透性原则

心理健康教育是一个全方位的和长时期的熏陶、教育和训练的过程，幼儿教师应该自觉地加强自身的人格修养与心理健康教育，提高自己的人格水平，发展良好的心理品质。在各种具体教育活动中，幼儿教师要有意识地培养幼儿健康的心理品质，将幼儿心理健康教育渗透到教育的各个方面和各个环节之中。例如：在游戏时，幼儿教师可引导幼儿学会分享玩具、关心同伴；在体育活动中，幼儿教师要有目的地培养幼儿的自我意识，激发幼儿身体运动的内驱力，为人格培养和发展创造理想的体育环境；在语言活动中，幼儿教师可通过讲有关伟人的英雄事迹引起幼儿共情，进而陶冶幼儿的人格。

（三）认知教育与行为训练相结合的原则

健康的心理品质既不是单纯的思想观念，也不是单纯的行为方式，而是认知与行为紧密联系的综合体或心理—行为结构。要培养这种内在心理和外显行为表里一致的结构，不仅要从内在思想观念入手进行认知教育，而且要从外在行为方式入手进行行为训练，只有把两种心理健康教育方式有机结合起来，才能有效地促进幼儿良好心理品质的形成和发展，特别是幼儿期的年龄特点决定他们对有些问题认识不够深刻，所以要从行为训练入手，否则会出现偏差。例如，采用行为矫正的方法去矫正幼儿的攻击性行为，当进行体育追逐游戏时，教师事先对攻击性强的幼儿进行约束："如果你能在这个游戏中和小朋友一起玩，不打人，不推人，我就可以奖励你一朵小红花。"当幼儿完全做到时，教师应该马上给予奖励，强化其正确行为。

（四）适应幼儿年龄发展的特点与规律

幼儿身心发展快，但有规律与顺序。要根据幼儿心理发展的规律与顺序和每个幼儿的个性特点，预测他们的最近发展区，并做好相应的心理健康教育准备。心理健康教育课程目标与内容的确定，心理健康教育方法与措施的选择等都要考虑幼儿的年龄特点及其发展规律。例如，4 岁是幼儿自我控制发展的关键期，此时就要针对每个幼儿自控能力发展的特点，对他们提出要求，使其从他控逐渐发展到自控。根据幼儿具体形象性思维的特点，心理健康教育要通过直接经验和游戏的教育方式影响幼儿，让其获得更多的直接经验，在愉快的游戏活动中学习，这样幼儿会学得更快更好。

二、高屋建瓴：幼儿心理健康教育课程框架及要点

幼儿心理健康教育课程是指在教师指导下，以促进幼儿心理健康、培养其良好心理品质与健康人格为主要目标的各项活动的整体计划。它是从属于幼儿园总课程的一门子课程。它与其他子课程是分综结合的关系，即有各自独立的培养体系，但在教育过程中又不是单元割裂、单科独进，而是注意相互渗透，加强横向联系，使子课程本身的有序化与课程间的结合化有机统一。

心理健康教育课程的编制以促进幼儿各发展领域整体和谐发展的思想为指导，以幼儿期心理发展的特点为依据，其目的是促进幼儿良好的心理品质和健康人格的发展，促使幼儿身心各方面得到整体和谐的发展。

根据课程编制原理，幼儿心理健康教育课程包括如下几个方面。

（一）目标系统

目标系统主要包括总目标、层次目标、年龄目标和单元目标。

幼儿心理健康教育的总目标第一章已经阐述了，下面集中阐述不同种类的目标。

1. 层次目标

从心理成分上分析，幼儿心理健康教育的目标应包括以下几个方面。

- 认知目标，如了解某些心理健康教育的知识，发展感知、记忆、思维与想象的认知能力，等等。
- 情感态度目标，如培养幼儿对心理教育活动的兴趣，帮助幼儿悦纳自己，形成乐观进取的生活态度，等等。
- 动作机能目标，如帮助幼儿养成良好的学习习惯，学习社会交往的技巧，培养幼儿勤劳的习惯，等等。

2. 年龄目标

我们要依据幼儿心理健康教育的总目标，并考虑幼儿年龄发展的特点，分别提出每个年龄班的教育目标。小班幼儿要养成在幼儿园生活与学习的良好习惯，学习自己照顾自己，发展注意力与观察力，等等；中班幼儿要充分发展游戏能力，发展具体形象性思维、记忆力与想象力，培养积极的情感与态度，认识自己的身体、心理与社会等各个方面的特点，等等；大班幼儿要发展具体形象性思维与创造能力和抽象思维能力，较好地认识自己，愉悦地接纳自己，培

养自信心，发展承受挫折的能力，懂得关心别人，掌握某些社会技能，等等。

3. 单元目标

心理健康教育是通过各项具体的心理健康教育活动来进行的，而每一项活动都要有明确具体的目标。心理健康教育活动的目标根据教育的总目标与教育内容，可以是一次活动要完成的任务，也可以是要通过若干次教育活动或主题系列活动来实现的目标。

（二）内容系统

内容系统主要是编排心理健康教育课程的序列和设计活动方案。

编排心理健康教育课程活动序列的依据是单元目标，同时要结合幼儿的生活经验定出反映目标思想的活动名称，一系列活动名称就组成了心理健康教育课程的序列。心理健康教育活动方案由三个因素构成：①心理健康教育的具体目标，即矫正与预防幼儿何种心理与行为问题，培养幼儿何种心理素质、健全人格，开发幼儿何种心理潜能，促进幼儿的智力发展；②具体情境内容，通过筛选幼儿的生活经验，选择符合目标要求的内容，把它们设计成有明确主题的、有感染力的情境；③教师的启发引导，即教师如何引导幼儿进入情境，如何调节幼儿的需要、预期和认知评价，如何启发幼儿的感受和体验。

教学中可以采用主题系列单元设计的方式，先确立几个主题，然后围绕同一个主题设计几个不同的单元，循序渐进。例如，根据目标，可设计五个主题：提高认知能力；提高适应性；培养良好的情绪；培养良好的人际关系，即同伴关系、亲子关系和师生关系；发展良好的人格。每个主题安排 3~4 个教学单元。如，针对“培养同伴关系”这个主题，可安排 4 个单元分别从意识和行为两方面培养幼儿的合作性与责任感。

（三）组织系统

组织系统主要包含心理健康教育的组织形式和主要方法。

1. 组织形式

心理健康教育有集中培养和分散培养两种组织形式。

集中培养的组织形式有两种。

- 心理健康教育活动。它是以班级或小组形式开展的专门性的心理健康教育培养活动，每周 1~2 次。
- 阶段综合主题活动。它是以心理健康教育内容为主题，结合其他领域目标进行的阶段性活动，一般每月一次。

分散培养的组织形式有三种。

- 游戏和其他学习性活动。主要是强化这些活动目标中的心理健康因素。游戏活动一般可以通过增设角色扮演、指导情节发展、增强心理体验等方式来强化心理健康教育目标。学习性活动是从两方面来加强心理健康教育：一是以健康、快乐为活动的主导目标，二是充分展示学习性活动内容本身的心理健康教育因素。
- 日常活动。对这一类活动除了在单元目标思想指导下，进行有计划的培养外，更要结合偶发事件，加强心理健康教育的随机培养。
- 隐性途径。主要是通过创设良好的环境和建立民主融洽的师生关系，营造和谐宽松的环境氛围，渗透心理健康教育。

2. 主要方法

（1）建立幼儿心理健康档案。

建立幼儿心理健康档案要经过以下步骤：①确定幼儿心理健康档案的内容：幼儿基本情况（主要包括个人信息、家庭成员、生理状况和重大事件）和人格发展状况及教育建议。根据全国教育科学规划项目研究成果，我认为主要应该包括认知、适应、情绪、人际关系、气质、自尊、自信、自控以及幽默感等方面的发展状况和教育建议。具体的内容和方法分别在第四章到第十章进行具体的阐述。②选择适当的测评工具。③针对测评的结果进行解释。④形成档案。可以采用文本的形式，也可以用软件的形式。

幼儿园可以根据实际需要自行选择测验内容，然后设计心理档案的格式。表3-2、表3-3、表3-4和表3-5是华南师范大学心理学系为某幼儿园设计的心理档案的部分格式，可供参考。

幼儿园心理档案

幼 儿 园 ____________

班　　级 ____________

幼儿姓名 ____________

建档日期 ____________

编　　号 ____________

（华南师范大学心理学系编制）

表 3-2　幼儿基本情况

<table>
<tr><td>姓名</td><td></td><td>性别</td><td></td><td>出生年月</td><td></td><td>籍贯</td><td></td></tr>
<tr><td>民族</td><td></td><td>是否独生</td><td></td><td>家中排行</td><td></td><td>使用语言</td><td></td></tr>
<tr><td rowspan="6">家庭成员</td><td>姓名</td><td>关系</td><td>年龄</td><td>文化程度</td><td>职业</td><td>与幼儿接触时间</td><td>使用语言</td></tr>
<tr><td></td><td></td><td></td><td></td><td></td><td></td><td></td></tr>
<tr><td></td><td></td><td></td><td></td><td></td><td></td><td></td></tr>
<tr><td></td><td></td><td></td><td></td><td></td><td></td><td></td></tr>
<tr><td></td><td></td><td></td><td></td><td></td><td></td><td></td></tr>
<tr><td></td><td></td><td></td><td></td><td></td><td></td><td></td></tr>
<tr><td rowspan="9">家庭环境</td><td>住房面积</td><td></td><td colspan="3">孩子是否有自己的房间</td><td></td><td></td></tr>
<tr><td>住区环境</td><td colspan="6"></td></tr>
<tr><td>家庭环境</td><td colspan="6"></td></tr>
<tr><td>家庭经济情况</td><td colspan="6"></td></tr>
<tr><td>家庭教育方式</td><td colspan="6"></td></tr>
<tr><td colspan="2">父亲爱好、特长</td><td colspan="2"></td><td colspan="2">母亲爱好、特长</td><td></td></tr>
<tr><td colspan="2">幼儿在家兴趣爱好</td><td colspan="5"></td></tr>
<tr><td>家庭住址</td><td colspan="3"></td><td>家庭电话</td><td colspan="2"></td></tr>
<tr><td colspan="7"></td></tr>
<tr><td rowspan="4">生理状况</td><td>是否顺产</td><td colspan="3"></td><td>有何病史</td><td colspan="2"></td></tr>
<tr><td>身高</td><td colspan="3"></td><td>体重</td><td colspan="2"></td></tr>
<tr><td>大肌肉动作技能</td><td colspan="6"></td></tr>
<tr><td>小肌肉动作技能</td><td colspan="6"></td></tr>
</table>

表 3-3　智力状况分析

<table>
<tr><td></td><td colspan="4">第一次施测</td><td colspan="4">第二次施测</td></tr>
<tr><td>使用量表</td><td colspan="4"></td><td colspan="4"></td></tr>
<tr><td>测试时间</td><td colspan="4"></td><td colspan="4"></td></tr>
<tr><td rowspan="4">测试结果</td><td>项目
分数</td><td>言语</td><td>操作</td><td>综合</td><td>项目
分数</td><td>言语</td><td>操作</td><td>综合</td></tr>
<tr><td>原始分</td><td></td><td></td><td></td><td>原始分</td><td></td><td></td><td></td></tr>
<tr><td>量表分</td><td></td><td></td><td></td><td>量表分</td><td></td><td></td><td></td></tr>
<tr><td>智商</td><td></td><td></td><td></td><td>智商</td><td></td><td></td><td></td></tr>
<tr><td>智力状况分析</td><td colspan="4">鉴定人：</td><td colspan="4">鉴定人：</td></tr>
<tr><td>教育建议</td><td colspan="4"></td><td colspan="4"></td></tr>
</table>

表 3-4 幼儿气质测试

	第一次施测		第二次施测	
使用量表	幼儿气质量表		幼儿气质量表	
测试时间				
测试项目	项目	评价	项目	评价
	活动量		活动量	
	适应性		适应性	
	趋避性		趋避性	
	情绪强度		情绪强度	
	注意力		注意力	
	坚持性		坚持性	
气质状况分析	鉴定人：		鉴定人：	
教育建议				

表 3–5 幼儿行为问题测试

	第一次施测				第二次施测			
使用量表	拉特（Rutter）儿童行为问卷				拉特（Rutter）儿童行为问卷			
测试时间								
测试项目		品行行为分数	神经症行为分数	总分		品行行为分数	神经症行为分数	总分
	教师问卷				教师问卷			
	父母问卷				父母问卷			
行为问题分析	鉴定人：				鉴定人：			
教育建议								

（2）养成教育法。

养成教育法是指通过实际的教育教学、游戏和活动等方式有机地渗透和融合幼儿心理健康教育。

- 情境教育法。这是指让幼儿以表演的形式表现出在不同社会情境中如何做出有效的行为和决策。这种方法能帮助幼儿认识社会中可能遇到的问题，做出符合社会要求的行为规范的行为反应。
- 榜样示范法。这是指通过讲故事等方式，给幼儿一个榜样的形象，让幼儿去模仿，使其从无意到有意，从被动到自觉去学习模仿。
- 角色扮演法。这是指让幼儿扮演一个特殊的角色，在扮演中使他们产生与角色共同的情感，以一种类似游戏的方式，表演出自己的心理或行为问题，进而起到增进自我认识、减轻或消除心理问题、提高心理素质的作用。
- 表情牌和赞美时。幼儿教师给幼儿准备三个不同表情的表情牌，每天小朋友入园时从“高兴”“沮丧”“一般”三种表情中选一种放在自己的名字下，以便教师及时了解幼儿的情绪，及时进行引导。赞美时是指每天都留一定时间让小朋友对一天之内快乐事件中的人进行赞美，以达到爱的教育的目的。

（3）补偿教育法。

幼儿教师可以通过观察、活动产品分析、问卷法等方法鉴别出那些已经出现了心理问题的幼儿，并采用养成教育法，有针对性地对其进行问题行为的矫正。

- 游戏疗法。这是指为幼儿创设一个特别的游戏角或者游戏情境，通过游戏，让幼儿自发、自然地将自己的心理感受与问题充分表现出来，并获得情绪上的放松，最终认识自我、控制自我。
- 绘画疗法。这是指通过让幼儿绘画并讲述画中的形象来了解幼儿的内心世界并进行治疗，也可以让幼儿欣赏一些名画，让他们讲出自己的感受，来解决幼儿的心理问题。要求幼儿教师有耐心地倾听幼儿讲述，并给予他们充足的时间进行绘画，以宣泄自己的情感和与成人对话。
- 阅读疗法。这是指为幼儿创设一个温馨的阅读角，提供幼儿喜欢的图书，通过有选择地为问题幼儿提供图书，达到改善其问题行为的目的。
- 行为矫正法。这是指根据学习理论对幼儿进行反复训练，以达到矫正其不良行为、使其形成良好行为的目的。例如，通过正强化（表扬、奖励）等巩固其正常行为和正确的言行，而通过消退法（即当幼儿的不良行为出现时不予理睬，使之自讨没趣）来消除其不良行为和问题行为。

心理学小常识

正念训练是一种以正念为基础，有目的、不评判地将注意力集中于当下的训练方法。正念训练对幼儿教师专业发展具有重要意义。幼儿教师可以通过在训练过程中获得的一种平和心态来注意当下幼教事业发展中的社会舆论；作为一种有效的调节自身情绪的方法，正念训练还可以帮助幼儿教师不断增强积极情绪以保持身心健康，当面对师幼互动或与家长沟通中的消极情绪或敌意冲突时，能够有效地调节自己的情绪；正念训练对注意力的练习，还可以帮助幼儿教师既注重对儿童身心的呵护，也更敏锐地察觉幼儿在活动中的表现，反思教学实践，从而促进幼儿的健康成长（周晓芸，彭先桃，2018）。

下面节选一些能够在日常生活中进行的正念训练方法（一行禅师，2012）。

1. 早晨醒来时，轻轻地微笑

在天花板或者墙上挂一根树枝或其他标示，甚至是“笑”这个字，好让你一睁开眼就能看到。这个标示有提醒你的作用。

利用起身前的片刻掌握好呼吸，轻轻地吸进并吐出三口气，同时轻轻地微笑，随顺你的呼吸。

2. 闲暇时，轻轻地微笑

不管在任何地方坐着或站着，记得轻轻地微笑。看着一个小孩、一片树叶、一幅墙上的画或任何其他相对来说的静物，保持微笑。

安静地吸气与吐气 3 次，轻轻地微笑。

3. 听音乐时，轻轻地微笑

听一段音乐，听上两三分钟。专注在歌词、曲调、旋律与音乐情境上。注意你的呼吸，轻轻地微笑。

4. 发怒时，轻轻地微笑

当你意识到自己在发怒时，立刻轻轻地微笑。安静地吸气、吐气三次，保持微笑。

5. 平躺，全身放松

背部平躺，不要用垫子或者枕头支撑。双臂放松，平放在身体两侧，双脚微微张开，向外舒展。轻轻地微笑。

轻轻地吸气、吐气。专注于你的呼吸。

放松全身肌肉。放松每一寸肌肉，就好像它正要沉到地底下，或像悬挂在微风中的一片丝绸那般柔顺。

完全地放松，只要专注于自己的呼吸和微笑。

把自己想象成一只猫，全身软绵绵地躺在温暖的炉火前。当猫的肌肉松弛下来，任何人的抚触，它都不会抗拒。

持续呼吸15次。

6. 坐姿放松

双脚交叉坐或跪坐，或坐到椅子上，两脚着地。轻轻地微笑。吸气呼气，保持微笑。放松。

7. 深呼吸

背部平躺。平稳轻柔地呼吸，把注意力集中在胃部的高低起伏。

当开始吸气时，让腹部鼓起，将空气带入下肺部。当上肺部开始充满空气时，胸腔开始鼓起。腹部缩下去。继续练习呼吸10次，以不累为宜。

8. 用脚步测量呼吸

缓慢悠闲地散步，不论是在花园里，还是沿着河或在乡村小路上都好。

像平常那样呼吸。用脚步来测量呼吸的长度，即吸气和呼气的时间。像这样几分钟后，开始借着多一步来拉长呼吸，试着拉长呼吸时间。不要强迫自己拉长吸气，自然就好，用心观察，看自己是否会想刻意拉长吸气。像这样继续呼吸10次。

现在多走一步来拉长呼气。注意吸气是否也因为多走一步而拉长，只有在觉得拉长吸气会带来喜悦时，才拉长吸气。像这样呼吸20次，然后恢复平常的呼吸。5分钟后，可以再开始拉长呼吸的练习。觉得有点疲倦后，就恢复平常的呼吸。

反复几次拉长呼吸的训练后，呼气和吸气的时间会渐渐变得相等。不要练得太久，练习呼吸时间相等10~20次就好。然后回复到平常的呼吸。

9. 数呼吸

保持坐姿或散步时，吸气，保持正念：我正在吸气，1。呼气时，也保持正念：我正在呼气，1。记得要从腹部呼吸。开始第二次吸气时，保持正念：我正在吸气，2。然后慢慢呼气，同样保持正念：我正在呼气，2。像这样一直数到10，然后再从1开始数起。只要数错或忘了数，就回到1重新开始。

10. 听音乐时，随顺你的呼吸

听一段音乐。深长地、轻柔地、平稳地呼吸。

随顺你的呼吸，但做它的主人，同时对音乐的旋律与情境保持觉知。不要迷失在音乐中，要继续做你的呼吸和自己的主人。

11. 运用呼吸，静定身心以知喜

保持坐姿。轻轻地微笑。随顺你的呼吸。

当你的身心都安静下来时，继续非常轻柔地呼吸，并保持正念：我正在吸气，让整个呼吸轻盈、平和。我正在呼气，让整个呼吸轻盈、平和。

像这样持续呼吸 3 次，在正念中生起这样的想法：我正在吸气，我的身心都平静、喜悦。我正在呼气，我的身心平静、喜悦。

在正念中维持这样的想法 5~10 分钟，或 1 个小时都可以，随自己的状况和时间而定。练习开始和结束，都保持放松且轻柔。

如果想停止练习，先用双手轻柔地按摩双眼、脸颊与腿上的肌肉，稍等片刻，再站起来。

12. 全神贯注地打扫房间

将工作分成几个步骤：清理东西；整理书籍；刷洗厕所；擦净浴室；打扫地板；清除灰尘。

为每样工作安排好相当充裕的时间。动作要慢，比平常还慢三倍。对每样工作都全神贯注。

举例来说，整理书架上的书时，看着书，觉知它是哪本书，觉知自己正要把它放在哪个位置。觉知自己正伸手去够书，并取下它。避免任何突然或粗鲁的动作。对呼吸保持正念，特别是在心神散乱的时候。

幼儿教师还可用下面的心智觉知量表（表 3–6）考察自己的正念水平（邓玉琴，2009；何元庆，翟晨靓，曹晓燕，孙艳，吴传花，方存峰，2018）。1—5 表示每个选项的得分，得分越高，说明正念水平越高。

表 3–6　心智觉知量表

题目	1 一点也不符合	2 较少符合	3 有些符合	4 非常符合	5 完全符合
1. 在行走时，我会有意关注身体部位在行进中的感觉。					
2. 我擅长用言语描述我的情感。					
3. 我为自己有不理智的情绪或不合适的情绪而责备自己。					
4. 我感受到了自己的情绪和情感，但我不必对它们做出反应。					
5. 在做事的时候，我经常走神，而且很容易被干扰。					
6. 在洗澡时，我会留心水淌过身体的感觉。					
7. 我能清晰地表达自己的信念、观点以及期望。					
8. 我没有注意到自己在做什么事情，这是因为我在做白日梦，在担忧或因外界而分心。					
9. 我观察自己的情绪，而不迷失其中。					
10. 我告诉自己，我不应该以自己现在的这种方式来感受此时的情感。					
11. 我留意到食物和饮料是如何影响我的想法、身体的感觉和情绪的。					
12. 我难以找到词语来表达自己的所思所想。					
13. 我很容易分心。					
14. 我认为自己的一些想法是异常的、不好的；我不应该那样想。					
15. 我会注意我的一些感觉，如，微风吹拂我的头发，阳光照在我的脸上的感觉。					

（续表）

题目	1 一点也不符合	2 较少符合	3 有些符合	4 非常符合	5 完全符合
16. 我很难用合适的言语来表达自己对事物的感受。					
17. 我会评判自己的想法是好的或是坏的。					
18. 我难以把注意力集中在当前发生的事情上。					
19. 当我有悲伤的想法或景象时，我会“退一步”，并去觉知那些想法或景象的存在，而不被其控制。					
20. 我会注意到一些声音，如时钟的嘀嗒声、小鸟的叽喳声或者汽车在马路上穿梭的声音。					
21. 在困难的情境下，我会暂停一下，不马上做出反应。					
22. 当我的身体有种感觉时，我很难找到合适的词语来描述它。					
23. 我好像是自动地在做一些事情，并没有完全意识到它。					
24. 通常，当我有伤感的想法或者看到令人伤感的景象时，能很快恢复平静。					
25. 我告诉自己，我不应该思考自己此刻正在思考的东西。					
26. 我闻到了周围一些东西的气味或者芳香。					
27. 即便是我感到非常不安时，我也能找到词语来表达它。					
28. 我草草地做完一些事情，而没有真正地集中注意力在其上。					
29. 当陷入令人烦恼的情绪或情境中时，我能做到只是去注意它们，而不做出相应的反应。					

（续表）

题目	1 一点也不符合	2 较少符合	3 有些符合	4 非常符合	5 完全符合
30. 我认为有些情绪是不对的或者是不合时宜的，我不应该体验到它们。					
31. 我注意到了艺术品和自然界中事物的一些视觉元素，如颜色、形状、纹理，以及光和影子。					
32. 我总是倾向于用词语来描述自己的体验。					
33. 当我有痛苦的想法或看到令人痛苦的景象时，我通常只是去注意它们，顺其自然。					
34. 我总是自动地工作或完成某项任务，而没有意识到自己在做什么。					
35. 通常，当我有些困扰的想法或看到令人感到困扰的景象时，我会根据自己当时所想的内容或者脑海中出现的景象来判断自己是对还是错。					
36. 我会去注意，自己的情绪是如何影响自己的想法和行为的。					
37. 我通常能够非常详细地描述出自己此刻的感觉。					
38. 我发现自己做事情的时候，并不专注于所做的事情上。					
39. 当不理智的想法出现时，我会进行自我否决。					

（何元庆，翟晨靓，曹晓燕，孙艳，吴传花，方存峰，2018）

第四章　幼儿游戏发展与指导

5岁的勇勇最近迷上了机器人战斗的动画片，每天在幼儿园嘴里都喊着“杀啊！魔法召唤！”之类的话语，还想“变身”，从小区的高台阶上向下跳。爸爸一气之下把家里的手机、平板电脑都藏了起来，并警告他不许再看了。可是，动画片对勇勇的影响已经深深地融入了他的生活，有时他甚至分不清虚拟的动画世界和真实的世界……

最近，某幼儿园增加了一个新的项目——沙盘游戏，并请来专家做指导。经过教师们讨论并和勇勇的妈妈商量，决定让勇勇先来试一试。游戏是在一个装满干沙的沙箱内进行的，勇勇可以在架子上随意挑选玩具在沙箱中构建自己的“世界”。经过数次沙盘游戏后，勇勇的老师和家长都反映勇勇的脾气变得温和了许多，他会给沙盘农场中的小动物喂食物，也逐渐认识到了沙盘与动画中的“虚拟世界”和现实世界是不同的。

游戏为什么会有如此大的力量？它真的能促进幼儿心理发展并对幼儿的心理问题起到矫正的作用吗？游戏是幼儿最喜爱的活动，这是因为幼儿需要游戏，而游戏又适应幼儿身心发展的特点。更重要的是，游戏为幼儿的身心发展提供了最好的条件，是一种独特的促进幼儿身心健康的方式。因此《3—6岁儿童学习与发展指南》强调，要珍视游戏和生活的独特价值，创设丰富的教育环境，合理安排一日生活，最大限度地支持和满足幼儿通过直接感知、实际操作和亲身体验获取经验的需要，严禁揠苗助长式的超前教育和强化训练。

第一节　幼儿游戏的发展

游戏，是儿童沟通的一种基本形式，也是儿童生活中非常重要的一部分。对游戏的定义和理解贯穿于整个人类文明的发展历史。对其本身而言，大多数学者认为它与童年经验有关。

古希腊哲学家柏拉图（Plato，前427—前347）强调，成人要培养儿童的游戏技能，并且成人不需要过多地对儿童进行指导和干涉。法国教育家卢梭（Jean-

Jacques Rousseau，1712—1778）在其著作《爱弥儿》中要求尊重儿童的天性，认为人们相信儿童本性善良，需要被成人照顾和关怀。这种关于儿童的观点引发的结果是游戏作为儿童的本性而为人们所接受。随后，德国教育家福禄贝尔（Friedrich Froebel，1782—1852）主张把游戏作为儿童学习的一种方法，意大利教育家蒙台梭利则将游戏融入儿童生活和教育，将其视为一种生活方式。19 世纪下半叶，人们对儿童游戏的认识逐渐提升，儿童心理学家出版了许多关于育儿和游戏的发展手册，并主张针对游戏本身要有一套专业的指导方法。20 世纪后，对儿童游戏的研究迅速发展，学者们的关注点也从游戏本身转移到儿童心理、智力等方面的研究上，游戏的过程也与儿童本身的发展息息相关。总的来说，20 世纪对游戏和教育来说是一个以儿童为中心的时代，史密斯（Smith）还将其称为“游戏的思潮”，这种思潮认为游戏具有强大的功能，并且对儿童十分重要。

幼儿游戏的发展与幼儿心理的发展是一个相辅相成的过程，游戏促进了幼儿心理的发展，游戏的类型也随着幼儿心理的发展而变化。

一、玩出童真：幼儿游戏的发展与分类

对于幼儿游戏的性质、发展及分类的问题，研究者从不同的角度进行了探讨，并划分了发展阶段。

（一）依据认知发展水平对游戏的分类

瑞士著名心理学家皮亚杰根据儿童认知发展的阶段，将儿童游戏分为三个阶段。

1. 练习性游戏（0—2 岁）

练习性游戏是游戏发展的第一个阶段。这时孩子只是为了获得某种愉快体验而重复某种动作。如，一个婴儿盯着母亲的眼睛不停地微笑，这时候母亲就会爱抚他，使他获得愉快的体验。

2. 象征性游戏（2—7 岁）

象征性游戏是幼儿时期的典型游戏，并且会对幼儿心理发展产生极其重要的影响。幼儿象征性游戏多以“好像……如果”这样的形式开始。幼儿通过扮演游戏中的某种角色或用玩具代替某种物品进行游戏，把自己的愿望和对现实生活的理解反映到游戏当中。例如，一个幼儿拿着一根香蕉，模仿妈妈的样子口中念念有词地打电话，仿佛真的有一个人在另一边和他通话一样。

象征性游戏还可以分为以下两个阶段（陈帼眉，2015）。

（1）象征性游戏的顶峰。

这一阶段的游戏可以分为三类：自我模仿和模仿他人，用物模仿物、人模仿人，象征性的组合。这三种游戏类型分别代表了幼儿的发展水平。在第一个水平上，幼儿只是简单地模仿自己或他人，比如模仿电视中的广告语，拿着一本图画书模仿妈妈讲故事，等等。再大一些的幼儿，开始出现了角色扮演，比如几个幼儿玩“过家家”游戏，一个扮演爸爸，一个扮演妈妈，一个扮演孩子，他们用沙土代替食物假装做饭，甚至有的幼儿还会模仿妈妈的样子训斥自己的“孩子”。第三种类型的游戏属于有情节的游戏，幼儿不再是单纯地模仿零散的活动，他在这类游戏中会把游戏行为与自己的认识和情感结合起来。某学者曾记录过她的女儿小时候的一件事情：她女儿非常喜欢邻居家的狗，但是她担心狗会伤害女儿，于是就给女儿讲一些狂犬病的知识，并让她远离邻居家的小狗。后来，她发现女儿在房间里用狗玩具做游戏，跟小狗说话，并给小狗搭建了舒服的窝。

（2）由象征而接近现实。

在这个阶段，幼儿的象征性游戏开始出现下降，向现实游戏靠拢。游戏的情节开始变得比较有秩序且注重和现实相结合，并出现了集体象征活动。这时幼儿往往会精心地布置自己的游戏场景，并在游戏中演绎出一个情节连贯的故事。

3. 规则性游戏（7—11、12 岁）

此阶段的孩子逐渐以规则为中心，摆脱了具体情节，用规则来组织游戏。如，一起跳皮筋、丢口袋、玩纸牌，等等。

（二）根据社会性水平对游戏的分类

美国著名儿童心理学家米尔德丽德·帕滕（Mildred Patten）根据儿童在自由游戏中的社会交往行为的关系和程度，将幼儿的游戏发展分为以下六个水平（杨丽珠，吴文菊，2000）。

- 偶然的行为。注视那些碰巧引起兴趣的事物，如果没有什么事情，就自己玩，比如数自己的手指，在沙发上跳来跳去，等等。
- 旁观游戏。在二三岁的儿童身上比较多见。他并不参加游戏，只是在旁边观看别的小朋友游戏，有时候还会指指点点。
- 单独游戏。单独玩自己的玩具，不和其他儿童交谈。
- 平行游戏。几个孩子在一起玩，游戏的内容和玩具是相似的，但是他们并不互相协作。这个阶段的儿童虽然会一起进行某些游戏，但很少交流。
- 联合游戏。几个伙伴共同游戏，也会谈论游戏的内容，互相借玩具。但并不进行分工，也没有明确的游戏目标。
- 合作游戏。儿童在一起玩，他们有共同的游戏目标，并在游戏中进行分工。这种游戏多见于幼儿期以后。儿童们在游戏中交流、沟通及合作，也真正体现出了游戏的社会意义。

值得注意的是，这六个水平并不是判断儿童发展成熟与否的标志，有的幼儿始终喜欢单独游戏。

（三）从幼儿的认知与社会性两个维度进行的研究

20世纪70年代，乔沃斯基（A. P. Jaworski）和伯根（D. Bergen），根据皮亚杰和米尔德丽德·帕滕的研究，从认知与社会性两个维度，研究了幼儿游戏的发展，划分了15种幼儿游戏类型，并对每种游戏给予了明确的操作定义和游戏举例，见表4–1（杨丽珠，刘文，2006）。

表4–1　15种游戏类型举例

游戏类型	游戏举例
旁观—实践	观看孩子玩滑梯
旁观—象征	观看另一个孩子给木偶喂爆米花
旁观—规则	观看老师和孩子们“手拉手围成圈唱歌”的游戏
个体—实践	独自踮着脚尖在楼梯上跑上跑下
个体—象征	让玩具动物“走路”和“说话”
个体—规则	按照特别的次序把玩具排成一排并按照规则移动
平行—实践	在别的孩子旁边画画，但互不干扰
平行—象征	在屋内摆桌子，“喂”娃娃，而同时别的孩子也在使用这些玩具
平行—规则	和别的孩子一起奔跑，但不是与他们比赛
联系—实践	和另一个孩子在枕头上打滚
联系—象征	与另一个孩子一起“造”谷仓，给他递积木和提建议
联系—规则	与另一个孩子一起玩“轮换”的游戏，比如用车拉孩子

（续表）

游戏类型	游戏举例
合作—实践	与另一个孩子相互传球
合作—象征	参加“过家家”角色游戏，当“爸爸”或者“妈妈”
合作—规则	参加捉人游戏或捉迷藏游戏

二、滋养童心：游戏与幼儿心理健康

苏联教育学家阿尔金说：“游戏是儿童心理健康的维生素。”游戏，不仅为幼儿描绘了美丽的、充满幻想的世界，也促使幼儿茁壮、愉快地成长。到了幼儿时期，游戏已经成为幼儿的主导活动（华爱华，2017）。幼儿离不开游戏，他们在游戏中不断地发展着自己，也随着自身的成长不断地变换着游戏内容。游戏，使幼儿的想象力得到了充分的发挥，并使他们从中获得了前所未有的快乐。同时，幼儿的语言表达水平还不高，他们很难清楚地表达出自己的内心感受与困惑，成人可通过游戏中幼儿表现出的行为特征了解幼儿的心理状况，从而更好地维护幼儿的心理健康。游戏对幼儿心理健康的促进作用主要表现在以下几个方面。

（一）满足社交需要，寻找集体归属感

幼儿长大的过程是社会化的过程，幼儿从自我中心过渡到一个社会的人，游戏起了非常重要的作用。英国著名教育思想家约翰·洛克（John Locke，1632—1704）认为，人生的幸福就是健康的精神附于健康的身体，二者缺一不可；智慧是指一个人在世上处理其个人事务时的精神强于远见。因此，幼儿教师有必要引导幼儿学习各种将来应对生活和事业所必需的知识和技能。游戏，恰恰为幼儿社会技能的学习提供了一种有效的途径。特别是在社会性角色游戏中，为了角色的配合和游戏的进行，幼儿必须保持角色之间的协调一致（杨丽珠，吴文菊，2000）。幼儿通过扮演他人角色，体验他人的情感和态度，掌握了与人沟通、交往的能力，并学会了从他人的立场来看待问题，使自己的行为和思想更加符合社会的规范。另外，幼儿生活中的很多游戏是在群体中进行的，集体游戏往往需要两个或两个以上的幼儿同时参与，在这个过程中可以促进幼儿的集体和社会归属感，从中感受到来自集体的快乐、幸福感和成就感，从而逐渐习得社会文化规范，调节自己的行为，建立集体主义情感。

（二）缓解幼儿紧张情绪，促进意志力和规则感的发展

1. 游戏能够缓解幼儿紧张的情绪

小鱼是一个4岁的幼儿，他平时一直由奶奶照看，没有读幼儿园。今年夏天的时候，小鱼的奶奶因为要到外地去不能继续照看他，于是家人商量送他去幼儿园，这样也能让他更多地接触小朋友，学习更多的知识。邻居为小鱼的奶奶介绍了一家幼儿园，奶奶决定带小鱼先去看一看。刚进大门，他们就看见一群孩子在活动区做玩沙、玩水的游戏，奶奶上前去向教师询问入园情况，一转身，发现小鱼自己脱了鞋跑进活动区玩开了。奶奶叫了他半天他也不肯离开……

研究表明，游戏能够为儿童营造一个宽松的环境，让儿童紧张的情绪放松。尤其是那些插班儿童，他们对陌生的环境感到恐惧，有入园焦虑，教师可以使用游戏让他们尽快地熟悉小朋友和周围的环境，缓解他们的紧张情绪。

2. 游戏增强了幼儿的意志力和规则感

幼儿在没有外界监督的情况下，很难抑制冲动、抵制诱惑、延迟满足以及控制和调节自己的行为来实现自己的目标。如，在士兵打仗的游戏中，扮演哨兵的幼儿能够持枪站立很久不动，这在日常生活中幼儿是很难做到的。在幼儿时期，游戏是其基本活动，能激发幼儿的潜能，是对幼儿实施教育的有效途径。通过选择不同类型的游戏可以有效地训练幼儿的自我控制能力（沈悦，杨丽珠，刘歌，2015）。

另外，游戏都有一定的规则。苏联著名心理学家维果茨基（Vygotsky，1896—1934）认为“规则是游戏最本质的特征”，一切真正的游戏都是有规则的角色行为，没有规则就无所谓游戏。因此，在游戏中，幼儿需要根据规则来约束自己的行为。正因如此，游戏可以促进幼儿的规则感与纪律性。可能有人会质疑：游戏的规则太多，孩子们还会感到快乐吗？维果茨基提出了一个著名的游戏悖论：儿童为了使自己遵守规则，而放弃了自己原来想要的东西，但是服从规则和克制自己的冲动反而成了游戏中最大的乐趣。

3. 游戏能够训练执行功能

执行功能指的是个体在完成复杂的认知任务时，对各种认知过程进行协调，以确保认知系统以灵活、优化的方式完成特定目标的一种机制。一般来说，也可以将其理解为个体为了达成目标，而保持适当的问题解决定式的能力。一个完整的执行功能系统包含若干个部分，例如抑制控制、工作记忆、认知灵活性

等。幼儿在游戏过程中，需要随时调整自己的行为以符合游戏的规则，同样需要执行功能的积极参与。研究表明，执行功能较好的幼儿在游戏的延迟满足、问题解决方面有一定的优势，并且执行功能本身可以通过幼儿的日常游戏进行培养和提升。因为游戏是幼儿生活中必不可少的一部分，不受时间、地点的影响，很多游戏规则简单、无附加的成本，所以教师可通过游戏培养幼儿的认知能力。具体而言，包括以下三个方面。

（1）鼓励幼儿在游戏中积极表达自己的想法。

通过同伴交往和沟通的方式，可以促进幼儿理解他人想法的能力，帮助幼儿区分不同的愿望和信念，并建立起事件的因果联系，从而提高幼儿解决问题的灵活性。

（2）鼓励幼儿主动遵守游戏的规则，并将规则传达给其他参与者。

习得和遵守规则不仅是幼儿社会化的重要环节，而且是幼儿提升自我抑制控制能力的机会。通过反复遵守和提示别人规则的同时，幼儿的自我控制能力也得到了潜移默化的提升。

（3）鼓励幼儿复述游戏过程。

工作记忆同样是执行功能中十分重要的一个成分。科学研究结果表明，幼儿的工作记忆能力与其认知能力及未来的学业成就有着显著的正向关系。因此，在游戏结束后，主动回忆游戏的过程和细节可以帮助幼儿训练自身工作记忆的提升。例如：在“丢沙包”的游戏中，玲玲把沙包丢给了谁？最后一个拿到沙包的小朋友是谁？

（三）游戏是治疗幼儿心理问题的良药

游戏治疗是根据游戏而专门为儿童设计的治疗方法。皮亚杰在解释游戏治疗的作用时指出，通过游戏可帮助儿童更好地适应生活和环境，游戏治疗的过程其实是发现儿童自身发展进程的过程。

游戏治疗中，游戏是治疗师与独特的儿童个体之间发展人际关系的形式。根据发展模型，我们可以判断该儿童与正常发展儿童之间的差异，但是值得注意的是，发展的模型并不适用于所有的儿童，因为每个儿童都会有自己的发展轨迹。虽然有的儿童的发展和行为不同于一般平均水平，但并不是临床病理上的。

1. 游戏是幼儿自我表达的语言

奥地利心理学家弗洛伊德（Sigmund Freud，1856—1939）曾经这样描述游戏的特点：“每一个游戏时的儿童就像一位想象力丰富的作家，在那里他创造了一个他自己的世界，或者更准确地说，他安排了那个世界里的事物并按照他更加喜欢的方式去指挥它。”幼儿能够毫无保留、没有恐惧地在游戏中完整地表现自我。他们在游戏中所表现出的是他们在平时不能用语言所表达出的内心感受，或者是害怕用语言表达后会遭到教师或家长批评的感受。因此，可以说，儿童在游戏中的表现是他们本身具有的或在某一时刻所经历过的部分。

一个5岁的男孩，亲身目睹了他6个月大的弟弟因患病死在自己母亲的怀抱中。母亲担心他出现心理健康问题而带他到一家专业的心理咨询中心诊疗。在与心理咨询师的谈话中，他忽略了这段痛苦的回忆。于是，心理咨询师带他到游戏室让他自由游戏。在游戏中，他用积木围了一堵墙，并在里面整齐地摆上汽车和行人。然后他让一架飞机飞过它们，所有的汽车都倒下了。“他们在燃烧。”他对咨询师说。心理咨询师认为，男孩在游戏中表现出了内心的焦虑和恐惧，因为他亲身目睹了弟弟死亡和在殡仪馆里被焚烧的过程。

（Fromberg & Bergen，2006）

正是在这个游戏的过程中，男孩将自己内心的焦虑和恐惧表现出来了，死亡不是他这个年龄的儿童能理解和正确对待的事情。在游戏中他表达出了自己的感受，这有利于他身心的健康发展。如果幼儿不能将自己的焦虑和不安情绪及时地排解，将对他今后的身心健康产生威胁。在这个时候，游戏成了他内心表达的有效语言。

2. 游戏是矫正幼儿行为的工具

很多心理学家和临床工作者尝试用游戏对儿童的不良行为进行干预和治疗。其实，游戏对儿童的价值是由来已久的。韦布（Webb）指出：“游戏能帮助儿童在一种与治疗师合作的关系中表达和完成他们的情感冲突，治疗师通过游戏的隐喻语言和儿童互动。”（廷伯莱克，卡特勒，2004）在特定的游戏中，针对幼儿表现出的不良反应，教师、家长以及临床工作者可以适时地对幼儿进行指导和干预。

峰峰在班级里个子最高，因此常常欺负别的小朋友，不能和其他小朋友很好地进行游戏。一次，教师设计了一个二人三足的游戏，她故意让个子最高的峰峰和班里最弱小的兰兰一组。第一轮比赛，由于两个人配合不好，他们得了倒数第一，峰峰着急地不停数落兰兰。第二组比赛前，教师告诉峰峰，作为男子汉，他应该在游戏中爱护兰兰，并尽量把步伐变小并和兰兰保持一致。峰峰尝试了一下，果真取得了第二名的好成绩。后来，在游戏中教师都有意让峰峰扮演帮助弱小同学的角色，她后来发现，峰峰欺负小朋友的行为逐渐减少了。

（四）幼儿玩具与心理健康

玩具是幼儿的天使，小天使应同幼儿一同成长（刘文，2003）。随着生活水平的不断提高，幼儿玩具种类的不断丰富，幼儿所拥有的玩具种类也越来越多。“妈妈，我要这个！”“爸爸，给我买那个！”对于大多数家长来说，他们不会吝啬为幼儿购买玩具，但是不是价格越高、科技含量越高的玩具越有利于幼儿的身心健康发展呢?

特定的玩具会引起幼儿特定的游戏类型。如，幼儿看到布娃娃就会进行一场“娃娃家”的假装游戏，看到积木就会做一些建构性的游戏。不同类型的玩具还会影响到游戏的社会质量，比如有些玩具，幼儿单独游戏就可以了，有些玩具则需要团体游戏才能发挥它的功效。因此，玩具不单是幼儿游戏的工具，还会对幼儿的心理健康发展产生影响。

传统的幼儿玩具包括布娃娃、积木、木马、拼图等常见的种类。过去，家长会用这些玩具和孩子共同游戏，将一个简单的玩具玩出无限的乐趣。很多家长会引导孩子怎样用积木堆积一座高塔，怎样把一幅拼图拼插完整。这种玩具促进了父母与孩子之间的沟通，增进了亲子关系。

现代玩具的发展越来越依赖高科技，加上现代父母的工作压力都很大，很少有时间与幼儿共同游戏。而高科技的游戏产品正好能弥补幼儿父母的空缺。随着智能手机和平板电脑的普遍使用，幼儿接触这类电子产品的机会不断增加，幼儿玩电子游戏的情况也变得越来越常见。有研究发现，幼儿长期与电子玩具游戏会使幼儿与人交往的能力下降。西尔文（Silvern）等发现，一些电子游戏会造成5岁幼儿的攻击性行为增加，而亲社会性行为减少（约翰逊等，2006）。

但是，儿童玩电子游戏其实也是在学习，电子游戏能帮助儿童快乐地学习，同时，游戏还能使儿童学到一些平时在学校里学不到的东西。例如，8岁的赵一舟小朋友，竟然独立设计了一套人工智能识别系统，可以准确地读取宠物狗的表情，从而判断它们的情绪。因此“玩游戏”并不可怕，重在如何让孩子发现游戏背后的秘密，了解游戏而不是沉迷于游戏。适合幼儿的电子游戏对幼儿会产生积极的影响，这些影响主要表现在丰富幼儿的知识，提高幼儿的空间思维能力、逻辑思维能力、社会交往技能，激发幼儿的兴趣和好奇心等方面。如果幼儿在成人的正确指导下使用电子产品，玩符合幼儿年龄阶段的电子游戏，或者听故事、看图片，就有助于幼儿的身心发展。

近年来，国外已经研发出很多适合幼儿玩的益智游戏，如PBS Kids Play（中文名“儿童游戏乐园”），这款游戏是由美国PBS公共电视网推出的儿童在线游戏软件，适合3—8岁的幼儿玩要，游戏包含了自然、社会、数学、科学、阅读等多方面的内容，对于幼儿的启蒙教育很有帮助。这款游戏的互动性、创造性可以让幼儿学到多方面的技能，这种寓教于乐的形式国内也已经逐渐开始接受并且有所发展。现在，玩电子游戏的主要工具之一——平板电脑也进入了部分幼儿园。“魔法课堂”“电子书包”“云课堂”“智慧课堂”“智慧云班级”等课堂形式都是以平板电脑为主要教学工具，这种课堂形式涵盖了数学、英语、物理、音乐、美术等多门学科，大多数家长对这种课堂形式持比较开放的态度。本书第十章中会介绍具体使用方法。

多媒体时代，是否意味着放弃传统玩具呢？答案当然是否定的——一些传统的民间玩具，如皮筋、布口袋等已经逐渐在现代幼儿的生活中消失了。很多幼儿教师担心幼儿在户外做这些民间游戏会带来很多安全问题。其实，适当的户外游戏不仅对幼儿的身体健康有益，还能使他们放松心情，结识很多小朋友，锻炼他们与人交往的能力。因此，教师可以为幼儿安排适合他们的传统民间游戏，并与幼儿一起动手制作一些民间游戏的玩具，这样，不仅可以增强幼儿的动手能力，而且可以保留幼儿玩具的本土性。

总之，幼儿的生活离不开玩具，玩具能够缓解幼儿的内心焦虑与不快。他们可能会用玩具诉说自己的内心感受，或者通过赋予玩具一定的角色来表达自己的内心世界。

第二节　幼儿游戏疗法

一、玩的隐患：游戏中常见的幼儿心理健康问题

（一）集体中霸道的幼儿

大园是个精力旺盛的5岁小男孩。他在游戏中常常霸占着玩具，不给别的小朋友玩，而他却总想玩其他小朋友的玩具，有时还会因为和小朋友争抢玩具而大打出手。因此，游戏往往因他的加入而不欢而散，他也感到很无趣。

2岁半的婷婷和强强在小区的花园里玩，他们的妈妈坐在一旁聊天。强强蹲在地上玩小汽车，婷婷从自己的小书包里拿出一块小饼干吃了起来。强强听到声音，小跑过去一把推开婷婷，从她手里抢走了饼干。婷婷愣了一下，然后大哭起来。

在儿童的游戏中，攻击性行为是一种特殊的行为，也是个体社会性发展的一个重要方面。攻击性发展状况既影响幼儿人格和品德的发展，同时也是个体社会化成败的一个重要指标。幼儿的攻击性行为是自然的攻击，等他们长大后，开始将攻击性行为转变为其他行为。在当下的社会文化中，儿童的攻击性行为被视为一种被阻止、被压制的行为。例如，一个高年级的孩子如果打了一个低年级的孩子，往往教师或家长会告诉他："再这样，你就离开班级（学校）！"由此可见，任何一个社会，从维护社会秩序和保护其社会成员身心健康的目的出发，都会对其成员之间的攻击行为采取一定的控制措施。因此，攻击是社会所不提倡的行为。美国心理学家 D. F. 海和 H. S. 罗斯（1982）对 24 对年龄为 21 个月的婴儿的冲突行为的观察研究，为我们了解幼儿早期的社会性相互作用与攻击性行为发展之间的关系提供了一定的证据。通过观察他们发现，87% 的幼儿至少有一次冲突，其中 79% 是在没有成人干预的情况下自动终止的。这些冲突大多数与争夺物品有关。根据研究发现，小班幼儿以工具性攻击为主，中班幼儿是工具性攻击和敌意性攻击同时存在，大班幼儿以敌意性攻击为主。一般来说，攻击性强的幼儿对他人意图的归因有错误，也就是说他对他人的意图、动机的理解经常是敌意的，因此会经常发生攻击性行为。通常表现为男孩用身体攻击，而女孩用言语攻击。因此，对幼儿进行理解他人意图的教育，使其学会利他、懂得分享尤其重要。但是，在这个过程中，成人往往忽视了儿童表达的需要，一味地"压制"儿童的攻击性反而是不正确的，教师和家长在教育的过程中，同样要在游戏中接纳孩子表达自己欲望的需要，接受他们积极地表达自己。同样，在游戏治疗中，鼓励孩子表达自己的攻击性往往饱受争议。一个孩子需要用强有力的方式表达自己的感受，类似于用攻击性的方式吸引他人的注意，如同前述案例中强强的行为——因为语言的限制或表达的局限，强强想要饼干的想法无法得到满足，所以就用抢夺的方式取而代之。在这个过程中，家长正确的做法是将儿童带有攻击性的表达形式转化为社会普遍接受的行为，例如用游戏的方式交换、平均分享等。

（二）集体中尴尬的幼儿

丁丁在幼儿园里是个很乖的小女孩，老师和家长都对她赞不绝口。但是，丁丁不喜欢参加小朋友们的集体游戏，老师组织大家游戏的时候，常常看见她一个人躲在角落里，老师曾试图让她和其他小朋友一起游戏，而她在游戏中却表现得毫无热情。

一次，班级组织游戏"小花猫过河"，李老师告诉了大家这次游戏的主题后，全班的小朋友就都忙活起来了。有的扮演各种小花猫，有的扮演小山羊，有的还自发扮演河边的游客。只有丁丁一直在旁边不作声。李老师问丁丁：“你想演什么角色？”丁丁说：“我不知道。”

某些幼儿不是不想参加集体活动，而是不知道在集体活动中应该怎样玩。他们的创造性往往较低，并且很难与其他小朋友打成一片。有的幼儿在游戏中常常被其他小伙伴排除在外，这对幼儿的身心健康会产生不利的影响。

幼儿的社会交往是生长发育与个性发展的需要，是完成个体社会化过程的需要。通过社会交往可以使幼儿了解和认识人与人之间、人与社会之间的关系，这将影响到幼儿今后对待他人的态度及与人交往的能力。因此，幼儿的社交能力必须引起广泛的重视。教师通过仔细观察不难发现，幼儿在游戏中会表现出各种各样的问题：有的幼儿不愿意参加集体活动；有的喜欢霸占玩具，不愿与人分享；还有的幼儿不知道该怎么玩。研究发现，爱游戏、会游戏的孩子往往情绪积极愉快，想象力丰富，交往主动、积极，语言丰富多样。不爱参加游戏活动的孩子往往会产生一些人际交往方面的问题，并且对其言语、思维等发展都会产生重要影响。

另外，幼儿游戏中的适应问题（可参见第七章）、情绪情感不良（可参见第六章）等都是幼儿心理健康问题的反映，因此，我们不能忽视幼儿在游戏中所暴露出的心理健康问题。那么，应该怎样通过游戏对幼儿的心理健康问题进行评估呢？

二、玩出水平：通过游戏对幼儿的心理健康进行评估

在游戏中（尤其是自主游戏中），幼儿能够自然地表达自己内心的情感，教师可进行最直接的观察、评判，从而发现幼儿的一些心理问题，如学习障碍、多动、社交障碍、情绪焦虑等。下面介绍几种在游戏中对幼儿心理健康进行评估的方法。

（一）观察

观察是教育科学研究中最基本、最普遍的一种方法，是在教育研究中搜集资料的基本途径。因此，对幼儿游戏中的一系列问题进行诊断，观察是最直接、最有效的方法。对幼儿游戏的观察可以根据幼儿游戏种类的不同而采取不同的方法。

1. 幼儿游戏类型的观察

前面已经提到，美国心理学家帕滕将幼儿的游戏发展分为六个水平，教师可以根据这六个游戏水平的操作定义对幼儿的游戏类型进行评判，判断幼儿在游戏中的社会性发展水平是否符合幼儿的正常发展水平，及时发现问题。例如，旁观游戏和单独游戏多见于幼儿初期，如果一个四五岁的幼儿独自游戏时间过长，与其他幼儿游戏的合作性较差，就应当引起教师的足够重视。下面介绍一种对幼儿游戏类型观察的记录表（见表 4–2）（杨丽珠，吴文菊，2000），教师可根据此表对幼儿的游戏类型进行记录，以便对幼儿的社会性发展水平做出评估。

表 4–2　幼儿游戏类型观察记录表

游戏类别 被试	偶然	旁观	单独	平行	联合	合作

当然，教师在对幼儿的社会性发展水平进行评估时，也要充分考虑到幼儿社会性发展水平的年龄差异与地区差异。杨丽珠等（2006）对中美学前儿童的游戏类型进行了跨文化比较后发现：个体、平行游戏，美国儿童多于中国儿童；联合、合作游戏，中国儿童多于美国儿童。由此可见，幼儿游戏类型还会受到社会文化方面的影响。

2. 幼儿象征性游戏的观察

象征性游戏是幼儿的主导游戏，因此，对幼儿的象征性游戏进行观察能够了解幼儿认知方面的发展状况。对幼儿象征性游戏进行观察，首先要了解幼儿象征性游戏的基本特征和发展状况。教师可以根据这些特征去观察幼儿的游戏行为，判断幼儿的认知发展水平。教师应重点记录幼儿在游戏中扮演角色的多少、在游戏中如何运用玩具、幼儿所扮演的角色成分、幼儿的想象能力、幼儿情绪的表达以及幼儿在游戏中与同伴的关系等。如果幼儿在游戏中发生争执，也应对争执的内容进行重点记录（记录方法可见本书第七章），以便在事后进行具体分析。下面列举一个对幼儿“娃娃家”游戏进行观察的记录表（见表 4–3）。

表 4-3　“娃娃家”游戏观察记录表

观察时间： 开始时间： 被观察幼儿姓名：　　年龄：　　性别：	观察日期： 结束时间：	
行为类型	**客观描述**	**判断、评价与解释**
象征性地运用玩具		
模仿角色		
动作与情景替代		
社会交往		
言语交流		
情绪表达		

特别要强调的是，教师在对幼儿言语进行记录的时候要忠于幼儿的原话，不能靠自己的理解来记录，以便在对记录进行分析时得到最真实的幼儿表现，必要时可以采用现代化记录工具，如录音笔、照相机、摄像机等。通过幼儿在“娃娃家”游戏中的各种表现，教师可以对幼儿的认知发展水平进行评估。

（二）游戏引导

1. 教师自己创设游戏活动

当幼儿教师无法走进幼儿的内心世界时，可以自己设计一个能够吸引幼儿的游戏，让他们在游戏中不知不觉地体现内心的想法，表露其内心的问题。当然，教师创设游戏活动要经过专业的培训，不能盲目创设，那样只会适得其反。下面是一个幼儿教师创设游戏活动的例子。

通过一段时间的观察，金老师发现班里的孩子在游戏中暴露出一些问题，如：班里的冰冰，平时很机灵活泼，但是在游戏分组的时候，小朋友们都不愿和她一组；班里的庆庆，常常在游戏中途和小朋友发生分歧，而被小朋友们“开除”出游戏小组。针对这些问题，金老师决定设计一个玩偶游戏，每一个玩偶代表一个小朋友，让另一个“小动物”来选择自己喜欢的玩偶，并说出自己选择游戏伙伴的理由。

2. 运用专业的游戏手段

幼儿教师可以采用比较专业的游戏疗法来发现幼儿的内心情感，如现在流行的箱庭疗法，就是让幼儿在沙的世界里，通过幼儿建构的箱庭作品充分地了解幼儿的内心世界。平时很内向的幼儿，可能在箱庭游戏中表现得很活跃，他可以不通过言语，而用玩具来表达自己的内心。在游戏中，幼儿的一些细小动作、面部表情、对玩具的使用都能够生动地反映幼儿的内心世界。

（三）亲子游戏

幼儿园可以采用家庭情境游戏的方法来促进亲子关系。具体方法如下。

首先，准备家庭情境游戏的材料、场地等实验用具。

每一家被安排在约 4 米 ×3 米的游戏观察室中，室内桌子上有沙箱与沙子，摆放着各种主题游戏的玩具（花草、水果、石头、动物、汽车、家具、人物、玩具通信用具、亭子和小桥等 200 多个）。除此以外，准备记录的纸笔、数码相机和摄像机等用具。

其次，准备父母共同养育行为的半结构联合访谈提纲。访谈提纲如下。

- 你们在养育孩子时有明确的分工吗？你们养育孩子时较大的困惑是什么？你们是否共同商议怎样解决问题？解决的情况如何？
- 你们的家庭经常组织活动吗？一般由谁发起？孩子经常与谁在一起（谁带孩子）？与孩子在一起时会做些什么（有什么问题）？
- 你们夫妻是否有共同的养育目标？在孩子面前父母是能保持养育观点的一致性，还是各持自己的观点？谁与孩子比较亲？当第三方不在场时是尽量维护其威信与权威，还是随意评价他（她）？你们在孩子面前有争吵吗？

根据我们对家庭情境游戏进行的研究，父母与幼儿共同游戏可分为以下四种类型。

- 父母在游戏中不动手，只由幼儿独自游戏。
- 父母在游戏中讨论，不听取幼儿的意见。
- 父母在游戏中完全听取幼儿的意见进行游戏，不发表自己的任何建议。
- 父母很少与幼儿共同游戏，因此不知道该如何进行游戏。

研究表明，不同类型的养育家庭带给幼儿不同的人格发展水平，在父母合作型的共同养育家庭，幼儿的人格得到了最好的发展（邹萍，2007）。注重家庭情感温暖和环境气氛并关注幼儿的社会适应性和自理能力培养的家庭，幼儿人格在探索主动性、合群性及独立性三方面均表现出较强的发展能力（朱华，徐萍，2014）。因此，父母要经常与幼儿共同游戏，在游戏中观察幼儿的行为，促进幼儿心理的健康成长。

三、玩的功效：有助于解决幼儿心理问题的游戏疗法

当儿童逐渐长大时，他们需要面对越来越复杂的生活和世界，也需要更多的资源来应对不断增长的内在需求。当他们遇到困难时，会产生困惑、无力感，甚至悲观的念头和想法。游戏疗法就是从幼儿最基本的活动入手，了解他们的心理状况，为儿童在发展中解决困难提供更多的资源和途径，并对他们的心理困境进行早期干预和解决，让幼儿拥有一个健康的心理环境。研究表明，对情绪受困扰或社交技能不良的幼儿运用游戏疗法是积极有效的。现在已经被证实，游戏疗法在改善幼儿社交不良、调节认知情绪、改善阅读能力、提高智力、改善自我观念等方面都有显著效果。

（一）团体游戏治疗

团体游戏治疗是团体治疗与游戏治疗的一种自然而有机的结合。著名团体游戏治疗学家兰德斯（Landreth，& Adrian，et al.，1991）认为："所谓团体游戏治疗是指儿童与治疗师之间的一种动力性人际关系，游戏治疗师能提供精心选择的游戏素材，营造出安全的团体气氛，借由儿童自然的沟通媒介，实现其自身的完全表达和揭露自我（感情、观念、经验和行为）。"

在一个团体中所表现出来的关系，包括幼儿与幼儿之间的关系、幼儿与治疗师之间的关系。关于团体的大小，王晓萍（2010）认为通常儿童的年龄越小，团体的规模也应该越小。毛颖梅（2010）认为，还应该考虑游戏室的设备是否足够允许在大团体中使用，治疗师能否照顾太多的儿童，而且儿童团体中成员的年龄差距不宜太大，一般相差两岁以上在发展上所造成的差距是很大的，无论是在认知发展上还是在喜欢的玩具上，这就会导致治疗师无法兼顾每一个成员。

斯莱文森（Slavson，1960）认为，团体治疗在某种程度上要优于单独的游戏治疗，因为每个儿童在团体治疗的过程中需要更多地参与到互动和交往中，并在此基础上为实现团体的成就而付出相应的努力。正因如此，团体治疗也为儿童提供了积极和消极的相互影响，儿童也更容易受到团体治疗中突发情况的

影响。以往团体游戏治疗常被用于治疗孤独症幼儿、情感性社会技能缺乏的幼儿以及学习困难幼儿，通过团体游戏治疗的方式来促进幼儿积极情绪的表达，从而改善幼儿的生活质量和心理健康情况（刘敏娜，黄钢，章小雷，2007）。

团体游戏治疗的方法也很适用于幼儿园或学校针对幼儿的问题进行早期发现和干预。幼儿入园后，接触最多的就是教师和自己的小伙伴，因此，在幼儿园和学校进行团体游戏治疗对幼儿的心理健康发展十分有用。团体治疗为何有效？以往的研究者们提供了以下几点证据。

- 团体治疗可以提升儿童的舒适度。研究表明，当新环境中有其他人加入时，儿童和成人的焦虑水平都会降低，团体中因为有其他儿童参与，所以儿童在进入治疗环境后会更加放松和自如。
- 与单独治疗不同，儿童在参与团体治疗时会积极地观察和加入其他儿童，这样可以加快整个团体的治疗进度。
- 团体治疗可以为儿童提供直接和间接学习的机会。儿童在团体治疗中需要群策群力，这样就可以从其他儿童那里学习到自己没有的经验和技能，并将学习到的方法应用于实际生活当中。
- 团体治疗中儿童更容易表达自己的情感。通过观察别人、同情或共情能力的作用，儿童更容易在团体治疗中抒发和宣泄自己的情感。这就如同成人治疗中的“互助会”——一起谈论一些有争议的话题，彼此打开心扉交流。

（二）单独游戏治疗

当家长发现自己的孩子有严重的行为障碍或情绪问题时，就应该寻求专业的治疗机构，而不能盲目地对孩子定性或任其发展。在专业的医疗机构中，治疗者会根据幼儿的具体问题设计合适的治疗方案。

在单独游戏治疗中，最著名的理论来自卡尔·罗杰斯（Carl Rogers，1902—1987）的人本主义方法。罗杰斯是美国历史上最有影响力的心理咨询师之一，他和其学生、同事弗吉尼娅·M. 亚瑟兰（Virginia M. Axline）将“以人为本”的概念在心理咨询中全面实现，他们创设了单独与儿童沟通的舒适环境，其中包括一个单独的游戏室，帮助儿童更自然地表达内心的情感和诉求。亚瑟兰为单独游戏治疗的有效性提供了大量素材和证据，其中《就要那个：寻找自我》（*Dibs*: *In Search of Self*）一书被公认为是游戏治疗的必备读物，在游戏治疗的领域可谓家喻户晓，特别是其中关于自闭症男孩治疗的故事，令人印象深刻。

自闭症患儿的核心症状就是社交障碍，游戏活动一般停留在单独游戏阶段，常常独自做一些别人很难理解的动作，他们对合作游戏缺乏兴趣，常拒绝参加集体游戏。他们缺乏想象力、创造力，不会在游戏中扮演角色（如自己是司机、妈妈）；不理解物体的象征性意义（如用板凳当汽车、用木棒当注射器等）；不会模仿其他儿童的活动（如上车要买票、给布娃娃打针时娃娃要哭等），只是自顾自地玩。他们不知遵守游戏规则，常常随心所欲，不能跟大家很好地协调，因而常常不受其他儿童的欢迎。

用游戏疗法对自闭症患儿进行治疗已经受到了肯定并取得了很大的进展。但是，在运用游戏疗法的时候，由于自闭症患儿不能适应集体活动并常常被集体排斥，不适合使用团体游戏疗法。因此，有必要寻求专业的医疗结构，根据患儿的情况设计适合患儿的游戏治疗方案。

（三）音乐游戏疗法

音乐使我们感动，因为我们以音乐的方式活动——有节奏地、和谐地，按强度、重量和共鸣调整肢体动作。挪威音乐学家让－罗尔·布约克沃尔德（Jon-Roar Bjorkvold）提出，从个体运动的节奏可以估量其从出生到老年的各个生命阶段的健康情况。音乐是感性的，一个不会做算术的孩子可能会欣赏音乐，如神童莫扎特 3 岁时就已经能够弹琴了。我们常常会看到幼儿还不能说清楚话，就已经能够跟随音乐左右摇摆，并能够唱出较为完整的歌曲。因此，大量研究表明，音乐对幼儿的心理健康发展起着极其重要的作用。

1. 音乐游戏疗法与自卑幼儿

欣欣是个刚从外地转学来的孩子，她的普通话讲得非常不好，因此，她很少在班级里开口。教师让她和小朋友们一起背儿歌，她也憋得脸通红。在一次班级排演的音乐剧《勇敢的小猴子》中，教师让欣欣扮演出场次数最多的小猴子。在表演中，很少使用说的形式而多数是唱的形式。欣欣在游戏中表现得非常好，她唱的歌曲赢得了大家的掌声，教师也赞许地叫她“勇敢的小猴子”。后来，欣欣逐步树立了在小朋友面前表演的信心，并成了一个人人夸奖的“小歌唱家”。

欣欣由于说话的口音问题而不愿意多和小朋友交流，通过唱歌的形式在小朋友面前表现了自己，找回了自信。

2. 音乐游戏疗法与幼儿社交

新生入园，对于教师和家长来说都无疑是一场“战争”。幼儿在入园初会表现出一系列对幼儿园的陌生感。小朋友们彼此之间都不认识，几乎没有办法共同游戏。于是，教师在班级里开展了“找朋友”的音乐游戏活动。小朋友们围成一圈，唱着大家耳熟能详的歌《找朋友》，见面握手、拥抱，不一会儿大家就互相熟悉了。

有人说：“音乐是沟通世界的语言。”无论一个集体中有多少不同点，总能找到一首所有人都熟悉的歌曲或音乐。在这样一个环境中可以促使幼儿增进彼此熟悉的感觉，从而促进幼儿之间的交往。

3. 音乐游戏疗法与幼儿恐惧

玲玲小时候听姥姥讲过很多关于猫的灵异故事，因此她特别害怕猫。即使在图画书上看见猫，她也会紧张地赶紧翻页。为了缓解玲玲的这种状况，幼儿教师特别设置了一个“小花猫”的音乐游戏。小朋友们戴上各种漂亮的头饰，随着音乐做出各种可爱的小花猫的动作。玲玲看着小朋友们的精彩表演，也想参与进去。由此，玲玲对猫的恐惧开始逐渐减少了。

幼儿伴随着美妙的音乐，在轻松的环境下很容易忘记自己的恐惧而逐步感受到事物的美好。教师可针对幼儿的恐惧问题创设一些音乐游戏，让幼儿逐步接近自己所害怕的角色，感受其美好。

幼儿音乐游戏疗法适用的范围还很广泛，如在专业的医疗机构，还可以使用音乐游戏疗法来治疗幼儿的自闭症、创伤后应激障碍等。

（四）绘本阅读游戏疗法

幼儿A性格急躁、易冲动，很容易被外界的刺激吸引。由于从小在奶奶家居住，奶奶的教育方式不当，使幼儿A形成了张扬、随意的性格并且规则意识薄弱。因此，幼儿教师尝试对幼儿A进行绘本阅读游戏治疗，让他看画面、讨论故事内容并联系其自身与绘本故事相关的经验，让他在分享和进行手工等游戏的过程中逐步认识到自己的优缺点，并学会关爱、分享、规则、给予等交往方法。在治疗后，幼儿A逐步建立了规则意识，大声喧哗和情绪激动等情况的发生次数也逐步减少了。

阅读治疗距今已有百年历史，首次出现在1916年的《大西洋月刊》（*The Atlantic Monthly*）上，意指用指定的书籍治疗疾病的做法。王万清（2003）认为读书治疗是利用图书当作媒介，激发当事人产生新的认知态度和行为，以解决问题的心理治疗方法。古梅尔（Gumaer）总结认为：图书能够推动儿童社会化，帮助儿童理解人类行为；检视儿童的价值观，进行自我觉察，认识并解决问题，使儿童感到轻松快乐。万宇（2010）曾设计“游戏、阅读、反馈”的阅读主题活动，参加活动的儿童都有了明显的变化，状态上从沉默无语到热情参与，每次参加完活动都觉得心情十分愉快。

（五）绘画游戏疗法

阳阳对自己没有一个清晰的认识，虽然能够在一定程度上了解自己的身体状况，但不能及时做出判断，也不能准确判断他人是否满意以及对自己的喜爱程度，是一个不太自信的孩子。通过绘画治疗活动，阳阳更多地认识到了自我以及亲友对自己的看法，提升了自信心。

绘画游戏疗法是一种独特的治疗方式，它是以艺术媒介作为交流途径来进行心理治疗。儿童并不需要具有任何高超的绘画能力，治疗的过程并不是对儿童完成的绘画作品进行评价或下一个诊断，而是让儿童在一个受保护的环境下通过绘画的方式表达内在心理状态从而完善人格。绘画治疗的形式多种多样，主要是自由画、续笔画、房树人测验、学校动态图等几种。

（六）体感游戏疗法

体感游戏是将体感设备与肢体动作、声音变化相结合的全身互动型游戏，以往研究发现体感游戏治疗对智障儿童的康复训练有重要价值（Olfson，Gerhard，& Huang，et al.，2015）。鲁玉霞、张会娟和卢海燕（2020）用体感游戏治疗孤独症儿童，发现体感游戏在提高选择性注意、持续性注意力方面具有显著优势，能够显著降低学龄期孤独症儿童的病情程度，提高其认知功能及生活技能，对儿童自信心的建立也有一定的帮助。

心理学小常识

幼儿箱庭疗法

箱庭来源于儿童创造的“神奇箱子”。在这个箱子里，幼儿用沙和玩具创造了一个神奇的世界。国外已经将箱庭疗法广泛运用于幼儿心理咨询和临床治疗并进行了一系列的基础研究。张日昇教授在中国的文化背景下探索了幼儿箱庭的导入、基本构成、主题、制作过程中的互动特点。

研究首先选择了 10 名从未见过箱庭的幼儿作为被试，研究中严格布置了箱庭治疗室，箱庭是由两个规格为 57 厘米 ×72 厘米 ×7 厘米、内侧为蓝色的、装满细沙的箱子和 2000 多件玩具构成的。两个箱子分别为干沙箱和能使用水的湿沙箱。幼儿在玩具架上随意挑选玩具在沙箱内游戏，有专业人员对幼儿游戏全过程进行记录、拍照，并与幼儿对话，如：你喜欢玩沙吗？你能讲讲你今天摆的这些东西吗？你能给自己摆的这些东西或编的故事起个题目吗？研究者还设计了一份关于幼儿家庭生活和幼儿园生活的开放式问卷由幼儿的父母回答。最后对幼儿制作过程、时间、玩具的移动、作品主题、与专业人员的互动等进行描述分析。

分析表明，幼儿游戏时间一般比较长、多变动；幼儿的作品是他们生活经历的再现或模拟的动画片里的场景；有些幼儿还不能明确说出主题……这些特点都充分表明了幼儿时期心理发展的特点。

（吕仁慧，张日昇，吴林桦，马西娟，2015）

第五章　幼儿认知能力发展与指导

5 岁的贝贝非常好动，上课总是注意力不集中、坐不住，对学习内容也不感兴趣。爸爸、妈妈一直认为，男孩调皮捣蛋，不爱学习很正常，上学后就会好的。转眼间贝贝上了小学，可是他先前的不良行为不但没有减少，反而更加严重，成绩也一直不太好。贝贝的爸爸妈妈认为是孩子的“智商”出了问题，有可能是“多动症”，说不定还有些“认知障碍”……真的是这样的吗？

认知能力指的是人脑加工、储存和提取信息的能力，包括知觉、记忆、注意、思维和想象等，是儿童成功完成一项活动的关键心理要素，也是学业表现和成绩的基础（Fjell，Westlye，Inge，et al.，2015）。建构主义信息加工取向的研究证实，个体会对输入的信息以及信息之间的关系进行整合加工，随着年龄的增长，这种能力也在不断地优化和提升，从而在发展上展示出幼儿认知能力的发展。由此可见，认知能力对幼儿的学习和生活具有十分重要的作用。因此，教师及家长有必要了解一下幼儿认知能力发展的特点，并根据其特点对幼儿的认知发展进行指导，进而促进幼儿积极学习品质的形成。

第一节　幼儿认知能力的发展

在培养幼儿的认知能力之前，我们先来了解一下幼儿认知能力的发展特点。

一、认识世界：幼儿认知能力的发展特点

（一）感知觉的发展

在幼儿的认识活动中，感知觉占优势地位。《3—6 岁儿童学习与发展指南》指出，教师和家长要“支持幼儿在接触自然、生活事物和现象中积累有益的直接经验和感性认识”，引导幼儿“感知生物的多样性和独特性”“感知常见物质、材料的特性和物体的结构特点”。建构主义认为，幼儿的知觉需通过长期的学习来建构。当婴儿出生的时候，他们的感觉系统活动产生的仅仅是特有的感觉，

而不是我们所熟悉的颜色或声音。随着婴儿逐渐长大，他们可以将物品与其特定的关系联系起来，从而在整体上建构出感知系统。总的来说，幼儿主要是借助于形状、颜色、声音来认识世界的。幼儿感知觉的发展主要表现在颜色视觉、空间知觉、时间知觉及观察力的发展等方面。

1. 颜色视觉

美国心理学家威廉·詹姆斯（William James，1842—1910）认为，人类早期的视觉是“模糊不清、一片混沌”的世界。视觉知觉的功能是用于获取关于物体、事件以及个体在其中思考和行动的信息。观察形状、大小、结构、颜色及物体所在的位置，以及依据视觉来判断运动物体的空间位置等，都是基于高级视觉能力。幼儿颜色视觉的发展，主要在于颜色视觉与掌握颜色名称的联系，这对幼儿的发展十分重要。3 岁前儿童虽然能分辨颜色，但普遍不能对颜色命名，而且即使命名，正确率也不高。到了四五岁时，幼儿对颜色命名的正确率不断提高。

2. 空间知觉

幼儿空间知觉的发展主要表现在形状认知基本完善，方位知觉逐步发展。

幼儿认识形状的能力随年龄增长而提高。幼儿掌握八种形状的顺序为：圆形、正方形、三角形、长方形、半圆形、梯形、菱形和平行四边形。由此，我们对幼儿园的形状教学提出建议：小班幼儿应能正确掌握圆形、正方形、三角形、长方形；中班幼儿在小班的基础上，还应掌握半圆形和梯形；到了大班教师还应适当指导幼儿辨认菱形、平行四边形和椭圆形。《3—6 岁儿童学习与发展指南》指出，可以“用多种方法帮助幼儿在物体与几何形体之间建立联系”。如：“引导幼儿感受生活中各种物品的形状特征，并尝试识别和描述。如感受和识别盘子、桌子、车轮、地砖等物品的形状特征。”

幼儿期是方位知觉初步发展的时期。《3—6 岁儿童学习与发展指南》指出了幼儿的发展目标：在 3—4 岁能感知物体基本的空间位置与方位，理解上下、前后、里外等方位词；4—5 岁能使用上下、前后、里外、中间、旁边等方位词描述物体的位置和运动方向；5—6 岁能辨别自己的左右。另外，立体深度知觉也是个体空间知觉中最为精确的能力之一，通过两眼视差，幼儿可以觉察到物体的立体深度。相关研究表明，婴儿从 4 个月开始就已经发展出感知立体深度的知觉能力了，这也是婴幼儿成熟化过程的结果。

3. 时间知觉

时间知觉是对客观事物运动的延续性和顺序性的反映。时间知觉的发展与儿童抽象思维能力和其他认知能力的发展密切相关。因此，时间知觉的真正发展应该在童年期，但在幼儿期存在一个逐步发展的过程。

首先，幼儿对时间顺序的知觉发展较早，其特点是由对短时间顺序的知觉逐渐发展到对长时间顺序的知觉；其次，幼儿对时间间隔的估计及利用时间标尺的能力发展较晚，5—6 岁的幼儿仍然不会利用时间标尺；最后，4—5 岁的幼儿不能理解年龄大小和出生次序的关系，5—6 岁的幼儿已能理解两者的关系，但形成的年龄概念是不稳定的。

4. 观察力的发展

观察是有目的、有计划、比较持久的知觉。观察力的发展是幼儿感知觉趋于完善的主要标志之一。幼儿观察的目的性、持续性、细致性、概括性都比较差，随着年龄的增长，观察的准确性不断增强，观察方法不断完善。

《3—6 岁儿童学习与发展指南》指出，培养观察力就是“有意识地引导幼儿观察周围事物，学习观察的基本方法，培养观察与分类能力”。如：

- 支持幼儿自发的观察活动，对其发现表示赞赏。
- 通过提问等方式引导幼儿思考并对事物进行比较观察和连续观察。
- 引导幼儿在观察和探索的基础上，尝试进行简单的分类、概括。如：根据运动方式给动物分类，根据生长环境给植物分类，根据外部特征给物体分类，等等。

（二）注意的发展

注意的发展是幼儿心理发展的一个重要方面，注意的发展水平直接影响着幼儿认识活动的效果。

上课时，老师带着小朋友们一起学习识字，小朋友们聚精会神地在听老师讲课，还不时地举起小手来回答老师的问题，这时外面突然下起了瓢泼大雨，小朋友们都不由自主地将注意力转向窗外，这时老师不得不临时改变教学计划，讲起了雨。

诸如此类的事情数不胜数，这些都反映了幼儿注意的特点。

1. 无意注意仍然占优势地位

幼儿期的无意注意发展得最迅速。鲜明、生动的刺激物以及刺激物的突然的、显著的变化依然是幼儿无意注意的对象。幼儿注意不稳定，易转移。虽然开始能够注意某些事物，但还是不能长时间地将注意力集中保持在某一事物上，很容易被其他事情干扰。

2. 幼儿的有意注意在逐渐形成和发展

到了幼儿期，儿童的有意注意随着言语的发展、成人的要求以及长期的学习在幼儿末期逐渐形成。在幼儿园，幼儿要遵守各种行为和活动规则，完成作业和各种任务，这些都促使他们形成和发展有意注意，使其注意能有预定目的地服从于一定的活动任务，并且能用意志努力去维持。这是幼儿有意注意逐渐形成与不断发展的主要原因。

（三）记忆的发展

人类的记忆是一种基础能力，幼儿在发展过程中对世界的认知都需要以一定的信息储存能力为基础，而这些信息储存的过程便是记忆。

幼儿记忆的发展主要表现在记忆的目的性、记忆的方法、记忆的内容及记忆的精确性等方面。幼儿记忆的发展也遵循着幼儿心理发展的一般规律，即从不随意向随意发展，从具体向抽象发展。

1. 无意识记为主，有意识记逐渐发展

幼儿期，儿童的记忆主要是无意识记，他们能够记住某些东西，常常是因为一些东西本身引起了他们的兴趣，自然而然地就记住了。如，对于一些歌谣和故事，幼儿常常在实际生活中通过无意识记就自然而然地记住了。

2. 机械识记为主，意义识记逐渐发展

幼儿对许多东西的记忆常常是靠死记硬背，而不是在理解记忆材料的基础上运用经验记住的。但是，幼儿运用意义识记的效果要比机械识记的效果好。如，让幼儿识记通俗易懂的儿歌要比识记晦涩难懂的诗歌效果好得多。因为幼儿能依靠和利用过去的知识经验，即把识记材料纳入已有的知识经验系统之内。

在整个幼儿期，机械识记和意义识记都是随年龄的增长而不断发展的。

3. 幼儿的形象记忆效果好于语词记忆的效果

形象记忆是借助于具体的形象来识记某种材料，语词记忆是利用语词的标志来识记材料，它是在儿童的言语系统出现之后产生的。幼儿形象记忆的效果好于语词记忆的效果。有研究表明，幼儿对熟悉的物体的识记效果比对熟悉的语词的识记效果好，对生疏的形象的识记效果比对生疏的语词的识记效果好。幼儿形象记忆和语词记忆的能力都随年龄增长而提高。

4. 记忆的精确性的发展

记忆的精确性指儿童再现的内容与识记对象相符合的程度。幼儿记忆的精确性较差，主要表现在两个方面：完整性差和容易混淆。幼儿记忆的精确性随年龄的增长而逐渐提高。

（四）思维的发展

1. 直觉行动性在发生变化

欢欢3岁，为了让她尽快掌握10以内的加减法，爸爸每天晚上都要考她一些数学题。可是令爸爸头疼的是，当爸爸问她5加4等于几时，欢欢瞪着眼睛半天说不出来，可是当爸爸拿来一些小棍或者一些苹果再问她，欢欢看着苹果，一会儿就高兴地说出了答案。此外，有时爸爸让她画画，她不假思索地拿起笔就画，结果让她画太阳，她却画成了月亮，还说这就是太阳。

到了婴儿期，思维的发展开始萌芽，但这时候婴儿的语言能力还很低，所以他们的思维具有一定的直观动作性，总是与具体动作联系在一起，也就是说，他们的思维是在动作中进行的，离开所接触的事物，离开动作就没有了思维，这种思维就是直觉行动性思维。但是，进入幼儿期，即3岁后，他们较少依靠行动来思维，不过，思维过程还必须依靠实物的形象来支撑。

《3—6岁儿童学习与发展指南》指出，“幼儿的思维特点是以具体形象思维为主”，思维过程必须依靠实物的形象支撑。“幼儿在对自然事物的探究和运用数学解决实际生活问题的过程中，不仅获得丰富的感性经验，充分发展形象思维，而且初步尝试归类、排序、判断、推理，逐步发展逻辑思维能力。”

2. 具体形象性成为幼儿思维的主要特点

公交车上，嘟嘟看到一个“白头发老爷爷”，这时他想起妈妈曾经告诉他在车上要主动给老爷爷、老奶奶让座，这才是懂礼貌的好孩子。于是嘟嘟站起来说：“老爷爷，过来坐吧。”话音刚落，只听车里面笑声一片。原来嘟嘟所谓的“老爷爷”是一个二十几岁的年轻小伙子。

案例中，嘟嘟只是根据头发的颜色来判断人的年龄，属于典型的具体形象思维。幼儿思维的具体形象性是在婴儿的直觉行动性思维的基础上逐渐发展而成的。到幼儿中期，它在幼儿思维中占有重要地位，成为幼儿思维的主要形式。从幼儿思维的各个具体方面都可以明显地看到这个特点。幼儿往往根据物体的一些外部的、表面的、直观的特征来概括事物的整体特征，幼儿概括的内容往往比较贫乏，内涵也不精确。

3. 思维的逻辑性开始萌芽

幼儿思维的主要特点是具体形象性，具体形象思维是幼儿思维的主要方式，那么幼儿有没有抽象逻辑思维呢？

在幼儿园里常常能够听到孩子们问老师为什么，这反映了幼儿正在努力探索事物之间的联系。《3—6岁儿童学习与发展指南》中指出，可以引导幼儿“尝试进行简单的推理和分析，发现事物之间明显的关联”。例如：“引导幼儿根据常见物质、材料的特性和物体的结构特点，推测和证实它们的用途。如：带轮子的物体方便移动；不同用途的车辆有不同的结构等。”此外，五六岁的孩子已能够准确运用许多概念，如幼儿会说“你打针不哭，真勇敢”“小朋友做事要认真”。这里的“勇敢”“认真”都是十分抽象的概念。由此可见，幼儿在这一时期已经具有抽象逻辑思维了。当然，幼儿这时候的抽象逻辑思维还具有很大的形象性。

（五）“心理理论”和执行功能的发展

1. 心理理论

“心理理论”（theory of mind）是指对别人和自己的心理状态和心理经验的认识。心理理论最初是普雷马克和伍德拉夫（Premack & Woodruff，1978）研究黑猩猩是否能识别人的意图时提出来的，随后被应用到儿童身上。

人对心理状态的成熟认识建立在“信念—愿望系统”的基础上。幼儿已能根据信念—愿望的理论框架解释人们的一些简单行动，这明显地表现在幼儿对错误信念的认知上。威尔曼（Wellman & Bartsch，1988）所设计的“标准任务”和莫斯（Moss，1989）所设计的“区分现象和真实”任务证实了幼儿的这一认知能力。

“标准任务”向被试展示图片故事。故事中的主人公把一件东西放在某一个地方，然后离开房间，他的小伙伴趁他不在，将他放的物品放在了另一处。过了一会儿，主人公回来了，他会认为他的东西放在什么地方呢？他会去哪儿找他的东西呢？大部分4—5岁的幼儿都能正确回答。在“区分现象和真实”的任务中，主试向幼儿展示一个他以前见过的糖果盒，问他里面装的是什么东西，他会不假思索地回答“糖果”。但主试打开盒子给他看，出乎他的意料，盒子里面装的是一支铅笔。这时主试问被试：如果来了另外一个小朋友，他只看到这个盒子的外表，他会认为里面装的是什么东西？大部分4—5岁的幼儿都能够正确回答。

这两个任务都表明4—5岁幼儿能够将自己的观点和别人的观点区分开，而3岁幼儿还不能。原因在于2—5岁的儿童进行了一种朴素心理理论的重组，这种重组表现在儿童是如何认识人与客观世界的关系的：年幼的儿童认为人们与世界的联系是直接的，而年龄较大的儿童则认为人们是通过他们对世界的表征与世界联系的。

有研究表明，幼儿心理理论对其道德判断及同伴关系等发展都有显著的影响（徐伟，2015）。儿童在进行道德判断时，需要考虑他人的意图、信念、需要等心理状态，因此，儿童的心理理论与道德认知发展应该有一定的关系。同时，也有研究发现，儿童心理理论的发展与儿童游戏情境中的同伴交往具有显著的相关性，心理理论发展水平不同的儿童在游戏中的“交往敏感”和“交往表达”这两个方面都具有极显著的差异（桑标，徐铁丽，2006）。

2. 执行功能

执行功能是一种高水平的认知能力，包括控制、执行等一系列的过程。这些过程与个体有意的（或是自动的）过程相反，因此需要个体对自身注意、抑制、工作记忆等资源的控制和调配。幼儿的执行功能会随着年龄的增长而发展，并且可以根据一定的练习得到进步。具体而言，执行功能主要包括以下三个重要内容。

（1）工作记忆。

工作记忆是一种对信息进行暂时加工和贮存的容量有限的记忆系统（Baddeley，1992），它对幼儿的数学、言语理解与阅读、问题解决等高级认知功能都有重要作用。研究中常采用A非B任务来探究幼儿工作记忆的发展。在游戏中，幼儿将看到一个物品（或人物）被藏在两个位置中的其中一个位置。例如：“一只小兔子在大森林里玩，它跑到了一棵大树的后边。”等待一段时间后，幼儿需要找到物品（或人物）的位置，并在接下来的几轮游戏中［物品（或人物）可能会更换位置］继续找到它。例如：“小兔子听到了声音，它跑到了池塘边。”

幼儿期是工作记忆的高速发展期，学前阶段幼儿的计数广度、阅读广度均显著提升。具体而言：4岁幼儿可以短时回忆3~4个数字，并在随后的几年中持续发展进步；在9岁左右可达到成人水平；到12岁时，儿童一般可轻松回忆6个以上的数字。

（2）抑制控制。

抑制控制指抑制与当前目标无关的突显性心理加工或行为的能力，也可以理解为“抑制自身不适当反应的能力”。对幼儿这一能力的测试常采用go/no-go范式。在游戏中，要求幼儿对除了某一种刺激以外的每一种刺激都做出反应，例如：“这里有一些数字，请你看到数字1时不按按钮，看到其他数字时按下按钮。”游戏中大部分时间将出现的是go刺激（即非数字1），幼儿以此会建立一种强烈的反应倾向。当no-go刺激出现时，幼儿则需要抑制自己的反应，从而实现抑制控制的过程。例如，我们经常和孩子玩的大西瓜和小西瓜的游戏，当老师说大西瓜时，孩子用手比画小西瓜，反之亦然。

研究表明，幼儿的抑制控制能力在3—6岁时快速发展，而在学龄期发展趋于平稳。然而，幼儿的抑制控制能力也会受到任务难度的影响，随着幼儿的年龄逐渐增长，他们能够完成更多较困难的抑制控制测试。

（3）认知灵活性。

认知灵活性是指幼儿根据具体的情况从一种解决问题方法转换到另外一种方法的能力，是幼儿适应环境变化的一种重要能力。它不仅是执行功能中的一个重要维度，而且被认为是创造性的认知核心。研究者多采用维度变化卡片分类任务来测试幼儿的认知灵活性程度，这是一种典型的执行功能的研究方法。此方法的实质是不仅要求幼儿能够运用规则实现分类任务，而且更进一步要求幼儿在矛盾冲突的情况下实现规则间的灵活性转换。

以往的研究表明，幼儿在学前阶段的认知灵活性显著发展。具体而言，自3岁到4岁，幼儿的认知灵活性呈现快速发展趋势，4—6岁幼儿的认知灵活性发展则趋于平稳。此外，女孩的认知灵活性略高于男孩。

（六）想象的发展

由于生活经验的积累和游戏活动的发展，幼儿期的想象有了较快发展，特别是想象的有意性和创造性发展。幼儿想象的发展主要有以下几个方面的特点。

1. 无意想象占主要地位，有意想象开始发展

幼儿最初的想象是无目的的，往往由外界刺激所引起，在游戏和绘画中表现得尤为明显。如，游戏中的玩具对幼儿游戏的主题有直接影响，幼儿游戏的主题常常随所看到的新鲜、有趣的玩具而变化。在绘画中，幼儿初期常常一会儿画这，一会儿画那。到了幼儿末期，幼儿想象的目的性增强，主题也逐渐趋于稳定。如，幼儿可以长时间地玩一个角色游戏，画一幅完整的主题画、意愿画。

2. 以再造想象为主，创造想象开始发展

幼儿的想象常常依赖于成人的言语描述，依赖于外界环境的刺激及实际行动，而离开这些条件，想象则难以进行。在整个幼儿期儿童的想象中，复制及模仿的成分是很多的。幼儿中期以后，创造想象开始发展。幼儿创造想象的发展主要表现在两个方面：①在对原型的模仿及再现中，改造的成分逐渐增多；②到了幼儿末期，出现了独立性与新颖性较高的创造性想象。

3. 想象具有夸张性

4岁的牛牛因为听了老师讲的小花猫钓鱼的故事，第二天就神秘地告诉其他

小朋友，说他爸爸周末带他去钓鱼了，钓了很大一条鱼。

幼儿想象的一个突出特点是喜欢夸张。一方面，幼儿喜欢夸大事物的某些特征和情节。例如，儿童都喜欢《拔大萝卜》的故事，喜欢童话故事。另一方面，幼儿容易将想象与现实相混淆。此外，幼儿在生活中还常常把自己的强烈愿望当成现实，例如看到别的小朋友有玩具车，就说自己也有。由于较小的幼儿还分不清现实与幻想的区别，因此有时他们的谎话可能只是自我想象的产物，也有可能是因为幼儿自己记忆得不准确导致自己“说谎”，这种现象与幼儿的诚实与否并不相关。另外，幼儿所观察体会到的事物往往与成人不太一样，所以他们有时说的话会显得很夸张。当面对幼儿因为想象而造成的“谎话”时，教师需要积极引导幼儿的想象力发展，鼓励幼儿合理想象。同时随着幼儿年龄的增长，教师还要帮助幼儿学会分辨哪些是自己想象出来的，哪些是真的，想象与现实到底有什么不同。

二、认识人生：认知发展与幼儿心理健康的关系

幼儿时期是人生发展的初始阶段，也是认知能力发展的关键时期。正确的、客观的想法和态度，往往使幼儿能够以一种积极的眼光看待周围的世界，快快乐乐地生活，正如休·当斯所说：“所谓快乐人，不是处在某种特定情况下的人，而是持某种特定态度的人。”认知能力与幼儿心理健康的关系主要体现在如下几个方面。

（一）认知与情感的关系

认知是情感的基础，并能激发情感。情感是认知的体验，在认知过程中产生的情感又反过来影响人的认知活动，激发、推动人的认知过程向纵深发展，丰富、充实人的认知内容。一般来说，具有良好认知能力的幼儿，对自己和他人能够有正确的认识，能够很好地适应环境，并且能够正确地对待生活中所遇到的不开心和烦恼的事情，能适时地从痛苦和烦恼中解脱出来，积极地寻求改变，最终形成积极的情绪情感，而积极的情绪情感正是衡量心理健康的重要标准。

（二）认知与人格和社会性的关系

幼儿期是儿童人格和社会性发展的重要时期，主要表现在幼儿的自我意识迅速发展，个性特征逐步形成，各种社会性需要及行为迅速发展。

良好的认知能力是幼儿社会性发展的重要基础，使幼儿在与小朋友、老师的交往中能够正确地认识对方，和谐地进行社会交往。

明明是个聪明、可爱的小帅哥，邻居阿姨、叔叔常夸他是“小人精”。一次在幼儿园里，明明不小心把娜娜的洋娃娃弄脏了，娜娜非常生气，狠狠地瞪了他一眼，刚想对他说些什么，只见明明抢先一步说：“娜娜，我爸爸刚给我买了一辆电动小汽车，跑得可快了，我明天‘开’车来接你，我们去给洋娃娃买漂亮的衣服好吗？”娜娜得意地说：“哈哈！那一定很神气吧！”说完，拉起明明的手走了出去……

具有良好的人际关系的幼儿，很容易得到小伙伴的欢迎和老师的喜爱。其自尊心和自信心在潜移默化中将得到强化，长此以往，心理将朝着积极、健康的方向发展。

（三）认知与环境适应能力的关系

环境适应能力包括正确认识环境以及处理个人和环境的关系，面对生活中的各种变化及时调整个人行为去适应环境要求的能力（樊富珉，陈启芳，何镜炜，2001）。心理学家认为，人的认知与行为是相互影响的。大千世界变幻无穷，能够灵活地调节自己的认知过程以适应情境是幼儿心理健康发展的需要。

凯凯的爸爸、妈妈异地生活多年，最终在凯凯5岁时选择了和平分手。爸爸、妈妈没有隐瞒离婚的事实，而是把事情的来龙去脉都告诉了他，懂事的凯凯既没有埋怨父母离异的行为，也没有因此而变得自卑、退缩、敏感、多疑，而是勇敢地面对了现实。当别人问起这件事时，他从不回避，反而会很坦然地说：“爸爸、妈妈不在一起生活了，因为他们离得太远了，但我知道，爸爸爱凯凯，妈妈也爱凯凯。”

具有良好认知能力的幼儿能够正确、客观地认识周围的事物和环境；能够对情绪及身心的变化进行良好的认知评价；能够妥善地处理学习、生活中所遇到的困难，及时调整自己的状态，尽快适应新环境。而认知能力差的幼儿，对周围变化的环境不能有正确的认识，常常怨天尤人，喜欢钻牛角尖，久而久之，将不利于其心理的健康发展。

（四）认知与自信心的关系

认知理论认为，认知过程决定着行为的产生，同时行为的改变也可以引起认知的改变。当幼儿对周围世界产生错误的认识时，往往会导致不自信的情绪和行为，而这些情绪和行为也会反过来影响幼儿对周围客观世界的认识。

认知和行为的这种相互作用关系在不自信的幼儿身上常常表现为一种恶性循环。缺乏自信的幼儿遇到特定的情境刺激时往往会有“我做不好”“我不行”“我不敢”等消极的想法。这种悲观的想法由特定的刺激引发并可能导致负向情绪反应，“将客观现实向自我贬低的方向歪曲”。

佳佳是个胆小、不自信的小女孩，上课从不主动举手发言，下课也很少和小朋友一起玩，常常是一个人躲在角落里东张西望。一次体育课上，老师组织跳绳跑接力赛。在跑的过程中佳佳的鞋掉了，结果他们组跑了倒数第一名。从那以后，只要幼儿园组织游戏竞赛，佳佳就借故不参加。在没有其他小朋友在的时候，老师问她为什么不参加游戏竞赛。她低着头想了很久才说：“老师，我不会，这些游戏我都不会，参加了还会是最后一名，小朋友们都笑话我。”

每一个幼儿都具有一定的潜能甚至才能，只不过有些幼儿缺乏自信，不能正确地评价自己，总是觉得自己这也不行、那也不行。长期在这种消极暗示的影响下，幼儿可能会因此而整天闷闷不乐、情绪低落、意志消沉，逐渐发展到兴趣越来越少，与同伴交往越来越少，最终走向孤僻、自闭、沮丧、失望甚至绝望的地步。

第二节　幼儿良好认知能力的培养

在了解了幼儿认知能力发展特点的基础上，我们还要采取有效的方法评估幼儿的认知能力状况（参考：Stadler，Aust，& Becker，et al.，2016），从而有针对性地制定培养策略。

一、了解智力：幼儿认知能力的评估

（一）《幼儿智力测验量表》

对幼儿进行智力检测的量表有许多，这里要介绍的是《幼儿智力测验量表》。本量表是我国著名儿童心理学家林崇德等人根据《比内—西蒙智力测验表》和《斯坦福—比内量表》，并结合我国儿童的实际情况编制的。具体内容如表5-1所示。

【评价规则】

计分时，不必考虑幼儿的年龄，以能答全最高年龄组题目为标准，所答全的最高组为几，则其智力年龄为几。答不全的更高年龄组，每答对一个小题则增加两个月的智力年龄，即智龄。例如，如果你的孩子实足年龄为 4 岁，他能答全 4 岁组的题目，还能答全 5 岁组的两个小题和 6 岁组的一个小题，那么你的孩子的智龄即为：4 岁 +4 个月 +2 个月 =4.5 岁。

表 5-1　幼儿智力测验量表

年龄组	测试内容	测验方法	成绩
3 岁	指出身体各部位	先问："你的鼻子在哪儿？指给我看看。"如问了 3 遍孩子仍不懂或不回答，就指着孩子的耳朵问："这是你的鼻子吗？"如回答"不是"，则再问他："那么你的鼻子在哪儿呢？"其他部位（如眼、嘴、耳、头发等）试法相同。	指对 3 个通过。
	说出自己的姓名	问："你叫什么名字？"如果不肯回答，则可假设一个人的名字问："你是不是叫 ××× ？"如回答"不是"，再问："那么你叫什么名字？"	说对通过。
	说出自己的年龄	问："你几岁了？"如果不回答，再问："你今年几岁了？"	说对通过。
	比较线的长短	在纸上画两条长短不一的线段。问："你看这两条线哪一条长？把你认为长的那条指给我看。"如果答对，则把纸片上下倒置，重复问。如仍答对，可将纸片再倒置过来问一遍。	3 次全部答对通过。
	重述四位数字	例如，6475、8219、4639 等。先对孩子说："你先听我说一个数字，我说完了，你照我说的说给我听。"以后每个数字都要读出，如 6—4—7—5，其他数字读法相同，中间相隔 1 秒。	说对 1 个数字通过。
	说出常见物名	依次问剪刀、书、铅笔、杯子、手表等物品的名称："这是什么？"每件物品只问一遍。	答对 3 件通过。

（续表）

年龄组	测试内容	测验方法	成绩
4岁	辨别视觉形状	在纸上画上10种几何图形（正方形、梯形、球形、菱形、正八边形、椭圆形、长方形、任意五边形、等腰三角形、半圆形），然后在另一张纸上画一个相同的三角形，问："这个图和那张纸上的哪个图是一样的？"其他几种画法相同。	说对9个通过。
	摹画正方形	令孩子依次摹画边长为2~3厘米的正方形，连画3次。	画成有4条边、4个角的，算对，对2个通过。
	说明常见物品的用途	问："椅子是做什么用的？"桌子、床、铅笔、杯子、锅等问法相同。	说对4样通过。
	用手指指着数4个物体	拿4个相同的物体（如4枚钱币、4粒豆等）令孩子用手指指着数，问共有多少。	数对通过，不用手指指着数而直接回答不算。
	重述10个字组成的句子	先说一句由10个字组成的句子，如"明天跟爸爸一起去公园""马路上汽车、电车非常多""幼儿园老师教我们唱歌"等，然后令孩子重述，共重述3句。	说对1句通过。
	按要求做事	要求孩子依次连续做3件事，如给孩子一支铅笔，说："你把这支铅笔放到那张椅子上，放好后，再去关上那扇门，门关好后，再把那个桌子上的书拿给我。一定要先放好铅笔，再去关门，关好门后再把书拿给我，不要做错。"在孩子按要求做时，不要再说话或暗示。	做对2件通过。

（续表）

年龄组	测试内容	测验方法	成绩
5岁	三角形接成正方形	两张同样大小的长方形纸片，其中一张沿对角线剪开，成两个三角形，然后要求孩子将这两个三角形拼成另一张剪开的长方形那样，如有疑惑，可再说明一次。	1分钟内拼对3次的通过。
	区别上下午	问："现在是上午还是下午？"（如在下午，测验应倒向问）再问："你每天早晨睡醒起床后是上午还是下午？""快吃晚饭时是上午还是下午？"	3问全对通过。
	说明性别	对男孩问："你是男孩还是女孩？"（对女孩应倒向问）如不回答，则问："你是女孩吗？"（对女孩应倒向问）如回答"不是"，可照第一次问一遍。接着指着自己问孩子："我是男的还是女的？"（女主试倒向问）	2问全对通过。
	用手指数	先让孩子伸出一只手，问："你这只手有几个手指头？"再让孩子伸出另一只手，问："那只手有几个手指头？"然后问："两只手一共有几个手指头？"如孩子要数，则加以制止。	3问全对通过。
	分别左右	依次令孩子指出右手、右眼、右耳，若孩子找错一个，则重新指一遍，指对要改为左手、左眼、左耳。	3个全指对通过。
	数13个物体	令孩子用手指指着数13个物体，数2次。	对1次通过。

（续表）

年龄组	测试内容	测验方法	成绩
6 岁	辨别完缺	在纸上画 5 个残缺不全的物体，如鞋子、汽车、伞、凳子，令孩子指出少画了哪些部位。	全对者通过。
	区别两种物体	令孩子说出一只鸟与一条狗、一块石头与一个鸡蛋、一双拖鞋与一双皮鞋等的差别。	说对 2 组通过。
	在迷津图上找出正确的渠道	出示两张简单的不同迷津图，两张迷津图各画有一个儿童和一间屋子。在第一张迷津图上从儿童到屋子标有黑线，告诉孩子："这个小孩在迷津图上想要走回家，必须走这一条路（指黑线），要是走别的路（指一迷路），就会碰到墙，过不去。"然后指着第二张迷津图说："现在这个儿童也要回家去，他应当怎样走呢？你指给我看，要小心指，不要碰到墙。"	1 分钟内走到通过。
	倒数 1—20	问："你能倒着数数吗？1、2、3 要倒着数成 3、2、1。现在你从 20 开始倒着数，一直数到 1，要 20、19、18……这样数，你开始数吧！"	数对或只漏掉 1 个数算通过。
	解说图画	出示一张画有一定意义的图画，令孩子说出图画里画的是什么。	说出图画中的物体名称及运动或说出图画中的意思，均算通过。

（续表）

年龄组	测试内容	测验方法	成绩
7岁	指出谬误	说一句有明显谬误的句子，令孩子指出谬误处，并问理由。共3句，试完一句再试一句，每句至多半分钟。“雨已经晴了3天。”“她穿着白衬衣、蓝裙子、白袜、白球鞋，浑身上下一片白。”“从街上到自己屋里要上楼梯，从自己屋里到街上也要上楼梯。”	只说出谬误，不算对。答对2问通过。
	对答问题	问：（1）“如果你损坏了别人的东西，你应当怎么办？”（2）“如果你家里有了病人，你应当怎么办？”（3）“有一个人你不认识，如有人问你这个人好不好，你应当怎样回答？”	说对2题通过。
	倒述数字	分别说出481、217、739，叫儿童倒述说出184、712、937，说对一个数字，叫儿童数一个数字。	对1句通过。
	说出一周内的日子及名称	问：“一星期有几天？”“这几天都叫什么名称？”（或“这几天的名称都怎么叫？”）“星期二的前一天是星期几？”“星期二的后一天是星期几？”	全对通过。
	造句	让孩子根据所给的3个字造一个句子，如“妹、穿、花”就可以造一句“妹妹穿着花衣裳”，只要3个字放在句子中即可。如：（1）妈、尺、衣。（2）人、球、河。（3）猫、床、脏。每组字造1个句子，每句至多1分钟，语句通顺即可。	说对1个通过。
	判断	对儿童说：（1）“一个人在街上一步步地走，可是脚不沾地，你想想，他用的是什么办法？”（2）“太阳出来了，街上却是湿的，这是怎么回事？”问后15秒钟没有回答，则作罢。	半分钟内答对通过。
	摹画几何图形	令孩子依样摹画三角形、菱形、梯形。	画对2个通过。

（二）《儿童多元智力评估核查表》

“多元智力理论”是美国哈佛大学心理学教授霍华德·加德纳（Howard Gardner）提出的智力结构理论。这一反传统的智力理论把智力与能力划分开来，认为智力是一种能力与另一种能力的组合。“多元智力理论”包括三个要点：①智力不是一个单一的东西，而是一个多元化的东西。②人的各个方面或种种智力是独立的，用一种测验测得的智力分数不能预测另一种智力水平。③各种智力是交互作用的。以此为基础，加德纳提出了包含丰富能力的智力的种类。

《儿童多元智力评估核查表》（见表5–2）是由美国教育家托马斯·阿姆斯特朗（Thomas Armstrong）博士根据加德纳“多元智力理论”设计的多元智力评估方法。在对孩子的多元智力进行评估时，教师、家长或其他读者可以根据自己对孩子的学习或日常活动的切身体会做适当的增加或删减。教师与家长可以根据表中列出的项目针对特定孩子的具体情况核对，如果表中所列的项目与孩子的实际情况相符，就在右边选择对应的“是”，不符就选择“否”。最后，根据各种智力评估分别计算“是”和“否”的数量。根据每种智力获得“是”的多少排列，得到“是”最多的就表明孩子可能在这方面很擅长，得到“否”最多的就表明孩子的那项智力可能是需要引起重视的弱项。做这个测验有助于教育者更好地了解和评价孩子，知道每一个孩子都有自己的长处与短处。作为教育者，重要的是利用孩子的长处加以培养和增强孩子的自信心，以长处带短处，从而使其获得全面发展。教育者千万不能只盯着孩子的短处，总是以一种恨铁不成钢的心态来教育孩子，这样会让孩子失去自信心，阻碍孩子的健康发展。

（三）《华文认知能力量表》

《华文认知能力量表》（Chinese Cognition Ability Scale，CCAS）（见表5–3）是学者程灶火等于2006年编制的本土化认知能力测验，包括数字广度、空间广度、词语配对、图符配对、巧拼积木、快速编码等10大分测验，可用于测量工作记忆、学习能力、空间能力等主要认知能力（程灶火，李欢欢，郑虹，耿铭，王力，王湘，2002）。

表 5-2　儿童多元智力评估核查表

语言智力	是	否
1．写作能力高于同龄儿童。		
2．善于编写令人难以置信的故事或善于讲故事和笑话。		
3．善于记人名、地点、日期或一些琐事。		
4．喜欢文字游戏。		
5．喜欢看书。		
6．书写正确（若是学前儿童，拼写能力高于同龄儿童）。		
7．喜欢顺口溜、双关语、绕口令等语言游戏。		
8．喜欢听口述语言（如故事、广播、故事录音带等）。		
9．在同龄儿童中词汇丰富。		
10．与人交流时，善用言语。		
逻辑—数学智力	**是**	**否**
1．对于如何做事会提很多问题。		
2．快速心算（若是学前儿童，数学概念高于同龄儿童）。		
3．喜欢数学课（若是学前儿童，喜欢数学及其他与数字有关的课程或事物）。		
4．对电脑、电脑游戏感兴趣（如没接触过电脑，喜欢其他数学或算术游戏）。		
5．喜欢象棋或其他策略游戏。		
6．喜欢逻辑难题或智力难题（若是学前儿童，喜欢听像《爱丽丝漫游仙境》之类的故事）。		
7．喜欢把事物分类或分等。		
8．喜欢做有高度思考过程的实验。		
9．思考方式比同龄儿童更抽象化、概括化。		
10．比同龄儿童对因果关系更有概念。		
空间智力	**是**	**否**
1．可以说出清楚的视觉表象。		
2．阅读地图、图表比文字更容易（若是学前儿童，更喜欢看而不是阅读）。		
3．比同龄儿童更喜欢想入非非。		
4．喜欢艺术活动。		
5．绘画时比同龄儿童画得更好。		
6．喜欢看电影、幻灯片或其他视觉上的表演。		
7．喜欢拼图、走迷宫或类似的游戏。		
8．能制作有趣的立体模型。		
9．阅读时从图中而不是文字中获取更多信息。		
10．爱在书本、纸张或其他东西上涂画。		

（续表）

运动—操作智力	是	否
1. 擅长一种或多种体育运动（若是学前儿童，身体技能超过同龄儿童）。 2. 如长时间坐在一个地方会扭动、敲打或烦躁不安。 3. 善于模仿他人的动作、言谈等。 4. 喜欢拆散，然后再组装物品。 5. 喜欢触摸所见的物体。 6. 喜欢跑、跳、摔跤或类似的活动（如年龄稍大，会有所节制，而表现出像拍打朋友、翻跳椅子等动作）。 7. 表现出手工技能（如木工、缝纫、机械等）或其他方面的动作协调性好。 8. 戏剧性地表达自己。 9. 思考与工作时传达出不同的肢体感觉。 10. 有喜欢黏土或其他用手触摸的经历（如手指画等）。		
音乐智力	**是**	**否**
1. 音乐走调或出错时会告诉你。 2. 记得歌曲的旋律。 3. 嗓音好。 4. 弹奏一种乐器或参加合唱团（若是学前儿童，喜欢玩打击乐器或参加合唱团）。 5. 讲话或做动作时很有节奏感。 6. 无意识地自己哼唱。 7. 做事时在桌上打节拍。 8. 对外界噪音很敏感。 9. 喜欢听音乐。 10. 爱唱课堂上学来的歌曲。		
人际智力	**是**	**否**
1. 爱与同伴交流。 2. 似乎是天生的领袖。 3. 给有问题的朋友提建议。 4. 在校外似乎很聪明。 5. 是俱乐部、委员会或其他组织的成员（若是学前儿童，经常是群体的一部分）。 6. 喜欢非正式地教导其他孩子。 7. 喜欢与其他孩子一起玩游戏。 8. 有两三个好朋友。 9. 关心他人。 10. 他人愿让其陪伴。		

（续表）

内省智力	是	否
1．独立性好，意志坚强。		
2．清楚地了解自己的优缺点。		
3．可以独处玩耍或学习。		
4．生活和学习方式与众不同。		
5．不善于谈自己的兴趣爱好。		
6．自我目标明确。		
7．喜欢独立工作而不是合作。		
8．能准确地表达自己的感受。		
9．能从生活的成功或失败中学习。		
10．拥有高度的自尊。		

表 5–3 《华文认知能力量表》分测验、内容和主要功能

基本能力	分测验	内容	主要功能
工作记忆	数字广度	由顺背数和倒背数两部分构成，每部分均由 12 个数字串组成，最短的为 2 个数字，最长的为 13 个数字	数字的短时记忆和工作记忆
	空间广度	由 12 张识记卡（包括例卡），1 个操作反应盘和 18 个贴有猫、鸡和青蛙彩图的棋子构成，最少为 2 个，最多为 12 个	空间和顺序的短时记忆和工作记忆
学习能力	词语配对	由 14 对本身没有内在联系的双字词语组成，通过反复学习（三次）建立起新的联系	听觉学习、建立新联想、学习策略
	图符配对	学习卡由 12 幅图—符对组成，每个图—符对制成一张卡片，测试卡只有符号，没有图画，要求被试说出与该符号对应的图画的名称	视觉学习、建立新联想、学习策略
推理能力	言语类推	30 个言语类推条目，要求被试按上一对词的逻辑关系，给下一个词配上对，内容涉及多方面的知识	知识广度、言语推理能力
	图形类推	30 个条目，由题干和备选答案组成，题干是按一定规律排列的图形，被试首先要发现它的规律，然后从 6 个备选答案中选择一个补上	视觉分析、非言语推理能力

（续表）

基本能力	分测验	内容	主要功能
空间/计算	数理运算	24道计数和心算题，前5题配有图画，适合低年龄儿童的特点，其他都是与现实生活密切相关的应用题	数量概念、数量关系、计算和解决问题
	巧拼积木	12个条目，第1—2项用两块木块拼成一个图形，第3项用三块木块拼成一个图形，第4—12项用四块木块（四巧板）拼成不同的图形	空间建构能力、思维灵活性和行动计划性
加工速度	快速组词	10个条目，前6个条目要求组两个字的词，后4个条目要求组四个字的词语	信息加工速度和言语流畅性
	快速编码	10个符号—数字对构成90个条目（印在记录纸上），要被试给每个符号配上相应的数	加工速度，视觉—运动协调、心理灵活性

（四）智力测验应注意的问题

智力测验本身存在很多缺点，因此在使用智力测验时，要尽量克服这些缺陷，使测验结果真正做到真实、有效、可靠。

1. 智力测验结果并不能说明一切

幼儿智力的表现是多方面的，而智力测验所测的只不过是智力的某一个或某几个方面，幼儿很可能有某些特殊的能力在智力测验中没有表现出来。为此，我们一定不能只根据测验的成绩就给幼儿下结论，应将智力测验的结果和教师与家长的评定有机结合起来，只有这样才能对幼儿做出客观全面的评价。

2. 智力具有不稳定性

幼儿智力的发展受多种因素的影响，因此在对幼儿的智力测验成绩进行解释时，应该将幼儿在学习、生活中的智力表现以及幼儿在测验时的身心状态和测试环境等因素综合起来考虑，只有这样才能使测验的结果更加接近真实。

3. 操作过程要严谨

智力测验的实施是一项专业性很强的工作，测验操作必须严格、规范。主试的选择和指导语的使用等都要十分谨慎。

二、启迪智慧：幼儿良好认知能力的培养

（一）面向全体幼儿的一般培养

《3—6岁儿童学习与发展指南》中将幼儿的学习与发展分为健康、语言、社会、科学、艺术五个领域。每个领域按照幼儿学习与发展最基本、最重要的内容划分为若干方面。各领域的内容相互渗透，从不同的角度促进幼儿情感、能力、知识和技能等方面的发展。

据此，我们应该怎样培养幼儿的认知能力呢？

1. 注重多学科交叉促进

幼儿良好认知能力的培养是一个全方位的教育过程，任何一门学科都不能独自担当，只有多学科共同促进才能真正实现幼儿心理健康教育的远大目标。

音乐活动可以培养幼儿的美感、陶冶幼儿的情操。优美而适宜的音乐可帮助幼儿扩大词汇量，增进其对文学语言的理解和运用，提高其口语表达能力；同时也能够有效地帮助语言发展有缺陷的幼儿获得发展方面的矫治或补偿，使幼儿正确、客观地认识周围世界。体育活动能够强健幼儿的体魄、扩大幼儿的视野、开阔幼儿的眼界、培养幼儿顽强的意志力。数学活动可以帮助幼儿通过掌握数的顺序、数的实际意义和数的组成来促进概念、判断、推理等思维形式的发展……

总之，只有将各门学科有效地结合起来，才能使幼儿的感知觉、注意、记忆、思维、想象得到充分发展。

2. 在游戏中促进认知发展

维果茨基认为，假装游戏是幼儿发展的首要活动，因为这一活动能够促进幼儿高水平认知能力的发展。例如，幼儿园里的积木区可以帮助幼儿假装建立自己的小小社会（王秋，2020），戏剧和扮演游戏可以帮助幼儿进行角色转换思考等（李娟娟，2018）。目前世界上已有多个国家将游戏纳入幼儿的指导和干预课程中，以此激发和提升幼儿的认知能力。

某幼儿园大班幼儿参观了消防局，在消防员叔叔的介绍下了解了灭火器的用法、救火车的构造以及发生火灾时应该如何保护自己和逃生。回到幼儿园后，教师将废旧的一次性水杯连接到一起，制作成“迷你高压水枪”，并协助幼儿自己动手，用纸片制作了消防帽、灭火器等道具，进行了《我是小小消防员》的话剧展示和游戏活动。在游戏过程中幼儿采用不同方法使用普通物品，使用简单的物品表达自己所需要的情感和用途，从而提升了自身的认知能力。

另外，教师在通过游戏培养幼儿认知能力的过程中需要进行“动态评价”（Tzuriel，2001）。具体而言，动态评价可以帮助幼儿主动、积极地学习，其中教师的作用在于首先确定幼儿的认知水平：幼儿能独立完成什么？此外，教师需要清晰地了解幼儿为了达到目标需要获得怎样的帮助，并及时为幼儿提供这些帮助。例如，当教师观察到幼儿需要指导时，可以使用以下几种支持性的策略。

- 语言：请幼儿告诉教师自己的计划。
- 判断：教师思考幼儿的问题，并做出判断。
- 表征 / 绘画 / 记忆 / 思维：教师请幼儿用书面的方式表达自己的想法。
- 记忆：在上一步完成之后，教师可以请幼儿重复自己的计划。
- 读写：教师指导幼儿将信息完整地表达出来。

3. 提升幼儿的自我控制能力

教师和家长可采取以下策略，提升幼儿的自我控制能力（刘方，刘文，2018）。

- 培养幼儿的自控力时，教师和家长可以教会孩子“想想其他美好的事物”等转移注意力策略，并适时鼓励孩子，告诉他：“这样做很棒哦！”“你好厉害！”（或者）“失败了没关系，你尽力了，我们再想想其他办法吧！”
- 引导孩子面对自己的情绪，教导他们如何处理。如果孩子不能很好地转移自己的注意力，或是无法控制自己的情绪，教师和家长也不要对他们说：“太笨了！”（或者）“我管不了你了！”而应该好好倾听他们的心声，与他们交流，一起想办法解决问题，而非一味地威胁或忽略他们。

4. 尊重个体差异

每个幼儿都有属于自己的独特的“个性金字塔”。一般来说，性格虽没有好坏之分，但却会影响孩子学习和适应社会的能力。

世界上没有完全相同的两片树叶，每一个幼儿的发展都遵循着自己独特的轨迹。例如，在数学课上，有的幼儿能够很快地掌握 10 以内的加减法，而有的幼儿常常是边数手指边计算，结果还是会算错；在“找主题”活动中，有的幼儿能够很快地说出图画的主题，而有的幼儿所说的都是一些不着边际的题外话。这就要求教育工作者尊重幼儿的个体差异，合理实施因材施教，在进行教学活动设计时，既能面向全体幼儿，使每一个幼儿的能力都能有所提高，又能尊重个体差异，使每个个体在自身的原有水平上得到很好的发展。

5. 开展混龄教学

所谓混龄教学是把不同年龄的幼儿按比例编排在同一个班级，进行生活、学习、游戏。皮亚杰和蒙台梭利都主张采用混龄教学。混龄教学并不是因孩子少而凑合在一起。混龄教学对幼儿认知发展的作用源于幼儿与不同认知发展水平同伴之间的互动而产生的认知冲突。在混龄的环境中，年长幼儿充当“小老师”的角色，给弟弟妹妹讲解他们掌握的知识，而缺乏经验的、年龄较小的幼儿模仿有经验的哥哥姐姐，并对所获得的新经验加以内化；年幼幼儿的一些新奇的想法也可以促进年长幼儿的创造性发展。在这个过程中，他们的认知能力都得到了很好的发展。

（二）幼儿认知常见问题及个别指导

1. 我不知道左右——谈幼儿感知问题

一天，小新和爸爸在院子里打羽毛球，爸爸一不小心用力太大，将羽毛球打到了房檐上。于是爸爸就爬上房脊，想要把羽毛球拿下来，但是记不清是在哪一边了，于是就问小新羽毛球是在房脊的左边还是在右边。小新说往左，结果爸爸差一点从房脊上掉下来。当爸爸质问小新时，他很无辜地说：“左边是哪一边呀？”

左右不分是儿童在幼儿阶段常见的认知问题，其部分原因在于幼儿的空间方位知觉尚未发展成熟。长期左右不分势必会对幼儿的生活造成影响，给幼儿和家长带来不必要的麻烦和苦恼。对于小新这样左右不分的孩子，教师和家长应该怎样进行辅导呢?

（1）通过幼儿语言的发展，促进幼儿第二信号系统的发展。

第二信号系统的成熟与幼儿语言的发展密切相关。促进幼儿语言的发展，可以推动幼儿第二信号系统的完善，增加两种信号系统的协调性。

（2）遵循幼儿空间方位知觉的发展规律，循序渐进。

对幼儿进行左右方位感知的训练应当遵循幼儿空间方位知觉的特点循序渐进。不能开始就训练左右方位，可以先从上下开始，然后是前后，最后是左右。相对性的顺序也是如此，先以自己为参照物，然后是其他人，最后是客观事物。

（3）在丰富多彩的活动中渗透左和右的概念。

游戏是幼儿时期最主要的活动，对于幼儿的发展具有重要意义。教师和家长可以借助于这一有力工具，开展左右方位感知训练。也可以将左和右拟人化，编成童话故事，帮助幼儿了解左和右的含义。教师和家长示范时应采用镜像方式。

（4）重视同伴之间的相互作用，利用认知冲突帮助幼儿掌握左右概念。

对于左右不分这个问题，发展心理学研究中还尝试采用社会认知冲突的方式对幼儿进行左右概念的训练，目的在于促进幼儿去除“自我中心”，培养其思维的相对性和可逆性。

2. 我分不清楚 3 和 ε——谈幼儿感觉统合失调

小野 3 岁时，就和其他孩子有许多不同的地方：老师在幼儿园交代的事情，小野回家总是说不明白；一个小组做游戏，他常常不能等待，小朋友都不愿意和他一起玩。上了小学以后，小野就更不适应了，学习明显跟不上。经过智力测验和行为量表测查，发现小野的学习不良并不是由智力不足造成的；但是行为量表的测查结果表明，小野确实存在多动、焦虑和注意力不能集中的情况；视觉—动作统合发展测验结果表明，小野比同龄儿童落后 11 个月，视知觉能力明显低于同龄儿童，原来小野并不是智力存在问题，而是感觉统合失调。

感觉统合失调是指由于某种原因，大脑内部有关感觉系统的部分无法正常工作，不能将各感官输入的信息统合起来，因而无法做出适当的反应。感觉统合失调的儿童往往注意力不集中、活动过度；肌肉张力不足，动作协调性差；言语发展迟缓；伴有打架、孤僻、退缩等问题行为；缺乏协调的组织能力，但感觉统合失调的孩子往往智力正常。

为了解决这个问题，许多教育专家、心理学专家和医学专家都对感觉统合进行了理论和实践的研究，形成了一套特殊的器材：滑板、滑梯、布袋、平衡台、晃动平衡木、独脚椅、蹦蹦床、脚步器等，用于对感觉统合失调的儿童进行临床治疗和行为矫正。感觉统合训练的目的主要是提供给儿童感觉信息，帮助开发其中枢神经系统，帮助儿童抑制或调节感觉信息，使儿童对感觉刺激做出准确、全面的判断和反应。进行感觉统合训练需要到专门的由国家进行资格认证的训练中心，也可以在有相应训练人员的幼儿园内进行。无论是专门的训练人员还是经过培训的教师，在具体训练过程中都应严格遵守以下操作原则：安全性原则；科学性原则；游戏性原则；趣味性原则。

尽管感觉统合训练最初是作为一种医学矫治手段，但是近年来研究者们认为，对于尚未发现感觉统合失调的幼儿进行感觉统合训练也有助于儿童的发展。因此，教师和家长可以适当地通过感觉统合训练来促进幼儿感觉统合能力的发展。

3. 马虎大意的“侦察兵”——谈幼儿的观察力

两个班的孩子在玩野战游戏。小强是亲亲班的“侦察兵”，被“司令员”老师派到“敌方”阵地宝宝班进行侦察。不一会儿，小强就回来了，兴冲冲地报告说，“敌人”正在吃饭，吃的是草莓夹心巧克力派和荔枝果冻。“司令员”一听就乐了，于是问他有几个人在吃饭。“没注意。”“那你有没有看到其他人都在做什么？”“不知道。”正在这时候，只听一声大喊——“缴枪不杀！”亲亲班被包围了。游戏结束了，小强拉了拉老师的手，说：“老师，是不是该吃饭了？”“司令员”老师真是哭笑不得，这个孩子都看什么去了？让他侦察敌情，结果他跑去看人家吃东西，把正经事儿都给忘了。

所谓马虎大意的观察，是指幼儿的观察缺乏细致，而且较难抓住观察的重点。对于感兴趣的事物，即使是不重要的细节，他们也能观察得十分仔细；对于不感兴趣的事物，即使是非常重要的方面，他们也会观察得十分笼统、粗略，通常只看到事物的大概轮廓就得出结论，不再进行深入的观察。

针对这一问题，教师和家长可从以下几个方面对幼儿进行辅导。

（1）让幼儿明确观察的目标和任务。

针对幼儿观察目的性差、容易受到干扰的特点，观察的目标制定得越具体明确越好，尤其是要引导幼儿观察不易引起他们注意的地方。看图说话是训练幼儿进行有目的的观察的一种方法。刚开始的时候，教师和家长可以通过提问慢慢帮助幼儿掌握观察的要素。时间长了，他们就学会自己提问，进行主动而有目的的观察。

（2）训练幼儿观察力的观察对象要有吸引力。

刚开始用来观察的对象应当是幼儿感兴趣的或者能够引起幼儿兴趣的事物。如果让幼儿观察的事物过于单调或者十分熟悉，他们就会感到厌倦；而观察的事物过于复杂、难度太大，他们也会因为没有成就感而减少观察的兴趣。

（3）指导幼儿掌握观察的方法。

常言道：工欲善其事，必先利其器。适合于幼儿的常用观察方法有：①顺序观察法——让幼儿学会有顺序地观察，从上到下、从左到右、从前到后、由近及远；②典型特征观察法——先让幼儿注意那些重要的、典型的特征，然后再过渡到一般特征；③比较观察法——同时观察两个以上的物体，比较其异同；④追踪观察法——观察事物发展、变化的过程。最后不要忘了在幼儿观察结束之后帮助幼儿进行概括和总结，让幼儿在获得感性经验的同时也掌握一些理性的知识，这样的观察才是有意义的观察。

（4）多途径、多渠道地培养幼儿的观察力。

教师和家长应当尽量丰富幼儿的生活，扩大幼儿的视野，让幼儿广泛地接触社会、接触自然，并且要在这个过程中善于抓住教育时机对幼儿进行观察力的训练和培养。

4. 死记硬背的“健忘鬼”——谈幼儿的记忆

甜甜是个聪明活泼的孩子，一首唐诗她虽然不懂，但她咿咿呀呀地念几遍就记住了。可是不到半天，她就想不起来了。让她再记一遍，过了一天她又忘了。就这样反复几次，甜甜终于能够很好地背诵唐诗了。当问她这首诗表达了什么意思的时候，她的大眼睛就眨巴眨巴的，回答不上来了。

幼儿的所谓“记不住”并不是真的记不住，除了个别脑损伤儿童确实存在记忆障碍之外，大多数正常儿童都是“记得快，忘得也快”。所谓“死记硬背”是指幼儿期儿童的机械记忆占主导地位，由于意义识别尚未发展起来，他们对很多不能理解的事物主要依靠机械记忆。那么，教师和家长应该怎样做才能帮助幼儿科学地提升记忆能力呢?

首先，帮助幼儿明确记忆的目标和具体任务，引导幼儿进行有意识记。其次，在幼儿明确记忆目标的基础上，教师和家长应尽量营造轻松、愉快的记忆氛围，使用具体、形象的识记材料，帮助幼儿记忆。再次，让幼儿在积极的思维活动中进行记忆。记忆与思维是分不开的，在幼儿园教学工作中，教师应当启发幼儿将新旧知识联系起来，力求让幼儿在理解的基础上进行识记。最后，向幼儿提供一些记忆策略。关于记忆的策略既要考虑幼儿的特点，又要考虑幼儿的个体差异。

5. 我需要数手指头——谈具体形象思维

最近，邻居小阅的妈妈经常抱怨自己的孩子很笨：“你看，我问他1加2等于几，他答不出。非得我把苹果摆在他面前，他才知道等于3。后来我问他4个苹果加上9个苹果等于几个苹果。他吭哧吭哧半天也说不出来，然后就开始数手指头，发现不够用了，又开始数脚指头。唉！你说这孩子是不是太笨了？”

如果孩子在6岁以前出现这种现象，那么教师和家长就不用太担心，这只是一个发展性问题。然而，如果孩子在6岁以后很长一段时间内仍然保持这种状况，那么就应当考虑对孩子进行智力测查。这种情况有可能是后天的教育发生了问题，致使孩子的思维未能正常地发展。可以采取以下一些手段进行补偿。

（1）可利用幼儿在日常生活和游戏中常接触的事物来对其进行思维能力的

训练。

比如，在认识小动物的时候，不能仅仅满足于让幼儿知道小动物的名字，还要帮助他们分析、掌握不同动物的基本特征，让他们通过比较找出小动物的相同点和不同点，然后进行分类，引导他们进行抽象和概括。这样一来，幼儿的思维能力就在不知不觉中得到了锻炼和提高。

（2）可运用以下多种方法来培养幼儿的思维能力。

- 归类法：要求幼儿把事物按一定的标准（颜色、形状、大小等）进行分类。
- 排除法：要求幼儿从一组事物中寻找一个或者几个不同的，这也是一种分类。
- 类比推理法：让幼儿根据图形或数字的排列规律，填上适当的图形或数字。
- 找关系法：让幼儿按要求找出事物之间的关系，进行镶嵌拼图游戏。
- 解决问题法：经常向幼儿提出各种问题，让幼儿回答可能的解决办法。
- 找错误法：让幼儿寻找图片上的错误，如三条腿的桌子、长尾巴的兔子等。
- 下定义法：要求幼儿用自己的话来描述一类事物，例如问孩子什么是水果、什么是电视。

这些方法具体而实用，教师和家长可以根据自己的情况，选择适当的方法训练和培养幼儿的思维能力。然而，这些方法的使用有一个重要的前提，就是应当在游戏的情境中进行。教师和家长切忌贪图一味地超前，孩子的思维发展是个渐进的过程。揠苗助长，过度超前进行思维训练，有可能影响孩子一生的学习兴趣，影响孩子今后的人生发展。当然，天才儿童除外，不过，他们毕竟是少数。

6. 好爸爸、坏妈妈——谈幼儿理解的两极化

玲玲今年 4 岁，是个聪明活泼的小女孩。平时经常有阿姨逗她玩儿，问她：“你觉得爸爸好，还是妈妈好？”玲玲想了一会儿，说：“爸爸好。”“为什么呀？”“因为妈妈老让我吃青菜，爸爸总给我巧克力吃。”玲玲妈妈听到后真是哭笑不得：“这孩子，怎么能这么说呢？就因为让她多吃青菜补充营养，我反倒不好了。”

这是幼儿期儿童思维的又一特点——理解的两极化，即他们对事物的理解常常是固定的、极端的或者是绝对的，不能理解事物的中间状态和相对状态。

所以，在他们的世界里，人只有两种——要么是好人，要么是坏人，而且好人总是多于坏人。针对上述问题，我们应该怎样教育幼儿呢？

（1）要帮助幼儿认识事物两极中间的中间状态。

教师和家长通过提问引导孩子进行发散思维，不失为有效的解决方法。比如，给孩子讲匹诺曹的故事。匹诺曹开始的时候总喜欢说谎，我们说他是坏孩子；后来匹诺曹不再说谎了，成了诚实的好孩子。那么匹诺曹到底是好孩子还是坏孩子？你是不是好孩子？那么你没犯过错吗？爸爸是好人还是坏人？可是爸爸也犯过错呀？让孩子对故事人物、对自己、对他人进行评价，然后进行对比，最后让他慢慢明白大部分人既不是绝对意义上的坏人，也不是绝对意义上的好人，对人对事的判断、推理和评价要全面、客观、公正。

（2）要帮助幼儿逐步去除自我中心。

假装游戏和表演游戏都是可利用的形式。在假装游戏中，幼儿通常会将一种事物假想为另一种事物。比如，幼儿将枕头假想为宝宝，但是当喊她吃饭的时候，她会把“宝宝”往地上一扔就跑了。这时候就要提醒她，应该把“宝宝”轻拿轻放。同样，在表演游戏中，要让幼儿经常变换角色，让他们学会换位思考。让扮演医生的明白“病人”的痛苦，让“病人”明白“医生”的辛苦；让“让座的小朋友”明白“老人”乘车的不便，让“老人”明白“让座的小朋友”是多么热心和善良。要达到这样的效果，自然对游戏的质量和真实度的要求会很高，所以教师和家长应当尽量为孩子创设这样的环境。当然，必要的说明和讲解也十分重要。

7. “带软管的睡衣”——谈幼儿夸张的创造想象

幼儿园生活课上，老师在给幼儿讲解睡衣的用途。老师问小朋友们：“你们觉得什么样的睡衣最好呢？”有的小朋友说喜欢带绒毛的睡衣，穿起来暖暖的。还有的小朋友说喜欢有怪兽的睡衣，晚上和怪兽一起睡是勇敢的表现。轮到小飞说了，他说：“我觉得‘带软管的睡衣’是最好的。”老师和其他小朋友都觉得很奇怪，就问他为什么。小飞说：“只要把软管的另一头接到厕所，我晚上就不用起来上厕所了，也不用叫醒妈妈，更不会尿床了，多好呀！”小飞真是个奇怪的孩子！

创造想象是指对已有事物的形象进行重新组合、加工、创造而在头脑中产生某一事物的新形象。在幼儿期，儿童的头脑中创造的新形象多与现实脱节，具有夸张的特点，因此被称为夸张的创造想象。儿童的创造活动能够使其得到巨大的快乐和满足，从而使他们对个人或社会的良好自我调节能力得以增强，给其性格的发展带来积极的影响。教师和家长应该怎样合理地培养幼儿的想象力和创造力呢?

（1）拓展幼儿的知识，开阔他们的视野，丰富他们的记忆表象，使其储备更多的原型以备创造。

平时教师和家长还要注意训练幼儿的发散思维，让他们学会转换视角，选择非常规思路，或将过去的经验应用于当前的情境，等等，从而保证幼儿的创造想象朝着合理性和现实性的方向发展。

（2）采用游戏的方式。

不同的游戏活动反映了幼儿创造力的不同水平。教师和家长应当鼓励幼儿多参加一些假装游戏、表演游戏，让他们在假装过程中获得更多的假想机会，促进其创造想象的发展，进而也发展了其创造力。

（3）合理引导幼儿将想象转化为现实。

尽管受到各种条件的制约，幼儿的创造力多表现为一些创造想象活动，但是教师和家长不能因此让幼儿的创造仅仅停留在想象的水平，而应当鼓励他们在适当的条件下将这些想象付诸行动。可以将幼儿的创造作品进行展览，对有价值和有意义的创造进行必要的奖励。

8. “孩子的脸，六月的天”——谈幼儿的情绪调节方法

有的孩子受到挫折时，常常会大发脾气、大声哭闹，经过较长时间后才能平息下来。也有的孩子上一秒还是哈哈大笑，一旦其某些愿望得不到满足，下一秒又喊又叫，倒地打滚，直到他的愿望得到满足之后才会平息下来。真所谓“孩子的脸，六月的天”。

情绪能力指个体准确有效地加工情绪信息的能力，它具有建立、维持和改变个体与外界关系的功能，对幼儿的社会性发展起着非常重要的作用。然而，有的教师和家长面对幼儿多变的情绪经常感到束手无策。那么教师和家长该怎样培养幼儿的情绪能力，教他们学会调节自己的情绪呢?

（1）教师和家长在日常生活中要善于调节自己的情绪，保持情绪的稳定性。

（2）教师和家长要在情绪处理方面为幼儿树立良好的榜样。

良好的师幼关系和亲子关系有益于幼儿积极情绪的建立和发展。家长和孩子每天早上起床后给彼此一个大大的拥抱，经常互相表扬、彼此赞美等，都有助于孩子建立和维持积极的情绪。教师和家长在孩子面前还要注意做好情绪处理的榜样，不要动辄发脾气、训斥孩子。

（3）教师和家长要根据幼儿不同的气质类型特点对其进行情绪教育。

例如：对于比较活泼、容易激动的幼儿，教师和家长不要过分要求他抑制自己的情绪，而应该教会他如何适当地发泄情绪。而对于比较内向、敏感的幼儿，教师和家长不要逼迫他“勇敢起来”，可以通过绘画、唱跳等形式积极带动他的情绪。

推荐一种情绪调节和平静心绪的小方法——蝴蝶震动法。把手放到脸面前，做成一个蝴蝶的模样，把所有的注意力集中到手指上，手指扇动就是蝴蝶的翅膀在扇动，也就是事情在发展，当有各种念头时，念头的来去就是蝴蝶的翅膀在扇动。

总之，教师和家长应该注重对幼儿的教育和沟通方式，并结合幼儿自身的气质特点进行有针对性的教育，帮助幼儿科学地认识不同的情绪，积极地与自己的情绪和谐相处，健康快乐地成长（王薇薇，王依宁，刘文，2020）。

心理学小常识

执行功能（Executive Function）是指个体运用思考技巧来达成目标，发展一套问题解决方法，并监控、调整自己行为的能力。我们可以简单地将其理解为一种“解决问题的能力”。其发展水平与幼儿的阅读计算能力、社会适应情况以及其学业和未来事业成就的发展都是息息相关的，因此在日常生活中要注重幼儿执行功能的培养。一项 2019 年的研究发现，正念训练能够很好地提升幼儿的注意力和执行功能。下面具体介绍正念训练提升幼儿执行功能的方法。

正念练习实例 1：腹式呼吸训练，借助于道具（小风车），引导幼儿把注意力集中在呼吸上，通过身体部位（肚子）的鼓起和扁下去感受正念呼吸，观察小风车随着呼吸的转动。

“把左手放在肚子上，然后用鼻子使劲吸一口气，这个时候小肚子鼓了起来（让小朋友来摸摸培训师的肚子），然后用小嘴巴将肚子里的气体呼出来，这个时候我的肚子又扁下去了，风车转起来了（让小朋友来摸摸培训师的肚子）。”

正念练习实例 2：借助于“橘子”，结合“嗅觉、触觉、视觉”对幼儿进行正念训练。首先，给幼儿一个橘子让其认真观察手中的橘子（培训师提示：你能看到什么颜色？你的橘子是什么形状的？在橘子皮上还有些什么东西？）。接着，让幼儿闭上眼睛，跟着成人的引导去调整自己的呼吸，去感受橘子在手里的感觉、橘子在鼻间的味道、橘子在眼前的模样等。

正念训练是指个体将注意力集中于当下体验的一种心理干预方法，科学研究证实，它可以有效地促进幼儿注意力、执行功能、情绪调节能力等的发展。经过 12 次正念训练后，3—4 岁幼儿的执行功能有了显著提升，主要体现在抑制控制和认知灵活性两个亚能力上。

（李泉，宋亚男，廉彬，冯廷勇，2019）

第六章　幼儿情绪发展与培养

研究表明，动物也是有情绪的。在刚果，一只由人饲养大的黑猩猩不愿被送到动物园，便把满腔愤怒发泄到同圈的猩猩身上，它会向游人讨来香烟，然后追着烫其他的猩猩。当两只爱斯基摩狗玛丽亚和米莎被分开后，玛丽亚天天翘首企盼着米莎回来，等到最终意识到米莎再也回不来后，它便变得无精打采、垂头丧气、暴躁易怒。大鼻子海豚误伤了饲养员的手，觉得羞恼不堪，躲到水池底下不肯出来，饲养员最后不得不把它骗出来。

情绪因动物而异。研究还表明：鹦鹉脾气暴躁，会无缘无故地生气；鹅、天鹅和鸭子对伴侣的忠诚是天下闻名的；大象似乎特别容易被同伴的死打动，对同伴的骨头表现出特别的兴趣，但对其他动物的骨头却毫无兴趣。通过研究动物以及人类情绪的进化过程，我们得知情绪在儿童发育成快乐、成功的成年人的过程中起着特定的作用。我们也知道，儿童的情绪发育也可能偏离正常轨道，出现许多个人和社会问题。理论家一致认为，基础情绪有许多内容，包括爱、恨、恐惧、悲哀、内疚等，并由此衍生出其他所有情绪并上升到情感，就像三种基础颜色能调配出无数色彩一样。我们人类具有形形色色的情感，而且并不是情绪本身使我们有别于动物，而是认识和思考能力使我们具有了高级情感，从而有别于动物。

巴豆刚刚 5 岁，父母正为离婚闹得不可开交。父亲坚持每个周末都要巴豆到自己的新家来看自己，而平时巴豆和母亲住在一起。每次两个小时的旅程中，巴豆都是一言不发，到了哪个家都要马上上床睡觉。老师说他在幼儿园里几乎不和别人讲话。当心理治疗师问他："你对每个周末去看爸爸是怎么想的？""我不知道。"巴豆回答道。"你去看爸爸快乐吗？"心理治疗师换了一种问法。"我不知道。"巴豆机械地回答，声音低得几乎让人听不见。"妈妈怎么样？你和妈妈在一起快乐吗？"心理治疗师又问道。"我不知道。"巴豆还是那句话，他的神情也确实证实了他不知道。

在这个案例中，巴豆不能用语言把自己的情绪表达出来，而幼儿表达自己的情绪是满足其最基本的需要的关键因素。比如，3 岁的幼儿想吃东西，可父母却在那里聊天，那么他可能会大发脾气，因为这是他认为满足自己需要的最快方式。然而，5 岁的幼儿就能够用语言表达自己饿了。到了 10 岁，儿童就更有能力表达自己的情绪需求和感受了。

情绪是个体心理体验的一个重要组成部分，具有建立、维持和改变个体与外界关系的功能。情绪的这种功能被广泛认为是一种能力，即情绪能力。大量研究表明，情绪能力是幼儿发展任务的中心，它直接影响到幼儿的心理健康。

第一节　幼儿情绪的发展

关于幼儿情绪是如何发生和发展的，让我们一起来看看一些著名的心理学家的观点。

一、理性抑或非理性：情绪发展理论

（一）学习理论

美国心理学家约翰·华生（John B. Watson，1878—1958）运用条件反射理论所做的婴儿害怕实验，为心理发展的行为决定论做了最有力的说明。

男孩阿尔伯特 11 个月时与小白鼠玩了 3 天，后来，当阿尔伯特开始伸手去触摸白鼠时，脑后突然响起了钢条的敲击声。阿尔伯特受到了惊吓，但没有哭。第二次，当他的手刚触摸到白鼠时，钢条又被敲响。他猛然跳起，向前摔倒，开始哭泣。如此反复多次，以后当白鼠单独出现时，阿尔伯特就会表现出极度恐惧，转过身去，躲避白鼠。在这个实验里，白鼠成为剧烈声响的替代刺激，引发了阿尔伯特的条件反射。

华生据此解释说，任何行为（包括情绪），不论是积极的还是消极的，都可以通过条件反射习得。他进而说明，阿尔伯特起初形成的条件反射作用是对白鼠的恐惧，以后则泛化到对多种皮毛动物，甚至对毛皮上衣和圣诞老人的胡子也产生恐惧。华生提示，许多成年人对自己的厌恶情绪、恐惧症、畏惧和焦虑，他们本人做不出什么合理的解释，很可能也是由多年前某一条件作用过程引起的。这样的实验本身是有违道德的，但不可否认，它为行为的习得与消除提供了事实依据。

以行为主义代表人物华生为首的学习理论家认为，情绪的产生是在以下条件下和学习中发生的。

- 某些无条件刺激能引起情绪反应而无须任何学习。通过这些无条件刺激引起的情绪反应无疑是先天的，诸如害怕、愤怒和爱。
- 大多数情绪反应是通过经典条件作用而产生的，正如上面的例子。
- 以斯金纳为代表的学习理论家，形成了操作条件作用的概念并做了相关实验之后，许多学者运用建立操作条件联系来引发情绪的做法也获得了成功。例如，主试和婴儿一起游戏并等待婴儿微笑，当婴儿微笑时，主试就以微笑的面部表情回应他、拥抱他、和他说话。所有这些行为对婴儿的愉快反应起到了强化作用。而且，持续的训练也使婴儿微笑的次数增加了。
- 以班杜拉为代表的社会学习理论家则用观察学习来解释儿童的情绪发展。观察学习是指通过观看他人对情境刺激的反应，从而使自身获得相应的知识、行为或情绪反应的过程。例如，当幼儿接近危险时，成人用自己的痛苦表情教会他们避免危险。

（二）精神分析理论

精神分析理论的代表性观点主要有以下几种。

（1）以奥地利心理学家弗洛伊德为代表的经典的精神分析理论学派认为，婴儿和父母的关系是婴儿的情绪和社会性发展的基础。

母婴关系建立得越好，婴儿自我发展得就越早。自我发展意味着个体对知觉、思维、情绪、行为的组织和支配作用。母亲对儿童早期的养育过程随时制约着儿童内驱力的提高和下降。如：饥饿时，儿童产生不愉快的情绪；吃饱时，儿童则产生平静或愉快的情绪。因此，母亲同婴儿的感情生活是内在地紧密结合在一起的。母婴关系在儿童的情绪发展中起着十分特殊的作用，特别是早期母爱的剥夺有可能造成儿童情绪发展的创伤性后果。

（2）以美国发展心理学家和精神分析学家埃里克·埃里克森（Erik H. Erikson，1902—1994）为代表的新精神分析学派保留了一个假设，即早期母婴关系有特殊性质。

这种特殊性质对婴儿来说是必需的。母亲对婴儿富有感情的照料不是喂食和大小便的生物学功能这样简单，而是婴儿建立起对他人信任的关键。如果没有得到养育满足，婴儿可能缺乏对别人的基本信任，而到了幼儿期，才能逐渐获得自主感。如果没有获得自主感，幼儿就会对自己的独立能力产生羞耻感和怀疑感。

（3）以美国精神分析学家斯皮茨（R. A. Spitz，1887—1974）为代表的精神分析理论学家认为，情绪在自我发展和超我发展中起着重要作用。

情绪帮助儿童组织自己的行为和调节情绪本身。例如，与母亲分离的焦虑情绪可帮助儿童知道他对母亲的消失无法阻止，而后来克服焦虑所产生的期待则帮助他服从和忍耐。

学习理论和精神分析理论都强调婴儿期的喂食在儿童情绪和社会性发展中的作用，认为照料者总是与满足儿童的食物需要相联系，减少了儿童饥饿这一基本的生物内驱力，从而使照料者获得了二级强化，或者儿童将生物能量集中在照料者身上。这两种理论观点给我们一个强烈的印象：谁给婴儿喂奶，婴儿就依恋谁。这岂不是“有奶便是娘”吗？而事实又是怎样的呢？

哈洛和同事齐默尔曼（Harlow & Zimmerman，1959）所做的实验对此给予了有力的反驳。

他们将刚出生的婴猴放在隔离的笼子里养育，用两个假母猴代替真母猴。其中一个是金属丝做的“金属母猴”，婴猴可以从这个母亲胸前隆起的橡皮奶头吃奶；另一个是用绒布做的“绒布母猴”，婴猴吃不到奶。如果按照学习理论和精神分析的预测，婴猴应该与金属母猴在一起，因为绒布母猴不能提供食物。而事实上，婴猴只有在饥饿时才会到金属母猴那里去，其他时间则与绒布母猴待在一起，甚至黏在绒布母猴的身上，在受到诸如蜘蛛等威胁时，它会跑到绒布母猴身边，抱住绒布母猴，似乎绒布母猴能给它更多的安全感。

（三）认知理论

认知理论家认为情绪是认知过程的产物，情绪发展是认知发展和新知识掌握的结果，真正的情绪依赖于认知的成熟。随着新的认知机能的发展，情绪状态的刺激类型系统地从外部向内部变化，个体体验的情绪在量上与以前有很大的区别。婴儿早期不能区分各种情绪，是因为他没有语言能力，不能解释和命名有差别的情绪。婴儿能够体验感觉的变化，但通常只表现为一般的兴奋状态。随着认知能力的增长，儿童特定的情绪状态就会出现。

凯根（J.Kagan）等人认为，影响婴儿情绪的不是客观的感觉输入，而是个人的解释。凯根将微笑发生描述成一个倒“U”模式，认为当一个新的图式建立时，婴儿并不发生反应，而是静止地对待。当婴儿理解了这一对象，并且对这个刺激物感到一定的新异性时，微笑就被诱发出来了；而当刺激不再新鲜时，微笑的出现率则下降。同样，倒“U”模式也可以用来解释兴趣。当刺激物与内部图式一致或完全不一致时，不会引起婴儿的兴趣，而当二者的不一致是中等程度时，婴儿就会出现最显著的兴趣（Kagan，Reznick，& Gibbons，1989）。

（四）生态学理论

生态学理论强调情绪交流的作用和生物成熟及学习对情绪发展的作用。情绪交流之所以对情绪发展有重要作用，是因为情绪的外部表情是其内部状态的某种表现。婴儿的各种情绪表情都代表着他的某种信息向外部传递。例如，哭被理解为有些情况对婴儿来说不适宜从而必须改变的信号，可能代表着婴儿的饥饿、疼痛或愤怒。分离反抗是婴儿对母亲应当回到他身边的表示，陌生人焦虑被看作为了引起父母保护所做出的尝试。笑的信号与哭的信号相反，它代表正在作用于婴儿的刺激应当保持。

生态学理论更强调情绪的后果和适应作用，而不是产生的原因。此外，生态学理论倾向于把动物与人类相比，用印刻或关键期解释人类行为，认为如果母亲不能在婴儿出生后很快地同婴儿建立依恋关系，就有失去建立依恋可能的危险。

以上这些经典的情绪理论都为我们提供了情绪产生的实证研究的有力证据。下面来看看幼儿期情绪的主要特点。

二、情不自禁：幼儿情绪发展的特点

（一）幼儿基本情绪的发展

1. 快乐

快乐是人类最早体验到的基本情绪之一。幼儿能感受到快乐，不是通过成人的教育学会的，也不是通过模仿他人学会的。幼儿通过游戏感受到快乐，从自己的活动及其活动成果中体验到真正的愉快，从这种愉快中得到的是对人、对社会的信赖和信心。

快乐对幼儿的生活有着重大的意义。首先，快乐的笑容是最有效的社会刺激，是人际关系的一条纽带。幼儿的微笑给成人带来了快乐，也给自己增加了生存的机会。其次，快乐和成就感直接联系。幼儿在游戏和学习中获得的成就喜悦是其动机力量。最后，快乐使幼儿感到轻松自如，有益于其身体健康。幼儿经常在成功中得到快乐，有助于其形成乐观、开朗的性格。

2. 痛苦

痛苦是最普遍的消极情绪。持续的超强刺激诸如大声、冷、热、噪声、失望、失败和丢失，等等，都能引起幼儿的痛苦情绪。例如，哭是幼儿痛苦和悲伤的表现，随着其自我控制能力的发展，哭的现象会减少。分离是最基本的和普遍引起痛苦的原因。与家庭和亲人分离是最常见的分离。分离使幼儿不能与亲人交往和表达自己的感受，得不到亲人的同情，有被抛弃的感觉，从而引起痛苦的情绪体验。如果幼儿经常体验这种情绪，不仅会影响幼儿的身体发育，也会影响幼儿的心理健康。但是痛苦也有一定的适应价值，它表明幼儿处于不良状态，能引起别人的同情和帮助。痛苦还能激起幼儿减轻痛苦、改善自己处境的愿望。

3. 惧怕

惧怕是因受到威胁而产生并伴随着逃避愿望的情绪。幼儿惧怕时，对发生的威胁表现出高度的警觉。凡是能引起危险的威胁都能引起幼儿的惧怕。美国心理学家格塞尔（Arnold Lucius Gesell，1880—1961）的研究表明，惧怕随着年龄的增长而发生如下的变化（孟昭兰，阎军，孟宪东，1985）。

- 1 岁时，婴儿对突然发生的巨响、陌生事物或妈妈离去感到惧怕。
- 2 岁时，幼儿的惧怕增强了。特别是听到的某些声音（如噪声、雷鸣声、某些动物的吼叫声等）和看到的某些事物（如高楼、汽车驶近时的情景、黑暗等）使幼儿惧怕。
- 3 岁后，幼儿看到的可怕的事物逐渐增多。如生人和老人的面孔，黑暗、动物都会使幼儿惧怕。夜里父母外出，也会使幼儿惧怕。
- 4 岁后，幼儿除了对 3 岁惧怕的事物继续害怕外，对听觉事物的惧怕又开始增加，特别是对警报声感到惧怕。
- 5 岁后，幼儿已不大害怕动物，但惧怕受伤或跌倒，对黑暗仍是惧怕，特别是惧怕雷电交加的雨夜、警报声等。
- 6 岁左右，幼儿的惧怕心理增强了。声音、黑暗、孤独都使幼儿特别惧怕。由于想象力的发展，幼儿开始惧怕妖怪等。这一年龄阶段的幼儿特别害怕父母离异、怕受虐待等。

从进化论来看，惧怕可以作为警戒信号，有助于人逃避危险。但是惧怕对幼儿是伤害性的，具有压抑作用。

4. 愤怒

愤怒是愿望不能实现或为达到目的而采取的行动受挫时引起的一种紧张且不愉快的情绪体验。幼儿在强烈的愿望受到限制或者身体活动受到限制时会产生愤怒，长时期持续的痛苦也会引起愤怒。强烈的愤怒会引起攻击性行为、导致破坏，也会瓦解认知和智力活动。愤怒在人的成长过程中出现较早。婴儿出生不久就有愤怒的表现。例如，婴儿的活动受阻时，就可以唤起愤怒情绪。最早的愤怒情绪的表现形式有哭、手舞足蹈等。随着年龄增长，愿望得不到满足或与同伴争吵时，幼儿也常产生愤怒情绪。幼儿愤怒时的表情和动作变化如表6–1所示（高月梅，张泓，2005）。

表6–1　愤怒时幼儿表情和动作的发展变化

发怒时的表情和动作	3岁	6岁	增减
发怒时乱踢脚	77.6%	52%	减
发怒时倒在床上或地上乱滚	51.2%	29.2%	减
发怒时乱哭乱叫	90%	71.7%	减
发怒时粗暴地对待周围的人	60.5%	51.4%	减
发怒时一声不响地忍耐着	41.5%	52.9%	增
发怒时听到骂自己，也一声不响地忍耐着	37.5%	51%	增

（二）幼儿兴趣的发展

兴趣是一种基本情绪状态，而且处于动机的最深水平，它可以驱使人去行动。幼儿从出生起，兴趣就以机体的功能表现出来。除睡觉和身体不适外，幼儿的看、听、发出声音和动作都是由兴趣这种基本情绪所激起和指引的。兴趣还支配着感觉和运动之间的协调和运动技能的发展。研究表明，缺乏兴趣这种情绪的幼儿可能会产生严重的智力迟钝或冷漠无情。随着幼儿需要的不断发展，作为其基本情绪的兴趣也在不断变化发展。

研究表明，3岁、4岁、5岁幼儿的游戏兴趣有显著不同。

- 3岁幼儿喜欢戏剧性游戏，常扮演成他们最亲近的家庭成员。女孩通过烹调、扫除、照顾别人来扮演妈妈，男孩通过想象中爸爸的行为来装扮电视中的一些人物，并且不断改变角色。3岁幼儿喜欢收集对他们有吸引力的东西，他们主要收集书籍、图片和玩具等。
- 4岁幼儿游戏的想象更丰富，更多地反映出其攻击性行为，他们特别喜欢扮演坏蛋角色和怪兽。这时候的幼儿喜欢藏东西，他们常把玩具、积木、工具埋到沙土里。
- 5岁幼儿的游戏产生了规则，他们非常担心由规则引起的游戏停止；愿意扮演家庭气息较浓的角色，如新郎、新娘等。

研究表明，幼儿的兴趣发展一般经历了三个阶段（杨丽珠，刘文，2006）。

1. 有趣阶段

幼儿被物体外在的新异形象或新颖对象吸引产生持久注意，发生直接兴趣。如颜色艳丽、造型奇特的物体，有韵律的、悠扬的音乐或突然发生的奇异变化等易于引起幼儿的兴趣。该阶段幼儿的兴趣具有易变性、肤浅性等特点。如幼儿正在玩一个色彩非常艳丽的皮球，当一个新的玩具出现在眼前时，他会把兴趣转移到新的玩具上。

2. 乐趣阶段

乐趣阶段是在有趣阶段的基础上发展形成的，是对某一事物或活动产生的特殊爱好。随着幼儿生理的发展，尤其是其大脑神经系统功能的完善，幼儿的心理也随之不断发展。因此，乐趣阶段的兴趣具有定向和维持时间较长的特点。

3. 志趣阶段

这是幼儿兴趣发展的较高级阶段。它与理想和未来目标联系起来，甚至终生不变。

总之，幼儿的兴趣是从生理兴趣发展到精神兴趣，由直接兴趣发展到间接兴趣，是一个由低级向高级、由肤浅到深刻、由狭窄到广泛的渐进过程。幼儿由于受素质、教育和生活经验的影响，其兴趣表现出年龄差异和个别差异。有人调查发现，不同年龄幼儿对玩具的兴趣不同。3—4 岁幼儿喜欢外表漂亮、结构固定、可操作性差的玩具。5—6 岁幼儿喜欢可操作性强的玩具。兴趣的个别差异更明显，如有的幼儿喜欢绘画，有的幼儿喜欢唱歌、跳舞。

（三）幼儿情绪理解的发展

表征另一个人的情绪状态，识别和区分不同的情绪体验（Dunfield，2014），准确感知和理解情绪的能力被称为情绪理解能力（Castro，Cooke，& Halberstadt，et al.，2018）。幼儿期儿童对别人情绪的认知和理解能力有了很大的发展。3 岁是获得情绪理解能力的一个关键期，4 岁幼儿已基本获得了该能力。幼儿对积极情绪的理解能力要高于对消极情绪的理解能力（姚端维，陈英和，赵延芹，2004）。具体而言，尽管儿童从 3 个月大左右就能够辨别情绪状态（Grossmann，2010），但直到 3 岁开始，儿童才能够明确识别他人的具体情绪。3 岁时，儿童能够对可能带来快乐的情况做出准确的预测；然而，只有到了 4 岁或 5 岁时，儿童才能够预测愤怒、恐惧或惊讶等情绪（Widen & Russell，2003）。4—5 岁的幼儿已能认识到情绪与信念、期望之间的关系，具体表现为许多幼儿已能正确地判断许多基本情绪反应产生的原因，例如：我高兴是因为妈妈给我买了新玩具；聪聪哭了，是因为他摔倒了，等等。由于言语的发展，幼儿学会了更多的表达情绪情感的词语，并经常用这些词语描述自己和他人的情绪体验。总之，幼儿开始能解释、预测和影响别人的情绪，这使自己能和小伙伴、成人积极交往，友好相处。

（四）幼儿情绪表达的发展

幼儿的情绪表达不再仅仅停留在生理需要的水准上。研究表明，幼儿的情绪表达规则具有年龄和性别的差异（侯瑞鹤，俞国良，林崇德，2004）。在幼儿的情绪表达中，更多渗透着环境、社会和他人的影响。幼儿的正负面情绪表达与游戏过程紧密相关而与结果无关；害羞的情绪表达虽然产生于快乐、厌恶、愤怒等情绪之后，但在未满周岁的婴儿身上已经看到了这种情绪的表现。幼儿在公开场合下表现出的害羞情绪，比在私下场合所表现出来的要强烈。幼儿表达自己的情绪时，不仅受到文化和社会的要求影响，而且更多的是受到母亲的表情影响。另外，男孩倾向于掩饰痛苦的情绪，而女孩更可能掩饰愤怒的情绪。女孩更有可能自我宣泄情绪，或直接表现某些情绪以寻求他人的支持和帮助，而男孩则较少寻求情感支持和帮助；因为社会对男女角色的期望不同，从而导致他们表现不同的情绪时，动机水平有性别差异。总之，幼儿的情绪表达已不是一个单纯的个体情绪反应，而是文化、社会和重要他人等因素的综合反映。

情绪表达小贴士

儿童的情绪表达从游戏开始

识别情绪是情绪管理的开始。识别情绪，可以提高孩子自我疏导与管理各种情绪的能力，帮助孩子在成长的过程中逐步学会在合适的地点、合适的时间表达合适的情绪，也可以帮助孩子在与人交往中注意到对方的情绪变化，并给予及时的反馈。

以下是一个帮助孩子表达情绪的小妙招。

游戏准备：便条纸、两个筒子、数颗球。

游戏步骤：

（1）当孩子开心时，让他把开心的事情画出来或者说给家长听，由家长写下来，贴在球上，投入开心的筒子里。当孩子不开心时，让他把不开心的事情画出来或者说给家长听，由家长写下来，贴在球上，投入不开心的筒子里。

（2）根据孩子的情绪表达，和孩子讨论。比如，如果孩子往开心筒子里投了一个球，妈妈可以说："看来你今天遇到了开心的事情，可以和妈妈分享吗？"如果孩子往不开心筒子里投了一个球，则问："你今天为什么不开心呢？可以和妈妈说一说吗？我们一起想办法。"

（3）当孩子说出自己不开心的事情时，家长要帮孩子寻找解决办法，帮助其排解不良情绪。

（http://www.360doc.com/content/17/0116/22/21402143_622926487.shtml）

（五）幼儿情绪调节能力的发展

情绪调节能力包含两层意思：一是指根据场合，个体对情绪的表达方式、情绪反应的状态进行调整和控制；二是指对内在的情绪发生过程、表现在外的行为方式以及同社会的相互作用这三者进行调整和控制。

婴儿情绪的冲动性与易感性非常强，他们的情绪变化快，常常破涕为笑，不善于调节自己的情绪，情境性强。同时，他们的情绪易受到他人的感染。幼儿初期仍带有这些特点。由于言语的发展，3—4 岁的幼儿已能用口语表达的方式使用各种策略来调控自己的情绪，使自己感到舒服。如摔倒了，就自己对自己说"我是勇敢的孩子，我不哭"等。幼儿情绪的自我调节能力增强，主要表现在幼儿的情绪状态可以保持一定的时间，稳定性增强，冲动性减少，同时也表现出不容易受他人的感染。

幼儿通常在 2.5—3 岁入幼儿园，幼儿刚入园时所表现出来的痛苦，即与亲人暂时分离而产生的分离焦虑。教师和家长要帮助幼儿主动调节情绪，增加安全感。

庄严等对幼儿进行了长达 10 年的跨文化研究，发现了情绪调控的文化差异（庄严，许锐营，1996）。研究设定了使 5 岁幼儿受挫的场面：当幼儿玩兴正浓时，突然来了一个陌生人把幼儿手中的玩具全部拿走，以此来观察幼儿的情绪调控能力。结果发现，日本幼儿在受挫后，大部分都能马上调整好情绪，甚至帮助陌生人一起收拾玩具。而韩国幼儿所表现出的愤怒和悲哀的情绪要持续很长一段时间。

由此可见，幼儿的情绪调控，虽然有系统化过程这样一个共性的东西，但是又有在不同的文化背景中积淀而成的特殊性。

（六）幼儿人际情绪调节能力的发展

人际情绪调节是个体改变和影响他人情感体验的过程（Zaki & Williams，2013），强调社会成分对个体直接或间接管理情绪的重要影响。人是社会性的，人们会与他人一起体验、表达和调节情绪（Coan & Maresh，2013）。高效的人际情绪调节能够促进个体的情感表达能力以及社会交往能力（Williams，Morelli，& Ong，et al.，2018）。人际情绪调节主要是随着个体情绪的发展而逐渐发展起来的。情绪调节只能在情绪识别和情绪理解发生后才会发生，因为人们在试图改变这种情绪反应之前需要了解自己和他人的感受（Izard，& Fine，et al.，2001）。

人际情绪调节策略使用的潜在年龄差异也可能是由于社会认知能力的发展变化所致。同时，不同年龄的个体可能会倾向于使用不同类型的人际情绪调节策略。在儿童早期（2—7 岁），个体会倾向于使用身体安慰来改善他人的情绪（例如拥抱），他们还能够提供令人安慰的物品（如泰迪熊），并寻求成年人提供援助；从儿童中期到青少年期（8—14 岁），他们似乎使用更多的认知策略，如提供建议或通过语言表达安慰等，以及更具表现力的行为，如微笑等（López-Pérez & Pacella，2019）。他们最常用的同伴安慰策略包括同情（表示同情和理解）、建议（建议针对问题采取的行动）、乐观（表示放心或预测积极的结果）、陪伴（提供共享活动），解释（解释痛苦事件，包括证实痛苦的另一方所提供的解释或借口），以及最小化（将问题或感觉视为无关紧要）。这些年龄段的儿童也可能试图分散他们为之感到苦恼的同龄人的注意力（改变话题或以其他方式转移对问题的注意力）（Rose & Asher，2004）。

根据人际情绪调节策略的分类（Niven，Totterdell，& Holman，2009），有研究发现：年龄较大的儿童（7—8 岁）倾向于使用更多的认知策略，而年龄较小的儿童（3—4 岁）则报告使用更多的注意策略（例如，分心等）（López-Pérez，Wilson，& Dellaria，et al.，2016）。此外，研究集中在表达行为对改变他人感受的影响上，发现年龄较大的儿童比年龄较小的儿童更倾向于使用人际情绪调节策略（Saarni，1992）。由此可见，随着年龄的增长，个体的认知能力不断随之发展，其人际情绪调节能力也不断发展，能够使用更多类型的人际情绪调节策略，并且倾向于使用的策略也逐渐由行为策略转变为认知策略。

关于人际情绪调节中可能存在的性别差异，一些专注于个体内情绪调节能力的研究发现，女孩会比男孩使用更多的调节策略（Nolen-Hoeksema & Aldao，2011）。此外，女孩在寻求社会支持和解决问题方面的得分较高，而男孩在回避方面得分较高（Eschenbeck，Kohlmann，& Lohaus，2007）。从儿童人际情绪调节的现有证据来看，有研究（López-Pérez & Pacella，2019）发现，在描述恐惧的情境中，男孩选择的适应策略显著少于女孩；而其他研究没有观察到人际情绪调节过程中的性别差异（López-Pérez，Wilson，& Dellaria，et al.，2016）。

（七）幼儿情绪伪装能力的发展

情绪伪装是情绪社会化的体现，是指个体出于某种社会性目的，通过表现出不同的表情或表现出中性的表情，以及和真实程度不符的情绪强度等来掩饰内在情绪体验。

幼儿的情绪伪装越来越复杂，不断发展变化。发展情况大致如下（史冰，苏彦捷，2005）。

- 2 岁儿童开始出现情绪的伪装。
- 4 岁时儿童出现刻板的情绪伪装（一般是伪装负性情绪），难以解释自己或理解他人的情绪伪装。
- 六七岁时儿童可以较灵活地伪装情绪，解释自己或理解他人情绪伪装的能力提高，儿童除了伪装负性情绪，同时也会伪装正性情绪。

（八）幼儿道德感的发展

幼儿的道德感在中班时就有了较明显的发展，如在中班，常常可以看到孩子们告状，这是幼儿对别人行为方面的评价的表现，它是基于一定的道德标准之上而产生的。幼儿在对他人的不道德行为表示愤怒或谴责的同时，还对弱者表现出同情心，会表现出相应的安抚行为。幼儿道德感的发展还表现在对自己行为的情感体验方面，最明显的表现就是移情和羞愧感的发展。

1. 移情的发展

移情是一种特殊的观点采择，是指儿童在察觉他人的情绪反应时所体验到的与他人相似的情境反应。幼儿与婴儿不同，其移情作用更多地表现为用言语去安慰别人，并经常伴随着亲社会行为，如主动帮助别人等。幼儿能认识到同伴的痛苦，并做出同情的反应吗？幼儿从几岁开始有了移情的能力？其实所有的孩子天生就具有慈善心和怜悯感。3 岁幼儿已有一定的移情能力，特别是对“快乐”所产生的移情已经确立。移情能力随年龄的增长而发展。幼儿移情能力越强，分享行为越多。正像幼儿学走路时需要机会运用他们的腿一样，成人也需要给幼儿提供机会锻炼他们的仁慈心和爱心，使他们真正学会给予。拥有同情心的人可以说是世界上最富有的人，因此，培养幼儿的同情心也要及早进行。

2. 幼儿羞愧感的发展

道德在某种程度上表现为社会禁令，即个体不要做不符合社会道德规范或个人道德原则的事情，一旦做了就可能产生羞愧感。研究表明，幼儿羞愧感的发展有以下特点（俞国良，辛自强，2004）。

- 儿童只有形成了个人自尊感，理解了自己的各种品质，才能认识到自己的过失或错误，才能从道德角度对自己做出评价，才能理解哪些行为引起了别人消极的评价，并为之感到羞愧。
- 3 岁儿童已经出现萌芽状态的羞愧感，但这种羞愧感还没有从惧怕中分离出来，通常和难为情、胆怯交织在一起。这种羞愧感并不是因为认识到自己的过失而产生的，而是由成人的直接刺激（如责备和生气的口吻）引起的。3 岁儿童的羞愧感全部表露在外部。
- 学前儿童已经不需要成人的刺激，能自己认识到行为不对而感到羞愧，这时的羞愧感与惧怕感已经分离。
- 小班和中班儿童只在成人面前感到羞愧，大班儿童在同伴面前，特别是在本班儿童面前感到羞愧，这说明集体舆论影响着儿童的羞愧感。
- 随着年龄增长，儿童羞愧感的范围在不断扩大，而且越来越社会化，但羞愧感的外部行为表现减少，而内心体验加深。儿童还能记住产生羞愧感的条件，以后遇到类似情境时会努力克制自己不做错事。

可以说，幼儿期是儿童情绪发展的重要时期，因为这个时期儿童的情绪逐渐趋于稳定，开始带有人格化倾向。因此，教师和家长要注意发展幼儿积极的情绪，尽量保持幼儿情绪的健康。我们应注意以下几个方面的问题。

- 不要给孩子造成过重的压力。
- 让幼儿充分活动，与小伙伴交往。
- 允许幼儿适当地宣泄情绪。
- 从同情心和羞愧感入手培养幼儿的道德感。

第二节　幼儿良好情绪的培养

情绪在人的心理活动中的重要作用是其他心理过程所不能代替的，它是人对客观事物态度的体验。良好的情绪是人的精神与身体健康的前提，反之，消极和不愉快的情绪促使人的心理活动失衡，导致神经活动失调，对机体健康会产生十分不利的影响。

一、情有所源：幼儿情绪的测量和评估

几乎所有幼儿园小班的孩子都知道自己紧张时会口干、心跳加快、手心出汗，几乎所有小朋友都知道嫉妒是怎么回事。与孩子们细腻的感受相反，有70% 以上的幼儿教师对小朋友的哭闹知之甚少。一半以上的教师认为孩子哭闹只是不开心的表现。那么教师该如何了解幼儿的情绪发展是否有问题呢？这不仅可以从幼儿的面部表情、身体的表现看出，还可以通过科学的方法来了解。下面介绍几种测量和评估幼儿情绪的方法。

（一）观察法

幼儿教师常常需要观察儿童，但是这种观察与我们日常生活中的观察不同，是有目的、有计划地观察幼儿的情绪和行为，这就是我们所说的科学观察。

教师要做好观察，必须具备以下几个条件。

1. 必须有一定的知识储备

一位幼儿教师组织幼儿进行体育活动——“走平衡木（过小桥）”时，发现明明总是在老师看不见时排到队尾，脸上的表情显示出他忧心忡忡。根据以往的经验，这位教师判断明明对“过小桥”产生了恐惧情绪。于是教师就开始对他进行鼓励，并对他的动作进行了具体指导。过了一个星期，明明终于勇敢地走过了“小桥”。

幼儿教师与幼儿朝夕相处，具有观察幼儿情绪的得天独厚的条件，但如果没有一定的关于幼儿情绪特点的知识，在观察时教师往往会错过发现问题的机会，对许多有价值的“苗头”视而不见。

2. 要有明确的目的和严密的计划

作为普通人，我们的认识能力是有限的，例如，我们往往答不出红绿灯的位置、一元钱的图案等，但是当教师说起自己教过的幼儿，却如数家珍，这说明教师有目的地对自己班上的幼儿进行了观察和记录，写出了教育笔记，因而非常难忘。在日常教学中，教师可以采用表 6–2 对幼儿的情绪进行有目的的观察。

表 6-2　幼儿情绪反应记录表

观察地点 观察对象		观察日期 年龄	性别
行为场景	情绪行为表现	情绪判断	教师
合计			

3. 要有一定的标准

幼儿在情绪方面出现的问题和障碍，大多属于发育过程中特有的现象，它们在一定的发育阶段出现尚属正常，只有当表现得过分或者在不适宜的阶段出现时，才被认为是异常的。

一般来说，判断幼儿情绪的标准如下。

- 情绪表现和年龄相符。
- 情绪与当地的社会文化相适应，并参与社会生活。
- 通过学习能掌握、使用所处社会的语言来表达自己的情绪情感等。
- 在日常生活、学习中能逐步学会情绪自我调节，能懂得奖和罚的意义，并能遵守已有的规则。
- 能逐步学会控制自己的情绪，其情绪表现与环境相一致。

由于幼儿正处于发育之际，年龄较小、尚未成熟，辨别是非的能力不足，情绪的易变性、波动性比较突出，所以随时可能发生一些使成人为难、不易解决的问题。但成人还是要注意不要过于敏感，不要用成人的标准要求幼儿。

（二）主观报告法

主观报告通常用于幼儿教师与幼儿的谈话中，当幼儿表现出抑郁、焦躁等特点时，教师可以和他谈话，问："你以前有过特别高兴的事情吗？是什么事情让你特别高兴？""你以前见过别人特别开心吗？是什么事情让他们特别开心呢？”幼儿表现出悲伤、愤怒、恐惧等其他情绪时也可以照此程序进行。对幼儿的回答进行录音或记录，整理分析记录后可得到幼儿情绪成因的有关情况。

（三）问卷评定法

问卷一般用于成人，例如表 6–3 就是《康纳斯儿童行为教师评定量表》，用于教师对儿童的行为进行评估。表中每个项目以四个等级记分。“0”表示完全没有此种行为表现，“1”表示有一点此方面的行为表现，“2”表示此方面的行为表现比较明显，“3”代表此方面的行为表现非常明显。通过所得分数对儿童的行为是否正常进行评估。

表 6–3　康纳斯儿童行为教师评定量表

	0	1	2	3
1．在座位旁不停地来回走动				
2．发出不该有的声音				
3．有要求时必须马上给予满足				
4．动作冲动（莽撞、冒失）				
5．容易突然发脾气和出现一些不可预测的行为				
6．对批评过分敏感				
7．易分心，集中注意力的时间短				
8．打扰他人				
9．做白日梦				
10．好噘嘴和生气				
11．情绪变化迅速和激烈				
12．好争吵				
13．对权威人士很顺从				
14．不安静，常常“过分忙碌”				
15．易激怒和冲动				
16．要求教师给予极大的注意				
17．明显不受小伙伴的欢迎				

（续表）

	0	1	2	3
18．容易接受同伴的领导				
19．游戏时不能正确对待输赢，只能赢，不能输				
20．明显缺乏领导能力				
21．常常不能做完已经开始的事情				
22．幼稚，不成熟				
23．不承认错误或责怪别人				
24．与同伴相处不好				
25．与同伴不能合作				
26．办事易受挫折				
27．与教师不能合作				
28．学习困难				

这一量表涉及攻击性行为、注意力不集中、焦虑、多动和社会合作性行为五个方面的问题。例如，第 1、5、7、8、10、11、14、15、21、26 项记录与儿童的多动行为有关，得分高则提示幼儿可能有多动症。

只要问卷设计得当，幼儿也可以参与回答问卷中的问题。通过问卷还可以促进幼儿对自己的情绪准确地进行表达。

比如，以下 5 个脸谱（见图 6–1）代表了幼儿不同的情绪，可以让幼儿从中选取来回答问卷中的问题。

图 6–1　不同的脸谱

（四）移情测验

测量幼儿的移情能力常常需要设置一定的情景。一般常用的是费什巴赫（Feshbach）所创设的移情情景测验。该测验运用 8 个系列幻灯片，向幼儿呈现不同的情绪唤起情景。其中有两个幻灯片显示快乐的情绪，两个悲伤的，两个恐惧的，两个生气的。例如，在一个显示快乐情绪的片子中，描绘了一个孩子过生日的场面。在一个悲伤的片子里，一个孩子丢失了心爱的小狗。这个片子中的解说词是：①这是一个小男孩和他的小狗；②看，这只小狗又逃跑了；③这一次，小男孩怎么也找不到那只小狗，也许，它再也不会回来了。

这个测验的方法非常简单。每放完一个幻灯片，就问幼儿："你心里觉得怎么样？"评分方法是记录幼儿所说的情绪体验是否与故事主人公的体验相适应。研究者可用两种评分系统。其一，是狭义移情评分表，即当幼儿自报的具体情绪体验与主人公一致时，得分。其二，是广义移情评分表，即当幼儿自报的情绪与主人公的体验处于同一极时，得分。如，关于小狗的片子，幼儿报告不好或害怕，只是大致与主人公的情绪一致。

除了言语反应外，还可以让幼儿扮演类似的角色，自由地抒发幼儿所理解角色的感受，然后在日常生活中遇到类似的情景时，观察幼儿的行为是否与扮演角色时一致。

（五）故事续讲

故事续讲常常用于研究和测量幼儿的内疚感——一种消极的情感。故事主人公都和班上的幼儿相仿，一般都会做坏事，诸如发脾气、摔东西等。教师在讲完主人公的行为后，就请幼儿去讲一个他认为合理的结局，并且往往是关于主人公情感反应的结局。故事续讲的假设是：幼儿讲述的关于主人公的故事结尾，反映了他本人的感受和相似情景中的行为，即他可能把自己的情感"投射"到故事主人公身上。

（六）教育实验

教育实验是研究幼儿道德情感的有效手段，是用来探讨道德发展的规律或因果关系的方法。如，我国幼儿教育研究者卢乐珍与林凤藻等曾与美国教育家柏特森一起，对我国幼儿的友好行为教育进行合作研究。他们设计了 18 个木偶戏，利用向幼儿演出木偶戏的方式进行教育实验。结果表明，经过教育，幼儿的友好行为大大增加了。

二、情能自禁：幼儿情绪的一般指导

（一）设计幼儿情绪培养的课程

华东师范大学的一个研究小组引进了“比比和朋友”的教育方案。这个情绪课程始于丹麦和立陶宛，现已推广到欧洲、北美洲和亚洲的十多个国家和地区。在这个课程中，幼儿可以通过画画、游戏、扮演故事中的角色等办法，自己寻找解决问题的方法，提升处理情绪问题的能力，而且可以学习应付危机和逆境。例如，自己的亲人、朋友离开人世该怎么面对？心爱的宠物死了又该怎么办？这些问题都是通过课程的展开，幼儿逐渐学会面对的。

幼儿教师还可以自己设计适合本班幼儿的情绪教育活动。下面是情绪教育活动的几个例子。

1. 测量情绪概念的游戏

【适合年龄】5—6 岁。

【活动步骤】

（1）让幼儿围坐在一起。

（2）让幼儿抢答遇到下面的情景时会有什么样的感受（可以用脸谱表示）。

（3）把答案记录下来。

①在马路上看到一只小狗被撞伤了，且没人理它，你会觉得（很可怜）。

②当找不到人玩时，你会觉得（孤单、无聊）。

③当有人把你心爱的玩具弄坏时，你会觉得（生气）。

④当你做错事被惩罚时，你会觉得（难过）。

⑤看到妈妈流泪时，你会觉得（不忍心、难过）。

【教育提示】

（1）5—6 岁的幼儿能够想象处于以上复杂情景时自己的感受。

（2）通过活动，有助于幼儿在认识自己的情绪的基础上，克制一些不好的情绪。

2. 情绪配色游戏

【适合年龄】2—3 岁。

【活动步骤】

（1）准备 7 张小狗图片，分别写上“快乐的狗”“生气的狗”等（见图 6–2）。

图 6-2　不同情绪状态的狗

（2）准备一盒彩色笔。

（3）问幼儿："如果这是一只……的狗，你想要把它涂成什么颜色？"

（4）问幼儿："如果这是一只……的狗，你想给它画上什么样的眼睛？"

（5）让幼儿自由配色。

【教育提示】

（1）通过配色使幼儿对抽象的情绪有更为形象的认识。

（2）对幼儿的配色和画的眼睛不要干预或硬给出标准答案。

3. 拍下幼儿的情绪

目的：在游戏中，幼儿学会了解自己的情绪，自己是如何利用面部表情和身体姿势等非语言来表达自己的情绪的。需要一部照相机、一个活页夹和几张活页纸。

让幼儿用面部表情表达某种特定情绪，如果他觉得有困难，那么就让他想想，什么能使他产生这种情绪，比如疯狂。让幼儿面对镜子，按照你的指令做面部表情，然后拿走镜子，拍下照片。再把照片夹在活页夹里，下面注上产生该情绪的时间和场合。

再让幼儿用体态表达这一情绪，然后拍下来。你也许需要不断地纠正他的姿势，以帮助他了解不同的姿势所代表的不同情绪内涵。也可以请不同年龄班的幼儿参加。活页夹上注明每种情绪是因为什么原因、在什么时候产生的，以及如何对待有问题的情绪，等等。

4. 教会孩子控制情绪

这是一种让幼儿平静下来的游戏。让一个幼儿全神贯注，在规定的时间内把绿棍下的红棍取出来，并且不能触碰其他的棍子。这时别的小朋友可以取笑他，但是不能碰他。这个游戏要求幼儿全神贯注，具备很好的动作协调能力，目的是教孩子学会情绪控制技能。

（二）满足幼儿对积极情绪的体验

幼儿教师要在一日活动中最大限度地满足幼儿对积极情绪的体验，以提高教育工作的效率。当幼儿在活动中得不到教师提供的积极情绪体验时，就会出现分心、坐立不安、调皮、扮鬼脸等情况。

一天，小亮跑到王老师跟前说："老师，我要喝水！"老师抚摩了一下他的头，说："去接水吧。"他高兴地跑到饮水机前，接了一杯水走了。过了一会儿，他又回到老师面前说："老师，我还要喝水！"老师又摸了一下他的头说："去接水吧。"可是不到一刻钟，小亮又跑过来了，说："老师，我又渴了。"然后主动把头往老师的怀里送。王老师恍然大悟，小亮不是要喝水，原来他是希望得到老师的爱抚呀。

当教师发现幼儿有上述举动时，切忌批评幼儿，而要激发他们的积极情绪，让幼儿认同自己的教育内容和方法。在幼儿园里，教师要以关怀、理解、接纳、尊重、支持、平等交流、共同分享的态度与幼儿交往，使每个幼儿有一种被关爱、被接纳的心理感受，让每个幼儿都认为"老师喜欢我"。比如，我们在幼儿园里观察的时候，看到一名小朋友跑到老师跟前说强强打他了，然后大哭起来。这时老师抱起这个小朋友，轻轻拍着安慰他，渐渐地他就不哭了，情绪很快安定下来了。这比立即去批评打人的孩子还重要。

（三）营造愉悦、积极、温馨的教育环境

1. 设定合理的规范

在幼儿的一日生活中，教师应与幼儿共同设定一些规范，逐步培养幼儿明辨是非的能力，进而在活动中用这种能力对自己的情绪表达方式做出价值判断。只有当幼儿能够对自己的情绪做出合理判断时，他才能具有实现情绪调控的可能性。因此，教师应该对幼儿的合理要求尽量满足，而对其不合理要求坚决地拒绝。

2. 为幼儿创造与同伴交往的机会和条件

幼儿通过与同伴交往，不仅愉悦了身心，也学会了在团体活动中适当的情绪表达，尤其是与同伴发生冲突时，不仅能够提高他们对情绪的认知能力，也能够促进他们情绪调控能力的发展。

3. 避免让幼儿接触暴力、武力、色情等方面的影响

幼儿园要绝对禁止给幼儿播放带有暴力、武力和色情内容的电视片，同时也要告诉家长注意这些问题。

4. 幼儿与教师的关系、教师之间的关系、教师与家长的关系要融洽

师幼之间、师师之间、教师与家长之间的感情融洽也会促进幼儿良好的情绪健康发展。

5. 为幼儿提供良好的物质环境

整洁有序的生活环境，宽敞明亮的活动室，整洁干净的卧室，合适的图书资料及玩具，色彩选用暖色调，等等，这些都会使幼儿产生积极的情绪体验。

（四）提高幼儿觉察自身情绪变化的能力

一个人只有能够觉察、分辨自己的情绪，了解情绪的来源，才有可能以适宜的策略调节自己的情绪。教师要帮助幼儿觉察自身情绪的变化，可以从熟悉情绪的用语与解读面部表情、肢体动作开始，如判断不同的情景下的表情、身体姿态，请幼儿说一说这是什么表情动作。教师可设置一些情景，让幼儿想象自己会出现什么样的情绪，如果幼儿不会表达，教师可以制作脸谱来帮助幼儿。

教师还可以引导幼儿猜测情绪。把某一句话读5遍，用录音机录下来。每遍的语气都不一样，表达5种情绪。比如：“我的玩具丢了。”可以表达快乐、伤心、疯狂、害怕和担心5种情绪。孩子猜对1种，得1分。然后让幼儿读一句话，努力学习用不同的语气表达不同的情绪，每次努力成功，得1分。

三、情有独钟：幼儿常见情绪问题的个别指导

幼儿的情绪问题并不少见，是其心理行为问题中的一大类。由于幼儿的情绪发展并不稳定，故多数情绪问题可随年龄的增长而自然缓解。以下论述常见的、需要重点指导的几种负面情绪问题。

（一）利用负面情绪来达到一种目的

1. 幼儿哭闹

幼儿会将负面情绪当成一种手段来迫使大人答应他的要求。典型的表现是：哭闹、呕吐、咬人、赖地、丢东西等。例如，有的幼儿和同伴抢玩具，如果教师没有帮助他，他便大哭大闹。劝说、恐吓、利诱等各种方法教师都用了，还是无效。这种情景相信教师们都不陌生。

怎么办呢？当幼儿哭闹时，教师可以和他玩游戏，即让他用不同的方式说出他想说的话，第一次小声说，第二次大声说，然后快点说。这个游戏能分散他的注意力，过一会儿他可能对惹他哭的那件事就不那么在意了。教师也可以使用暂停法，即当他一开始哭闹时，立刻打断他，冷静地说："你又哭了。我不喜欢听到你哭，请你好好说是怎么回事。"如果他改变了腔调，可以称赞他："不哭多好，我喜欢好好讲话的孩子。"记住，教师一定要控制自己的情绪，切忌说"又哭了""真讨厌""烦死了"等话语。

当幼儿哭闹时，教师一定要坚持原则。不要担心很多人看着你。你可以把他带到安静的地方，即暂时与其他小朋友分离，对他说"老师等着你，等到你不闹了，我们再说话"。这可以有效地帮助幼儿改正不端行为。但是，切忌让幼儿感到被排斥和被侮辱，因为损伤人格的做法更易伤害幼儿。最好是及时发现，将幼儿哭闹的情绪状态控制在萌芽中。

2. 幼儿耍赖

豆豆妈妈到幼儿园去接豆豆，豆豆赖在幼儿园里不肯走，抱怨说："你来接我，为什么不买冰棍呢？为什么，为什么？"豆豆的老师感到很奇怪："豆豆妈妈，你来之前豆豆表现很好，玩得特别高兴。"

豆豆可能是疲劳了，但是真正的原因却是妈妈的出现引发了豆豆的"婴儿自我"。教师可能经常听家长诉说这种现象：孩子在幼儿园里是天使，但是一见到父母就崩溃了。我们每个人都有个婴儿的自我和成熟的自我，父母看到的几乎都是婴儿的自我。当家长向教师寻求帮助时，教师可以告诉家长，当孩子耍赖时，要了解孩子所做的一切都是为了引起家长的重视，孩子会从家长的反应中学到经验和情绪。因此，家长应尽量避免和孩子纠缠于一些没有意义的话，而是说你必须说的、做你必须做的。此外，要告诉孩子，你很不高兴他这样做，很不喜欢他的这个样子。毋庸赘言，孩子会很快记住父母说的话，因为他对父母深深地依恋，虽然没有表现出来，但是他会以父母的话为道德标准。

（二）焦虑

焦虑是指紧张不安和恐惧的情绪体验。幼儿焦虑较为常见，常与恐怖和强迫表现同时出现，恐惧无具体的指向性。幼儿烦躁不安、担心害怕、好哭、无故生气，常伴有躯体症状，如食欲下降、夜惊、多梦、尿床、呼吸快、心悸、腹痛等。焦虑对幼儿的个性形成会产生影响，使其变得过分敏感、自卑、退缩、谨小慎微、依赖他人、不受同伴欢迎。幼儿以分离性焦虑最为常见，尤其是当他与母亲分离时会出现明显的焦虑不安，不愿入园、不愿离家、害怕单独睡觉和独自留在家中。

焦虑的原因除了遗传素质外，心理社会因素的影响也很大，如亲子依恋未能形成、幼儿遭受惊吓、父母突然分离等。

幼儿焦虑的防治主要应用教育矫治方法，幼儿教师要及时发现幼儿的身体不适，帮助他解决问题。另外，要倾听幼儿的心声，观察他的情绪变化，要找到压力源，帮助其消除压力。特别重要的是形成良好的师生关系，帮助幼儿克服焦虑、舒缓压力，逐渐学会处理压力带来的负面情绪。

（三）与发展有关的负面情绪

当幼儿想表达心中的想法和感受却无法说出时，经常会表现出急躁、退缩、自卑、沮丧或无法面对自己的弱点而出现挫败感。这往往与幼儿受言语发展水平和思维发展水平所限制有关。

教师可以帮助幼儿用自己的语言说出他的感受，当幼儿情绪平复后跟幼儿聊聊情绪不好的原因，耐心倾听，同时也可以讲讲自己的受挫经历和如何处理等，教幼儿面对现实，不以伤害别人的方式来发泄自己的情绪。同时与家长及时沟通，告诉他们幼儿的痛苦。

（四）恐惧症

恐惧情绪是幼儿常见的一种心理现象，常以表情、动作或生理反应症状对恐惧做出反应。幼儿多害怕与亲人分离，害怕陌生的人和环境，害怕某些动物和昆虫，害怕黑暗、电闪雷击，害怕凶恶面孔和怪人。一般认为过分的恐惧超过两年就成为恐惧症，此时恐惧的事物或情景实际上不具备危险性，而患儿的恐惧感持续，产生回避、退缩行为，影响其正常生活。有人将恐惧症分为三类，即身体伤害恐惧、自然事件恐惧和社会恐惧。幼儿以第二类多见。恐惧感可随年龄增长而发生变化，但不会消失。幼儿期不及时防治，会发展成入园困难和入学后的学校恐惧症，并伴有躯体症状。

幼儿恐惧的原因多被认为是通过学习得来的。幼儿通过模仿学到教师和父母的恐惧与回避行为；错误的强化也是原因，如父母强迫孩子入园，或留在家中提供游戏和食品，都会导致孩子入园困难；也有人认为是依恋不良发展、对孩子过度保护和纵容的结果；遗传素质和父母的个性也有影响。

幼儿教师和家长在防治幼儿的恐惧症时，要注意对幼儿的性格进行培养，使幼儿乐观、开朗和坚强；在教育方式上要科学，讲清道理，不用神、怪物或黑房子等恐吓手段；要注意给幼儿做好行为示范，不无故怕这怕那；要鼓励幼儿入园，并加强对幼儿的保护。对幼儿可运用行为疗法等。

（五）抑郁症

抑郁症以情绪抑郁为主要表现，幼儿得抑郁症很少见。有人将抑郁症分为三种类型：急性抑郁、慢性抑郁和隐匿性抑郁。后者表现出多动、头痛、腹痛、大小便失禁等症状。婴儿6个月后若与母亲分离，会出现抑郁症状，不停地啼哭、易激动，一周后呈现抑郁退缩，对环境无反应、失去兴趣、食欲缺乏、体重减轻、发育停止、出现睡眠障碍、抗病力下降。若母子重新团聚，可消除抑郁症状。此种抑郁又称婴儿依附性抑郁症。幼儿体验抑郁的能力有限，主要是感受到不快乐、兴趣丧失、食欲下降、睡眠减少、不和同伴玩耍、哭泣、退缩、活动减少，少数幼儿出现自伤行为。

抑郁的病因除了遗传和神经内分泌的因素外，精神刺激也有重要影响，如父母死亡、亲子分离、成人的虐待、不幸生活事件等都会使孩子产生抑郁。幼儿的性格不良也有影响，如倔强、违拗、被动、依赖、孤独等多和抑郁产生有关。

幼儿抑郁的预防首先要注意调整师生关系、亲子关系和同伴关系，消除精神刺激。其次，幼儿园要创设良好的环境，特别是教师要尊重幼儿，切忌当众羞辱幼儿，损伤幼儿的自尊心，否则会导致幼儿抑郁的产生。最后，要培养幼儿开朗、健全的性格。如果父母患抑郁症，要及时治疗。

四、情有所乐：幼儿情绪疗法

情绪疗法主要是通过情绪体验来帮助幼儿理解与控制他们的情绪，获得正确的情绪体验与表达方式，进而调节产生符合社会要求的行为方式。具体操作应该从以下几方面入手。

（一）情绪宣泄

有行为问题的幼儿的情绪往往是压抑的，因此采用情绪疗法首先应让幼儿进行适度的宣泄。宣泄就是疏散、吐露自己心中的积郁。让幼儿淋漓尽致地发泄自己的委屈、忧虑、牢骚和怨恨等不快，使其达到心理平衡。情绪宣泄的方式可以是多种多样的，幼儿的主要方式就是哭。当幼儿哭时，应当让他尽情地哭叫。哭叫是解除烦恼和痛苦情绪的一剂良药，它能宣泄悲痛、释放不良情绪。所以当幼儿哭叫时，不可强迫或者压抑他们，而应当让他们哭得淋漓尽致，然后转移其注意力，让其破涕为笑。

（二）积极联想

由于有行为问题的幼儿长期处于情绪氛围较差的家庭环境，对周围的认知自然是消极的，缺少激发积极趋向的动力源，因此，教师可给幼儿提供积极联想的情景，让幼儿按照自己心中的目标将理想化的状态加以联想并表达出来。这一方面可以唤醒幼儿内心深处对美好状态的向往，调动其改善情绪与行为的积极性，另一方面也可以通过联想对其问题行为的原因进行探究，帮助治疗。

（三）自我暗示

教师可通过引导问题幼儿进行自我暗示，建立现实与理想之间的桥梁，改变幼儿对自己和环境的看法，进而建立合理的情绪反应机制，使幼儿悲观失望的消极情绪发生变化，进而充分调动其积极性，发展其积极情绪。

（四）角色扮演

由于幼儿期的主导活动是游戏，因此教师可以让幼儿在游戏中进行角色扮演，利用模仿、体验等手段，促进其积极的情绪体验和学会情绪表达。

（五）投射绘画

幼儿喜欢绘画的一个重要原因就是因为他们的言语表达能力不足，而可以通过绘画进行情绪的宣泄。阿尔修勒（R. H. Aischuler）等受弗洛伊德潜意识的影响，认为儿童的画是儿童潜意识的表现，凭借画面上的线条、形、色的组合与象征，可分析儿童的心理状况，了解儿童的需求、家庭关系、攻击性的倾向等，从而帮助研究和诊断幼儿问题行为的原因（Aischuler，1978）。教师也可以通过让幼儿在自由绘画中抒发情感，投射出其自身出现的问题。

心理学小常识

自我肯定有助于缓解不良情绪

新冠肺炎（COVID-19），因 2019 年 12 月在湖北省武汉市发现多起病毒性肺炎病例而被发现。由于很强的传染性和目前还没有有效的针对病原体的抗病毒药物，疫情的持续引发了大众一系列不良的心理反应和不良情绪。当个体知觉到环境中存在威胁时，就会自动地引发个体的应激反应，例如紧张、焦虑和抑郁等情绪。有研究发现，通过简短的自我价值肯定就可以有效地缓解面对疫情个体持续升高的焦虑情绪反应。该研究对于应对当前疫情引发的民众的焦虑和恐慌等情绪问题具有重要的现实指导意义。自我肯定操作并不需要专业人员的帮助，并且对环境没有特殊的要求，因此每个人都可以在家独自完成。此外，自我肯定耗时也较短，通常只需要 10 分钟左右。

因此，在生活中要学会自我肯定，肯定自己的价值和存在的意义。教师和家长也应该经常肯定孩子的价值，如此可以帮助孩子缓解焦虑等不良情绪，促使他们在生活和学习中体验更多的自信和成就感，保持儿童的自我完整性。

（李世峰，吴艺玲，张福民，许琼英，周爱保，2020）

第七章　幼儿良好适应能力发展与指导

英国现实主义戏剧作家萧伯纳（George Bernard Shaw，1856—1950）说："理智的人使自己适应这个世界；不理智的人却硬要世界适应自己。"

大量的研究表明，恶劣的环境——贫困、糟糕的家庭关系、父母离异、突发自然灾害、失业、精神疾病和滥用毒品——对儿童的发展存在潜在的威胁（Masten & Coatsworth，1998）。

2020 年 5 月，综合《华盛顿邮报》和《每日邮报》报道，美国人口普查局的最新数据显示，1/3 的美国人出现临床焦虑、抑郁或两者兼有的症状。随着失业人数飙升和死亡人数上升，新冠肺炎疫情对美国人的精神健康造成了很大的影响。2020 年 7 月，根据韩国媒体《东亚日报》的报道，在疫情防控常态化下，随着经济、社会活动萎缩，韩国民众的心理压力日益加重，越来越多的人患上了抑郁症。

张明和王良是非常要好的朋友，他们都生活在一个贫穷的小山村里。从他们上初中开始，他们的父母就都在外地打工。他们每年只能见父母一两次，成为留守儿童。在此期间，他们都是由爷爷奶奶照顾，无法得到父母亲密的陪伴。两人在学校的表现非常差，被学校通报批评几乎成了家常便饭，因此没有等到高考他们便辍学了。尽管张明和王良在 18 岁前的生活经历非常相似，但他们之后的发展道路却迥然不同。张明在 25 岁时，因为打架进过监狱，出来后一直没有正经工作，整天喝酒，成了地地道道的小混混。王良在辍学两年后重返学校，经过自己的努力，现在已经是南方某所重点大学的研究生，并且很快将走进婚姻的殿堂，拥有自己的家庭……

上述案例中的王良有很强的适应能力，能够勇敢地迎接困难的挑战，因此，他没有被残酷的现实打倒，最终成了生活的强者。第一章就谈到世界卫生组织对"健康"所下的定义："健康乃是一种生理、心理和社会适应都臻于完满的状态，而不仅仅是没有疾病和虚弱的状态。"社会适应与个体的心理、生理健康都有密切的关系，三者相互促进、相互支持，是个体积极发展的重要内核与表现（Arslan，Allen，& Craig，2020）。

"学会生存"是素质教育中一项最基本、最重要的内容，要使幼儿在未来的竞争中立于不败之地，担当起时代赋予的重任，应付瞬息万变的国际风云，我们就应培养幼儿的生存意识，提高幼儿的适应能力。这不仅是社会的需要，也是满足每个人自身发展的需要。谁能在今天把握住这一教育的关键时刻，谁就能在明天的经济建设中立于不败之地。

第一节　幼儿适应能力的发展

幼儿面对第一次碰到的事情，在不知如何是好的踌躇不安中总会相信，有父母、老师和祖父母（或外祖父母）等的保护，他们会教给幼儿怎么去做；等到下一次遇到类似的问题，幼儿偶然获得成功的经验，同样获得成人的认可时，就会为自己感到骄傲，感到自己离开成人的帮助也可以。但是，如果幼儿第一次跌倒时并没有人教给他们怎么去做，他们就会感到困惑，而失去了与周围人的共感。社会适应可谓人们在世界上一方面遵守社会规则，另一方面为了生存下去而必备的能力。目前，我国的幼儿不少是独生子女，父母或祖父母对其呵护备至、宠爱有加，让孩子在他们精心设置的“保护伞”下无忧无虑地成长。这在无意中剥夺了孩子独立思考和独立解决问题的机会，助长了孩子的惰性、依赖性以及软弱性。幼儿总有一天要长大，要面对变化无穷、竞争激烈的未来社会。试想没有了成人的保护，他们将如何适应这个五彩缤纷的大世界，并在各种各样的环境中生存呢？

一、适者生存：适应与幼儿心理健康的关系

良好的适应能力是心理健康的重要标志，它影响着个人未来生活的幸福和事业的发展，两者关系密切、相辅相成（徐林群，潘丽红，姚琳，2018）。

（一）适应能力的内涵

1. 何为适应

豆豆今天满 4 岁了，是一个名副其实的“小男子汉”。由于爸爸、妈妈工作调动，豆豆不得不转到另一个城市上幼儿园。出乎意料的是，他很快就适应了新环境，不但没有哭闹，反而和小朋友们打成一片，还常常从家里拿来变形金刚和大家一起分享。班上的丽丽是有名的“哭泣鬼”，从不和小朋友一起玩。一次丽丽又哭又闹嚷着“要奶奶”，豆豆走过去拉起丽丽的小手说：“哭鼻子的孩

子不坚强，我是‘男人’，不怕，我保护你，让我们一起玩变形金刚吧。”看着豆豆和丽丽高兴地玩着，老师欣慰地笑了……

适应能力是指为满足个人生活和社会需要所需的日常生活能力，使个体能够与环境保持动态平衡（Mendonca，Shrivastava，& Pietschnig，2020）。它是心理健康的核心。幼儿期是形成该能力的关键时期。适应能力强的幼儿能较快、较好地适应变化了的人际环境和心理环境，对新环境所给予的刺激能做出恰当的、适度的反应，既不是反应过度，也不是反应迟钝，更不是没有反应。

2. 表现形式

（1）生活适应。

生活适应是指幼儿逐步接受现存的社会生活方式，学习自我生存、自我服务，形成良好的生活卫生习惯，如自己进餐、自己睡觉、自己穿脱衣裤、文明如厕等。当幼儿第一次穿有纽扣的衣服时，他会感到很困难，但是，如果成人耐心地等待他，那么等他成功后，他就会很骄傲地走到成人面前与成人一起分享喜悦，社会适应性就是这样逐渐发展起来的。

（2）行为适应。

行为适应是指幼儿逐步接受外部世界，形成并遵守道德规范和行为准则。例如，在幼儿园能够遵守教师所制定的规则，不在集体活动中捣乱，能够和谐地融入集体。幼儿时期是规则意识形成的重要时期，在这一阶段培养幼儿遵守规则的意识和道德观非常重要，有助于幼儿在以后的人生阶段形成积极的人生观与价值观，并以此来指导自身的行为。

（3）学习适应。

学习适应是指幼儿进入群体后，参与群体活动，接受知识熏陶，形成良好的学习习惯，如对感兴趣的学习内容能够在一定的时间内集中注意力去学习、能够按时完成作业、发现问题后能够及时向教师提问等。当然，在幼儿阶段我们是不提倡留课后作业的，而是提倡幼儿养成良好的学习习惯，如：当教师上课讲话时，小朋友们不要在下面插嘴或者做其他事情；当小朋友发言时，不要打断他或者随意讲话等。

（4）人际适应。

人际适应是指幼儿能够与其他小朋友、成人建立和保持较好的关系，待人友好，并能够给予别人善意的帮助。例如，喜欢上幼儿园、主动与老师和同学打招呼、愿意和小朋友共同分享自己的玩具而不是独自占有。当幼儿第一次上幼儿园，面对陌生的环境和陌生人会有些不知所措，但通过学习和前期与人交往的经验，幼儿渐渐就会适应环境，这为其以后适应新的环境打下了良好的基础。

（二）良好适应与心理健康的关系

心理学家认为，心理健康是指心理处于一种良好的状态，即人对内部环境具有安定感，对外部环境能以社会上认可的形式去适应。也就是说，遇到任何困难和障碍都能适应，都能以社会认可的行为予以克服。具有良好适应能力的幼儿，喜欢集体生活，喜欢幼儿园，喜欢与同伴交往，经常保持良好的心态，容易养成乐观、向上、自信的个性品质，这有利于促进其健康心理和完善人格的形成。

1. 促进幼儿认知的发展

丁丁是个自信、外向的小“帅哥”，适应环境的能力很强。刚刚转到“小天使”幼儿园的第一天，他在妈妈的要求下毫不拘谨地说了声“老师好”后，就跟随其他小朋友来到活动室。活动室里的音乐卡车吸引了丁丁的注意力，他一会儿摸摸车轮，一会儿看看车头，还时不时地用疑惑的眼神看着老师，不停地自言自语：“好奇怪哦，这声音是从哪儿发出来的呀……”

适应能力强的幼儿对陌生的环境不会感觉十分的恐惧和焦虑，反而会觉得很好奇并萌发出探究的欲望。苏联教育家苏霍姆林斯基（1918—1970）说：“求知欲，好奇心——这是人的永恒的、不可改变的特性。哪里没有求知欲，哪里便没有学校。”幼儿在对事物充满好奇、感兴趣的情况下，注意力能够集中、持久；能够耐心细致地观察事物；能够主动地学习，积极地探索，进行大胆的尝试，从而获得知识、发展技能。

2. 促进幼儿情感的发展

冬冬正在楼下玩妈妈刚买的最新版遥控赛车，这时亮亮走过来说：“冬冬，你的车好‘酷’啊，我能和你一起玩吗？”“当然可以了，好东西要大家一起分享嘛！”亮亮的妈妈看到这一幕，不停地夸冬冬是个懂事的好孩子……

具有良好适应能力的幼儿往往懂得分享、同情、利他，这可以促进其社会道德情感的发展，较高的情绪能力与适应能力是相互促进的（Halberstadt，Parker，& Castro，2013）。例如，分享使幼儿得到小伙伴的友谊和成人的赞许，其内心会体验到一种快乐和喜悦。美国发明家爱迪生（Edison）曾说过：“友谊能增进快乐，减轻痛苦，因为它能倍增我们的喜悦，分担我们的烦恼。”正是这种正面的情感体验，让幼儿的心理得到健康的发展。

3. 促进幼儿社会性的发展

幼儿园里每天都要播放一首小朋友点的歌，可是紫悦连续三天都没有听到自己喜欢的《吉祥三宝》，她感到很难过。站在一旁的一博拉起紫悦的小手说："别伤心了，我给你唱吧！"话音刚落，只听一博用正宗的四川话唱了起来，逗得老师和小朋友们哭笑不得，紫悦也笑了……原来一博是前天刚刚随打工的父母从四川来到这个城市的，他还不会说普通话。

适应能力强的幼儿一般具有较好的同伴关系，能够形成更好的人际交往能力（Bullock，Xiao，& Xu，et al.，2020）。同伴交往有助于幼儿形成和发展积极的自我概念，发展亲社会的行为和合作的精神，形成健康的心理，为其今后的社会生活打下良好的基础。

二、内心渴望：幼儿适应能力的发展特点

（一）幼儿适应能力发展的一般特点

1. 与身心发展水平相吻合

幼儿期是人生发展的初始阶段，幼儿的身心发育尚未成熟，独立适应环境变化的能力差，随着年龄的增长，幼儿的认知水平不断提高，情绪的感受、表达、调节和控制能力不断增强，适应能力也随之增强。例如，我们在幼儿园小班经常会看到这样一幕：入园不久的幼儿，在妈妈离开后，便号啕大哭，鼻涕一把、眼泪一把，那"惨叫"声真可谓撕心裂肺，但是到了中班、大班后，就很难看到这么"壮观"的场面了。因为随着年龄的增长，幼儿的生活经验不断丰富，其适应幼儿园环境的能力也有所增强。

2. 从生理反应到心理反应

幼儿面对压力情境会产生各种不同的反应。年龄小的幼儿，只会发生生理上的不适，如哭泣、呕吐、肚子疼、胃口欠佳等。稍大些的幼儿就会闹情绪，还会发生各种退化行为，包括吮吸手指、夜尿、缠着父母等。再大一些的幼儿，则会出现破坏东西、欺负小朋友、反抗成人等一系列行为问题。

（二）幼儿适应环境的方式

1. 积极应对

在大班的数学教育活动中，老师要求小朋友拿出铅笔来练习写数字，小

花不小心把铅笔盒掉在地上，笔尖摔断了。她就试着用铅笔刀来削，费了好大的劲也没成功，便请旁边的桐桐帮忙。桐桐毫不犹豫地接过铅笔和铅笔刀，试了几次，也都削断了，嘴里还不停地念叨："爸爸也是这样削的，怎么就不断呢？"过了一会儿，桐桐对小花说："还是找老师帮帮忙吧！"在老师的帮助下，小花终于可以和其他小朋友一样练习写数字了……

采用积极应对方式的幼儿往往通过协商、合作、建议、寻求帮助等方式来解决日常生活中所遇到的难题，敢于说"老师，我想上厕所""我能和你一起玩吗""帮帮我好吗"之类的话。这类幼儿一般具有良好的适应能力，能在压力的情境下改变环境，消除紧张心理，减少行为问题的产生，当下一次遇到类似问题时就能够更高效、更积极地面对。

2. 消极应对

妈妈给天天新买了一个洋娃娃，天天爱不释手，就带着洋娃娃一起来到幼儿园。班里的"小霸王"小雨看到后，就冲大家嚷道："天天生小孩了！天天生小孩了！"小雨还趁天天不注意的时候，在洋娃娃的脸上涂了一层橡皮泥。天天不敢告诉老师，只是抱着洋娃娃躲在角落里哭。这时，天天的好朋友强强非常气愤地走过来，"狠狠"地推了小雨一下，威胁道："你再欺负天天，我就让我爸爸来揍你，哼……"

采用消极应对方式的幼儿往往通过自我隔离、行为退缩、被动接受、言语攻击、身体攻击等方式来解决日常生活中所遇到的难题。例如：小朋友欺负"我"，"我"就"以牙还牙"；小朋友不带"我"玩，"我"就暗自伤心、偷偷地抹眼泪。长此以往，幼儿容易陷入适应不良的恶性循环，每次遇到问题都选择消极的应对方式。

第二节　幼儿适应能力的培养

美国著名人际关系学大师戴尔·卡耐基（Dale Carnegie，1888—1955）说："人在身处逆境时，适应环境的能力实在惊人。人可以忍受不幸，也可以战胜不幸，因为人有着惊人的潜力，只要立志发挥它，就一定能渡过难关。"

一、知己知彼：幼儿适应能力评估

幼儿期是适应能力快速发展的重要时期。评估幼儿适应能力的发展状况，探求其发展规律，对幼儿心理健康教育具有重要的指导意义。评估幼儿适应能力的方法主要有如下几种。

（一）观察法

观察法是在自然条件下有目的、有计划地观察客观对象，收集、分析事物感性资料的一种方法。观察法的适用范围很广，凡是幼儿所呈现的适应行为均可作为观察的目标，它是评估幼儿适应能力的主要方法。观察法包括以下四种具体方法。

1. 时间取样法

时间取样法是以一定的时间间隔为取样标准来观察预先确定的行为是否出现以及出现次数的一种观察方法。用这种方法来观察幼儿的适应能力时，要求观察者在一定的时间（3 分钟、5 分钟、10 分钟）内对幼儿的适应行为进行记录，然后将收集到的关于幼儿的适应行为频率的资料进行定量分析。

例如，用该方法来评估 3 岁幼儿的入园焦虑状况：首先，要给予入园焦虑行为一个明确的操作性定义；接着，制定时间取样观察法记录表（参考表 7–1），并列出入园焦虑行为的具体行为表现，如哭闹、厌食、退缩、躲避，等等；然后，选择某个时间段对幼儿的行为进行观察；最后，将所收集到的观察资料进行整理分析，最终得出 3 岁幼儿入园焦虑的发展特点。

表 7–1　时间取样观察法记录表（频次）

被试	哭闹	厌食	退缩	躲避
1				
2				
3				

2. 事件取样法

事件取样法是以特定的行为或事件的发生为取样标准，从而进行观察的一种方法。事件取样法不受时间的限制，在自然情境中一旦幼儿的适应行为出现，便立即进行观察记录。运用事件取样观察法评估幼儿的适应能力，步骤如下：首先，确定所要观察的适应行为；其次，对所选择的行为进行分类，设计行为观察记录表；最后，按部就班地进行观察。

例如，用事件取样法观察 2—5 岁幼儿的友好行为的具体步骤是：首先，要制定幼儿友好行为记录表（参考表 7–2）；其次，只要所观察行为一出现便进行记录；再次，将所得的资料进行分析整理，并得出 2—5 岁幼儿友好行为的发展特点；最后，针对观察结果，分析幼儿友好行为产生的原因并采取有效的方式进行培养。

表 7–2　幼儿友好行为记录表

儿童	年龄	性别	发生背景	行为性质	做什么、说什么	结果	影响
1							
2							
3							

3. 现场详录法

现场详录法是利用高科技设备（录音机、录像机、录音笔等），完整地记录被试在自然状态下所发生的行为，然后对所收集到的第一手资料进行分类，并加以分析的方法。使用该方法评估幼儿的适应能力时必须注意一点，即记录和评价两者不能同时进行，必须严格区分开，一般都是先描述事实，之后再对描述的内容进行解释和评价。

例如，用此方法对 3 岁幼儿的入园适应进行研究：首先，利用录像机记录幼儿入园后的行为表现，每周两次，每次 20 分钟，在现场详录观察记录表（参考表 7–3）上做记录；然后，对所观察到的行为进行分类整理；最后，概括出 3 岁幼儿适应能力的发展特点。

4. 行为核查法

行为核查法是将要观察的行为以清单的形式呈现，通过观察来核对该行为出现与否。该方法操作简单并具有诊断和测量的功能，在实际观察中应用比较频繁。例如，要评价幼儿的依赖性，首先要在清单（参考表 7–4）上列出所要观测的与依赖相关的行为，只要所列行为一出现，便在该项目上做记录，以此考察幼儿依赖性的强弱。行为核查法既可用来评估幼儿适应能力发展的现状，也可用来测量教育干预后所产生的效果。

表 7–3　现场详录观察记录表

观察对象：蒙蒙
年　　龄：3 岁
观察地点：活动室
观察时间：10:00—10:20（上午）
观察内容：适应能力

观察时间	适应行为（描述）	解释与评价

表 7–4　3 岁幼儿依赖行为核查表

幼儿姓名：__________　性别：__________　记录者：__________　观察时间：__________

核查内容	经常	偶尔	从不
午睡后需要老师帮着穿鞋子。			
鞋带开了，让老师帮着系。			
希望爸爸妈妈陪着上课。			
下课拉着老师的手不放。			
上厕所要小朋友陪。			
……			

（二）访谈法

访谈是一种有目的的谈话，是了解他人心理特点与心理过程的最古老的方法，也是应用最广泛的方法。

宁宁是个聪明、可爱又活泼的小女孩，今年 3 岁半。由于搬家，爸爸妈妈把她转到一所离家很近的幼儿园。自从转园后，宁宁就完全变了。她不但不愿意上幼儿园，还经常和爸爸妈妈说“活着太累”“真没意思”之类的话。这下可把爸爸妈妈吓坏了，赶紧带着宁宁找心理医生进行咨询。咨询师经过一段时间的观察，发现宁宁并无任何异常的行为，可以称得上是一个地地道道的“小精灵”，因此排除了宁宁患有心理疾病的可能性。那么到底是什么原因让宁宁如此消极呢？为了找到问题的答案，咨询师开始和宁宁谈心。当咨询师夸宁宁懂事时，宁宁低头不语，过一会儿她抬起头眼泪汪汪地说：“原来幼儿园的张老师也经常这样夸我，我可喜欢她了。可现在的老师却从来没有这样说过。我想张老师了。”从宁宁的话语中咨询师了解到，宁宁刚到班级时，和班里的小朋友不是很熟悉。班里有名的“捣蛋鬼”抢了宁宁的玩具，吃饭时宁宁就往那个男孩的碗里放了块鸡骨头。宁宁当时就意识到自己错了，本想主动向老师承认错误，可是还没来得及说，老师就批评了她。这时咨询师大悟，原来宁宁感觉自己受到了不公正的待遇，以逃避上幼儿园和消极的情绪来表达内心的强烈不满。

使用访谈法所获得的信息不一定完全准确，但有时却是通过其他方法难以得到的。由于在交谈过程中涉及个人情感，因此往往能够打开幼儿的心扉，会有意想不到的收获。

二、学会生存：如何培养幼儿的适应能力

应激或压力事件是儿童生活的一部分（梁宝勇等，2006）。对于幼儿来说，家庭与学校都会产生许多压力源，例如生病、搬家、贫穷、父母离异、上幼儿园等都是常见的压力源，影响着幼儿的生活。并且，来自家庭与学校的压力事件也会相互影响，例如，家庭的压力源会影响儿童在学校的表现，从而造成在学校产生新的压力源（Pratt，& Swanson，et al.，2019）。这些压力事件对幼儿的影响可能是短期的，也可能是长期的。

（一）幼儿适应的一般指导

古希腊著名哲学家埃皮克提图（Epictetus）曾说：“扰乱人精神的，与其说是事件，不如说是人对事件的判断。”随着年龄的增长，幼儿积累了一定的生活经验和社会交往经验，对于如何解决压力情境中所遇到的不适应问题也有了初步的认识。因此，教师和家长可依据幼儿身心发展的特点，选择适宜的方式指导幼儿，促使幼儿更多地采用积极的方式应对问题，增强自己的适应能力，为心理健康打下良好的基础。

1. 创设健康的心理环境

经常受到斥责或缺少关爱的孩子，大都心理比较扭曲，遇到问题时，不是逃避就是采用武力解决。为此，教师和家长要努力为幼儿创设和谐、温馨、安

全的心理环境。

贝贝是一个胆小、不自信的小女孩。今天她刚满4周岁，老师为贝贝举办了生日会，小朋友手拿自制的鲜花争先恐后地向她祝福，为她唱“生日快乐”歌。贝贝感动不已，觉得自己并没有被老师、小伙伴遗忘，她感受到了集体的温暖。这一小小的举动给孩子带来的变化却是惊人的。

总而言之，我们要多些关爱、鼓励、表扬，少些呵斥、惩罚、排挤，为幼儿创造更多的机会去感受温暖，营造出轻松、愉快、健康的心理大环境。

2. 设置合理的问题情境

幼儿良好的适应能力需要在实际情境中通过解决实际问题来培养。例如，在幼儿园里，教师可通过设置“小朋友故意打破你的杯子怎么办”“游戏时你被小朋友踩到了脚怎么办”“老师错怪你时怎么办”等问题情境，使幼儿学会思考用恰当的方式表达和宣泄自己的情感，培养一定的自我调节和控制能力。

3. 采用积极的引导方式

在教育教学活动中，教师应该尽量引导幼儿自己进行探讨，自己去推论。给他们讲的应该尽量少些，而引导他们去发现的应该尽量多些。幼儿犯错后，教师和家长总是试着讲道理让他知错就改，但事实上成人往往苦口婆心，说得口干舌燥，而幼儿转身就忘，还会犯同样的错误。

那么到底有什么办法能使幼儿心服口服呢？不妨试试“苏格拉底法”。这是古希腊著名哲学家苏格拉底（Socrates，前469—前399）在讲学和辩论时所采用的一种方法，主要是通过对话或提问揭示对方在认识中的矛盾。即通过启发式提问，使幼儿自己认识到错误，自己找到正确的做法。

苗苗是一个非常可爱、漂亮的小女孩，但是她有个非常不好的习惯——喜欢抢小朋友的东西。老师和家长多次告诉她，这样做是不对的、是不礼貌的行为。她每次都认错并做出保证，但类似的情况仍然频频发生。因此老师就试着采用“苏格拉底法”，结果奇迹发生了。

师：你为什么抢果果的漫画书？

苗苗：我喜欢啊！

师：哦，喜欢就抢。老师也喜欢你的玩具熊，可老师抢了吗？

苗苗：那倒没有。

师：为什么老师没有抢呢？

苗苗：因为老师有礼貌，是好孩子啊！

师：那抢东西是不是有礼貌的好孩子？

苗苗：不是。

师：你想做有礼貌的好孩子吗？

苗苗：当然想了！

师：那你应该怎么做呢？

苗苗：把漫画书还给果果，以后再也不抢小朋友的东西了……

4. 积极应对孩子的消极情绪

孩子消极情绪的出现，往往是其适应过程出现问题的表现，因此家长如何应对孩子的消极情绪就极为重要，这不但能够帮助孩子真正解决遇到的困难，也能教会孩子如何自己应对消极情绪，积极地适应环境（Altan-Aytun，Yagmurlu，& Yavuz，2013）。在这一过程中，教师要告诉和指导家长，他们不但起到了引导作用，而且是孩子的榜样，要教孩子学会积极适应的模式。

其实，当孩子出现消极情绪时，正是父母与孩子建立更紧密的亲子关系的关键时刻。面对孩子的消极情绪，父母可能会采取积极或消极的应对方式（Fabes，Leonard，& Kupanoff，et al.，2010）。

父母的积极应对方式能够帮助孩子形成良好的适应模式，主要包括：

- 情绪导向的应对：以缓和孩子的情绪为目的，耐心地安慰、转移孩子的注意力等，这能够让孩子的情绪得到平复，更冷静地去看问题。
- 问题导向的应对：与孩子一同找到引发消极情绪的问题并一起解决，这能够让孩子真正获得应对困难的能力。
- 表达鼓励的应对：鼓励孩子用语言表达自己的情绪与情绪的来源。例如，当孩子突然哭泣时，父母应该耐心地与孩子沟通，让孩子自己说出事件的过程与情绪产生的原因，这能够让孩子主动进行思考，获得理解与分析自身情绪的能力。

父母的消极应对方式会恶化孩子的情绪问题，并且无法让孩子在困难中获得适应能力，当再次出现问题时仍不能自主应对。

- 压力的反应：当孩子表达负面情绪时，父母表达自身由此受到的压力。如当孩子在公共场合哭泣时，父母向其表达这让自己感到很尴尬、很生气，这会让亲子之间产生隔阂，孩子无法从父母这里获得支持与温暖，从而使孩子的消极情绪更为严重，无法汲取任何适应环境的经验。
- 最小化的反应：忽视或贬低孩子的情绪问题。如孩子因为玩具坏了而非常伤心，父母则对其表达这件事情不值得一提，没有任何意义，这会使孩子在面对生活中的事件时压抑自身的情绪，找不到排解的方法，长期的累积会使其人际与行为适应难以朝正面的方向发展，从而影响其心理健康水平。

因此，父母在孩子产生消极情绪时应采取更为积极的应对方式，来帮助孩子模仿、学习与形成积极的适应模式，从而达到更高的心理健康水平。

5. 正确实施因材施教

滔滔妈妈：滔滔这孩子太内向了，见到生人就躲……

淋淋奶奶：我们淋淋就是懂事，从不让她爸妈操心……

羽羽爸爸：羽羽太调皮了，总有小朋友告他的状……

受遗传、环境的影响，同一年龄段幼儿的发展水平是不同的。每一个幼儿的发展各有其独特之处，幼儿之间存在很大的个性差异。为了使幼儿很好地适应集体生活，为将来的社会生活打下良好的基础，教师要善于发现并尊重幼儿之间的个体差异，正确实施因材施教。

我国著名教育家陶行知曾说过："人像树木一样，要使他们尽量长上去，不能勉强都长得一样高，应当是：立脚点上求平等，于出头处谋自由。"只有根据幼儿身心发展的特点，具体情况具体分析，对症下药，一把钥匙开一把锁，才能避免适应不良的发生，保障幼儿心理健康的发展。

6. 渗透到教育的各个环节

幼儿良好适应能力的培养并非一日之功，是一个全方位的训练过程，需要长期的熏陶和教育。因此，要努力将培养渗透到幼儿学习、生活的每个侧面，多角度、全方位地促进幼儿的心理健康发展。例如，在体育课中，不仅要训练幼儿的体能，教授学生有关的体育运动知识和技巧，而且要训练幼儿勇敢、坚强的人格特征；在活动课中，通过分组竞赛来培养孩子的友好、合作、互助等良好品质；在音乐课中，培养孩子的美感，为幼儿积极、乐观、向上的人格打下良好的基础。

（二）幼儿适应常见问题个别指导

1. 入园适应及指导

"妈妈，妈妈，我要回家，我要回家，我不要搭积木，不要和小朋友玩，呜呜……"随着哭声渐近，只见冰冰两只手紧紧地拽住妈妈的衣角，整个人完全依附在妈妈身上，一动不动……

每年新生入园时，教室里都哭声一片，孩子们有的高声喊叫，有的轻声啜泣，有的边哭边吮吸手指，有的拉着妈妈的衣角苦苦哀求，有的甚至蜷缩在地上耍赖……

入园对孩子和家长来说，就像是一场战争，孩子“冲锋陷阵”，家长暗自担心。由于长期找不到有效的解决办法和途径，人们对幼儿入园适应困难问题似乎变得习以为常了。以下方法可供参考。

（1）家长要引导孩子做好入园的身心准备。

为了帮助孩子顺利度过人生的第一次重大转折，家长能做些什么呢？首先，家长要有意识地培养幼儿独自刷牙、洗脸、如厕、穿脱衣服、使用餐具等生活自理的基本技能和一些简单的人际交往技能。我国著名医学心理学家丁瓒教授曾经指出：“人类的心理适应最主要的就是对人际关系的适应。”在幼儿园里，让幼儿学会与其他小朋友友好相处，形成谦让、合作、分享等品质，能为幼儿今后适应社会生活打下良好的基础。其次，入园前家长可经常和孩子谈幼儿园的事情，带幼儿参观幼儿园环境及一日生活，让幼儿对新环境有一定的感性认识，产生向往幼儿园生活的心理。待孩子真正入园后，要有坚持性，鼓励孩子天天入园，不要因为心疼迁就而前功尽弃。特别是不能吓唬孩子，说孩子不听话就送他到幼儿园让老师教育之类的话。

（2）幼儿园要安排好教育教学活动，吸引孩子们的兴趣，帮助他们消除焦虑。

首先，幼儿园可通过开展丰富有趣的活动激发幼儿的兴趣。幼儿具有强烈的好奇心。开展多种多样、生动有趣、富有吸引力的活动，可使幼儿在这些活动中获得愉快的情绪体验，逐渐产生对幼儿园的依恋情绪，大大减轻分离焦虑。

在“我会叠被子”的竞赛活动中，幼儿全情投入，现场气氛非常活跃，“加油、加油”的声音不绝于耳。这时老师发现从不举手发言的路路，竟然缓缓地举起了手。老师给了他参加竞赛的机会，事后还及时表扬了他。后来老师发现路路接连几天都兴奋不已，再也没有为想家而哭鼻子……表扬能够产生很强的正面教育作用。幼儿在某项活动中表现很好时，教师一定要及时予以鼓励、表扬，甚至号召全班小朋友向他学习。这样会大大提高幼儿参与今后各项活动的积极性和责任感。

其次，幼儿园可适当开展混龄教学。例如：幼儿园开学时，让中、大班的幼儿站在门口列队欢迎；让哥哥姐姐们带着弟弟妹妹们参观活动室；大、中、小班幼儿合作进行小组竞赛，等等。混龄教学为孩子营造出一种家庭氛围，能够增加教师和幼儿、幼儿和幼儿之间的相处时间，建立情感的桥梁。著名幼儿教育家蒙台梭利曾说过："5 岁儿童的心理比我们更接近 3 岁儿童的心理，在他们之间存在着一种人们在成人与幼儿之间很少发现的交流与和谐。""大带小""大帮小""小促大"的混龄活动不仅能使幼儿的生活自理能力、人际交往能力得到很大的发展，而且对幼儿的语言能力、学习习惯、责任感等方面的培养也有很大的帮助。

最后，幼儿园还可以开展玩水玩沙的游戏，让孩子们消除焦虑。沙子和水是消除幼儿焦虑的很好的工具。

（3）教师要关爱每一个孩子。

教师对幼儿的爱是心理健康教育中最宝贵的营养素。只有沐浴在爱的甘霖下，幼儿才会有安全感，才能学会与同伴、教师交往，形成活泼开朗的性格，最终适应幼儿园的环境。这就要求教师无条件地、充分地接纳和尊重每一个幼儿，无论其长相美或丑，无论其聪明或愚钝。教师还要想方设法取得幼儿的信任，让幼儿敢于接近，例如：亲切地叫幼儿的小名，轻轻抚摩幼儿的头，亲亲幼儿的脸，拉拉幼儿的小手。对于大哭大闹的幼儿，教师要主动从妈妈手中将其接过来，像妈妈一样哄抱，给幼儿以抚慰和鼓励。心理学研究表明，亲密的身体接触有利于人与人之间亲密关系的建立。

相信有了家庭的良好准备、父母的正确认识，以及幼儿园和教师的积极配合，每个幼儿都会成功地度过适应期，真正做到家长放心、教师省心、幼儿开心。

2. 幼小衔接及指导

幼小衔接是多年来人们一直关注的问题，《幼儿园教育指导纲要（试行）》明确指出："幼儿园应与家庭、社区密切合作，与小学相互衔接，综合利用各种教育资源，共同为幼儿的发展创造良好的条件。"有研究结果表明，幼小衔接问题实质上就是主体的适应问题。幼儿园大班孩子升入小学是儿童发展的一个关键时期，衔接过渡得成功与否对孩子的成长影响很大。

今天佳佳特别高兴，因为她彻底告别了幼儿园的生活，即将成为一名渴望已久的小学生。她一大早就兴奋地背上爸爸妈妈新买的书包准备去上学。可是接连几天佳佳的情绪都很低落，甚至还吃手、咬指甲。她还时常问妈妈："哪天可以不去上学呀？"爸爸妈妈问她为什么不高兴，她总是低头不语。后来在与老师的沟通中才得知：开学的这段时间，佳佳在课堂上总是走神，下课后就一个人躲在角落里，也不和其他小朋友玩，甚至有一次还尿湿了裤子，回家后也没敢告诉爸爸妈妈……

像佳佳这样的孩子为数不少，一下子从“自由自在”的幼儿园生活转向有规律、有竞争的学校生活，孩子一时还难以适应。德国的哈克（Huck）教授曾做过一次调查，发现有30%~40%的孩子进入小学一年级后，对小学的学习和生活很不适应，常常在心理上产生紧张。如果这种不良现象不能及时得到缓解和消除，孩子就会出现退缩、厌学、孤僻、焦虑或羡妒及攻击性行为等偏差。那么有什么办法可以解决这一棘手的问题呢？

（1）家长密切关注。

从幼儿园到小学对于家长和孩子来说都是一个重要的转折点，也是一个严峻的考验。首先，家长应重视孩子入学的准备。在物质方面，与孩子共同准备入学所需的各种学习用具，如铅笔、橡皮、书包等；在精神方面，多给孩子介绍一些小学里的状况，例如，小学生可以参加升国旗活动、戴红领巾，可以学习科学知识、结识很多新朋友等，使幼儿产生强烈的自豪感，激发上学的迫切性。其次，家长要培养孩子良好的学习习惯，例如爱护书本，读、写姿势端正，不迟到、早退等。对于这些即将进入小学的孩子来说，养成良好的学习习惯比获得知识更加重要。

（2）幼儿园积极配合。

幼儿园教育是以游戏为主，提倡在玩中学，在学中玩。但幼儿将要面临升小学的问题，幼儿教师应该怎样为幼儿顺利适应小学生活做准备呢？首先，教师可设置系列教学活动方案，让幼儿真实地走进小学。例如，参观小学、与小学生对话、当一天小学生等，让幼儿熟悉小学并激发入学的强烈愿望，从思想上、情感上做好入学准备。其次，教师可在一日活动中向幼儿提出一些必要的规则，例如，在课堂上先举手后回答问题，上厕所要排队，排队时不能推挤，活动课结束后要收拾整理物品等，并以多种方式强化幼儿的规则意识和遵守规则的能力，使其养成良好的生活习惯。最后，教师一定要避免提前使用小学教材，完全模仿小学安排课程，形成幼儿教育“小学化”的倾向。法国教育家卢梭说过：“大自然希望儿童在成人之前，要像儿童的样子，如果我们打乱了这个次序，就会造成一些果实的早熟，它们长得既不丰满也不甜美，而且很快就会腐烂，我们会使活泼的幼儿变得老态龙钟。”

（3）小学高度重视。

随着我国儿童入学年龄的适度放宽，低龄化入学正日趋成为一个普遍现象，入学不适应也就见怪不怪了。面对这一问题，小学教师应该怎样做呢？首先，合理安排低年级孩子的作息时间，放慢课堂节奏，降低学习难度，使学习方式游戏化、学习内容趣味化。其次，努力为孩子们营造一个良好的心理环境，使孩子们感觉自己是在一个安全、和谐、充满爱与尊重的美好精神环境中学习。

欢欢是小学一年级的学生，平时少言寡语，上课从不举手发言，不主动参与班集体的任何活动，不会解决与小朋友之间的矛盾，只会哭泣和躲避。后来老师了解到欢欢喜欢奥特曼，并偶然发现他的书包里还装着奥特曼的模型，于是就主动与欢欢聊起了奥特曼的故事，还特意从书店里买来一些书籍，与欢欢一起分享。久而久之，欢欢对老师产生了信任感，并打开了封闭的心扉，主动谈起了他家里的事情，慢慢地，欢欢竟然喜欢上了学校……

最后，在课程设置、教材编写和教学方法的选择上要注意提高孩子们的心理素质，而不是盲目增加知识量，要加强对他们的主动性、积极性和自信心的培养，从而减少或缩短他们不适应的过程。

3. 创伤后应激障碍及指导

虽然新冠肺炎疫情在我国得到了有效的控制，但是疫情给许多家庭都带来了无法弥补的影响，这些影响都会持续较长时间。有些孩子甚至目睹了亲人的离去，这种闯入性的创伤情景会让孩子在接下来的成长过程中，不断出现消极情绪，或者在类似情景中爆发创伤体验。世界卫生组织发布第 76 期新冠肺炎疫情报告称，中国疫情已经由“遏制阶段”进入“缓疫阶段”，“在‘缓疫阶段’，大的风暴暂时过去，更要关注创伤后应激障碍，这也是一个非常严重的问题”。

所谓创伤后应激障碍（post-traumatic stress disorder，PTSD）是指由于异乎寻常的威胁性或灾难性心理创伤，导致延迟出现和长期持续的精神障碍，主要表现为病理性重现、噩梦惊醒、警觉性增高和回避，以及对创伤经历的选择性遗忘和对未来失去信心。自然灾害、战争、暴力、绑架、车祸、性侵犯以及身体致残等都是较典型的创伤事件。学龄前儿童的创伤后反应包括：反复画与创伤事件有关的画，玩与创伤事件有关的游戏，出现退缩行为、反社会行为、攻击性行为和破坏行为。怎样才能帮助经历重大创伤的幼儿摆脱痛苦的折磨，勇敢地迎接新挑战、面对新生活呢？

（1）积极的社会支持。

社会支持包括家庭、社区、自助群体的支持等。由于一些急性的创伤仅发生在个人身上或少数群体中，未能引起社会的广泛注意，所以当事人极易产生负性情绪，增加除急性事件以外的应激。幼儿和成人一样都生活在社会群体中，与周围的一切发生着这样和那样的关系。由此可见，社会支持与幼儿心理健康有着直接密切的关系，它在某种程度上可以缓解幼儿的心理压力，消除幼儿的心理障碍，促进幼儿心理健康的发展。

（2）应对技能的训练。

加拿大著名生理学家塞里（Hans Selye，1907—1982）曾经说过："问题不在于发生了什么，而在于你如何对待它。"有意训练幼儿应付应激事件的技能，能够提高幼儿识别焦虑、恐惧的能力，从而增强他们的控制感，使幼儿能够积极面对压力事件而不是一味地回避。应对技能主要包括放松训练、呼吸训练、社会技能训练、积极的自我陈述、问题解决等。通过这一系列的训练，能使幼儿的应付能力得到改善，自信心得到增强，最终实现从被动无助的状态向积极的、可负责任的状态的成功转变。

（3）正确信念的树立。

美国著名心理学家埃利斯（Albert Ellis，1913—2007）提出的合理情绪疗法认为，患者的情绪障碍和不适应行为是由于患者存在不合理信念造成的，所以在治疗时可使患者通过与不合理信念辩论来重建信念系统，以改变症状。对陷入严重挫折情境中的幼儿要及时进行疏导，帮助他分析遭受挫折的主观、客观原因，找出问题的症结所在等。水灾、火灾、地震、台风、车祸、失去亲人等天灾人祸，会使年幼的孩子感到恐惧，在与幼儿谈论这些灾难时，过分弱化其危险性不但不能消除幼儿的恐惧心理，反而使幼儿对灾难不能有一个正确的认识，在一定程度上反而会加剧恐惧的产生。只有在正确认识的基础上，才能有的放矢地加以应对。积极的"逆境信念"（赵景欣，刘霞，张文新，2013）是提高适应能力的关键因素，即每个个体都会遭遇逆境，但是困难都是能够通过努力一个一个地解决的。这类信念的形成能够让幼儿在之后的发展阶段中不惧挑战，适应不断变化的环境。

（4）加强挫折教育。

美国著名社会心理学家马斯洛（Abraham H. Maslow，1908—1970）曾经说过："挫折未必总是坏的，关键在于对待挫折的态度。"对幼儿来说，同样的挫折既可能使他们产生消极情绪或心理障碍，也可能磨炼他们的意志，促其奋发向上，关键在于幼儿对挫折的理解和认识。国内外的大量研究都已表明，挫折教育有着其他教育无法替代的价值，可以增强幼儿的适应能力，磨炼其意志，帮助其形成自我激励机制。

4. 家庭变故及指导

家庭是孩子成长的摇篮。幸福美满的家庭是幼儿心理健康发展的重要条件。父母争吵、分居、离婚、再婚、父母一方的缺失等都会对幼儿的心理健康发展产生不良影响，使幼儿的心灵遭受创伤，精神发生偏移，甚至危害终生。在众多的家庭变故中，父母离婚是造成子女心理异常的一个重要原因。父母离异意味着亲情的崩溃，被迫与父亲或母亲的分离，使孩子在精神上遭受了巨大的创伤。很多幼儿在父母离婚的心理刺激下，性情发生改变。有的变得孤僻、忧郁、退缩；有的变得敏感、多疑、猜忌；有的变得粗暴、烦躁，甚至出现严重的攻击性行为。幼儿长期受消极情绪情感的影响，将会产生心理疾病，因此，积极的引导和干预必不可少。

（1）教育方法得当。

处在不健全家庭中的幼儿往往性格孤僻、自卑、敏感，因此教师在教育上要耐心细致，不能粗暴对待幼儿，更不能讽刺挖苦他们。要善于发现这些孩子身上的优点，唤醒和鼓舞他们潜在的学习积极性，激发出他们最大的学习潜能。教师要让他们全身心地投入学习和生活中，使其心灵得到舒展，个性得到张扬，从而促进其良好适应能力的发展，实现心理健康教育的目标。

（2）用爱心抚平创伤。

苏霍姆林斯基曾说过："用心灵的爱抚来医治心灵的创伤，用精神的甘露来涤疗精神的污染。"这就要求教师努力为这些不幸的幼儿营造一个和谐、温馨的环境，让他们感受到来自父母以外的更多的关爱，以此来弥补他们缺乏的亲情，抚平其心灵的创伤。教师要让这些孩子感觉自己生活在一个充满希望、充满阳光的集体里，虽然身处不幸，但又特别幸运。

丹丹曾经是个无忧无虑的小公主，活泼、开朗，人见人爱。由于一次意外的车祸，妈妈永远地离开了，从那以后丹丹就像变成了另外一个人，她自卑、躲避、退缩。在幼儿园里丹丹有意回避集体活动，不与老师和同学交往，常常一个人望着幼儿园大门发呆，还经常偷偷地哭泣，嘴里不停地唠叨"我要回家""我要妈妈"。后来，在一次家访中，老师发现丹丹竟然喜欢帮助爸爸做家务，便在第二天开展的"扮家家"的游戏中，有意让丹丹来当"妈妈"，午睡后要帮助宝宝们叠被子，吃饭前要为宝宝们拿餐具……丹丹忙得不亦乐乎，可爱的小脸上终于出现了久违的笑容。见到此情此景，老师立即表扬丹丹干得好，是个合格的"好妈妈"，并且当着全班小朋友的面竖起大拇指，夸丹丹是个懂事的好孩子。从此，丹丹对老师产生了亲密感，慢慢接受了失去妈妈的现实，性格也开始发生了变化……

（3）尊重孩子的隐私。

前不久，班里转来一个叫峰峰的小男孩。由于父母离异，峰峰一直和奶奶生活在一起。一天，峰峰突然问我："老师，你知道什么是离婚吗？"我当时被这个突如其来的问题惊呆了，一时哑口无言。只见峰峰两只眼睛红红地说："我知道，就是爸爸妈妈不再爱峰峰了，不再带峰峰去吃肯德基了。”我不知应该怎样安慰这个受伤的孩子，只是轻轻地抚摩他的头。峰峰似乎感觉到了我对他的怜悯，又问道：“老师，你知道我为什么要转园吗？”我摇摇头。“你蹲下来我跟你说。”峰峰趴到我的耳边悄悄地告诉我，他在原来的幼儿园有一次和小朋友因为上厕所排队打起来了，老师还没有了解情况就狠狠地批评了那个小朋友，还对全班的小朋友说：“峰峰的爸爸妈妈离婚了，他是个很不幸的孩子，大家以后要多照顾他，谁也不许欺负他。”峰峰告诉我，那位老师的话让他很不开心。他受不了小朋友们的怜悯、同情和嘲讽，慢慢地开始害怕上幼儿园，害怕看到小朋友们。奶奶知道后，将峰峰转到了我们幼儿园。最后，峰峰用恳求的眼神望着我说：“老师，你能替我保密吗？我怕别的小朋友会知道。”“放心吧，老师不会告诉任何人的，我们拉钩……”

离婚家庭的孩子，往往自卑、敏感，害怕别人触到自己的痛处，他们所需要的更多的是理解、尊重，而不是同情、怜悯。针对这一点教师一定要有一个正确的认识，在日常生活、学习和活动中多给予他们一些关心、支持、鼓励，而不是一味地可怜他们。同时，也要对其父母进行教育，即使离婚了，也要正面教育孩子。

5. 农民工子女适应城市生活及指导

当前，由于就业形势发生变化，人口流动较大，越来越多的农民工举家外出到城市谋求发展，跟随父母进入城市的农民工子女（流动儿童）越来越引起社会的广泛关注。由于城市和农村生活环境的巨大差别，与城市孩子共同学习、生活常使这些农民工子女感觉不自信甚至有自卑感，久而久之，就会产生很多心理问题。可见加强农民工子女的心理健康教育是不容忽视的。为此，幼儿教师和家长要共同努力，积极引导他们更好地适应新环境，消除阻碍他们适应社会的各种因素，帮助他们克服自卑、茫然、嫉妒、敌视等不良心理，形成乐观向上的健康心态，促使其健康成长。

（1）培养幼儿良好的习惯。

英国作家萨克雷（William Makepeace Thackeray，1811—1863）曾说过：“播种行为，可以收获习惯；播种习惯，可以收获性格；播种性格，可以收获命运。”可见培养良好的行为习惯多么重要。大部分外来农民工子女由于受家庭背景、成长环境等诸多因素的影响，生活卫生意识很差，如不洗头、不洗澡、不剪指甲、衣着不整、饭前便后不洗手、乱扔物品，等等。良好的习惯不是一朝一夕就能形成的，教师要根据教育的具体情况，根据幼儿自身的特点以及成长的需要，逐步提出切实可行的要求，一旦发现幼儿不良的行为习惯，要及时给予批评指正和耐心引导。

（2）提高幼儿家长的安全意识。

近年来，农民工子女由于缺乏一定的安全意识，遭遇车祸、溺水、烫伤、电击等意外事故而死亡或者受伤住院的人数逐年增多。这些不幸事件的发生，无疑给我们敲响了警钟。曾经有专家指出，要筑起外来务工者子女的安全“保护墙”，关键要做到防患未然。为此，幼儿园可利用周末组织一些安全培训，将孩子和家长集中到一起，强化他们的安全意识，例如，识别危险的警示标志，观看因违反交通规则而出现交通事故的录像等。另外，教师要经常与农民工家长进行面对面的沟通，改变其安全常识较为薄弱的现状，增强他们监管孩子的责任意识。

铁蛋是跟随父母打工从抚顺农村来到大连的。刚刚来到我们班时，我发现他每天都自己骑着一辆破旧的小三轮自行车上下幼儿园，爸爸妈妈从不来接送。从他家到幼儿园大概有三站地的距离，何况铁蛋只有4岁，我当时觉得很不可思议。为了这事，我还给他爸爸妈妈打过几次电话，可他们每次都用浓郁的地方口音说：“没有关系，在乡下孩子上学都是一个人的，不会有什么危险。”情急之下，我只有亲自上门进行说服教育。我不仅给他们讲了大量的安全知识，还带了一盘前不久刚刚发生在幼儿园附近的交通事故的录像带给他们看。从那以后，铁蛋再也没有一个人骑小三轮自行车来幼儿园……

（3）善于发现幼儿的闪光点。

虽然农民工子女的生活环境没有城里的孩子优越，见识也没有城市孩子广，但只要我们用心观察就不难发现，其实这些孩子身上也有很多金子般闪光的东西。他们经常跟随父母东奔西走，需要去适应不同的环境，练就了超强的环境适应能力。在流动的过程中他们见到更多的人情冷暖，更好地体会到了生活的艰辛，锻炼了吃苦耐劳、勤奋朴实的优良品质。因此，在幼儿园里教师要号召其他幼儿向他们学习，并创造机会让这些孩子了解到自己的长处，使他们获得归属感和亲切感，从而增强自信心。

（4）对待所有幼儿一视同仁。

和谐社会要求我们用心去关爱每一个人，当然也包括农民工子女。北京师范大学学前教育系张燕教授和她的学生曾建立了一个民间教育组织“四环游戏小组”，目的是为流动人口子女提供学前教育，帮助家长实施家庭教育。他们充分结合这群儿童的身体、心理发展特点，并考虑到他们的生活方式及社会和文化背景特点，选择适合他们的课程内容。农民工子女的教育已经引起了全社会的关注，为此，幼儿园更不能忽视。

在“扮家家”游戏中，新雨和二丫为了争当“妈妈”吵了起来。

新雨：我要当妈妈。

二丫：刚才就是你当，凭什么还是你啊？

新雨：我就要当，就要当，你有什么资格和我抢？我爸爸是总经理，开车送我上幼儿园。你爸爸是卖“臭鱼”的，“开”三轮车送你。咦……臭死了。

二丫：你欺负人，呜呜……

这时老师走过来，让小朋友们围坐成一圈，问道：“小朋友们喜欢吃鱼吗？”小朋友们异口同声地说喜欢。“那没有卖鱼的了，我们还能吃到鱼吗？”大家一致地摇摇头。老师微笑着说：“工作没有贵贱之分，缺少哪一行我们的生活都会受到影响，大家要学会尊重每一个人，不论他是卖鱼的还是总经理……”这时新雨有些不好意思，走过来拉起二丫的手说：“其实我也喜欢吃鱼。”二丫笑着说：“告诉你一个秘密，我也喜欢吃。”此时教室里笑声一片。

上述案例中，新雨笑话二丫的爸爸是卖鱼的，这时教师并没有置之不理，而是及时地给予了正确的引导，这对于像二丫这样的农民工子女来说意义非常重大。农民工子女在城市上幼儿园受到其他小朋友歧视的现象很普遍，为此幼儿教师一定要引起重视，教育孩子们懂得尊重别人就是尊重自己的道理。

6. 留守儿童积极发展及指导

随着城镇化进程的加快，越来越多的父母为了家庭经济水平的提高，为了让孩子能够获得更多的资源，选择进城务工，但是还没有能力让孩子也一同在城里生活，因此，他们把孩子留在家乡，由其他亲人照看，或者由一些社区机构或寄宿学校进行统一管理。随着网络的普及，留守儿童能够与父母在网上进行沟通，但对幼儿或者较小的儿童而言，父母不在身边，无法及时地给予他们温暖与支持，这对他们安全型依恋的形成产生了较大的阻碍，导致他们在行为适应、人际适应、学业适应等方面都可能出现问题。因此，父母、教师、学校、社区都应该尽力为幼儿提供更优良的成长环境，补偿他们缺失的关爱，帮助他们建立积极的适应模式。

（1）提供展示自我的机会。

在开展关爱农村儿童的暑期活动时，大学生志愿者们发现，留守儿童刚开始都非常内向，不敢与其他小朋友一起玩。因此，志愿者们在一系列活动中更多地给予留守儿童表现自我的机会，在舞蹈排练、朗诵比赛、书画课程中挖掘他们的兴趣，让他们慢慢在艺术的世界里，感受到了生活的美好，更憧憬未来的美好生活。

有些留守儿童会出现自卑、不善交际、孤独感较高等适应不良的表现，这是由于他们往往不知如何敞开自己的心扉，但是当他人真正向他们表达善意时，他们也会慢慢敞开心扉。留守儿童往往非常羞涩，不知如何展现自己。如果教师多与他们沟通，慢慢地帮他们打开心扉，给他们展现自身的机会，他们的潜能就会被激发出来，带给教师不一样的惊喜。

（2）合理进行网络监管。

对留守儿童来说，网络是增进亲子沟通、提高亲子关系的重要途径（牛更枫，李占星，王辰宵，马晓彤，孙晓军，周宗奎，2019），因此父母需要定期通过网络与孩子连线。让幼儿通过视频看看父母，也能够促进亲子关系。但是，由于留守儿童往往缺乏适当的监管，他们滥用手机的现象也较为普遍。在缺少他人陪伴时，幼儿就有可能通过网络世界寻求补偿，但是网络上的内容质量参差不齐，幼儿在缺乏监管的情况下就容易游戏成瘾或接收不良内容等。因此，社区、学校、替代监管人就需要代替父母的角色，丰富幼儿的生活，让他们在现实生活获得温暖与支持。

幼儿期是人生的关键时期，我们决不可小看这些年幼的孩子。蒙台梭利曾说过："当一个新的生命降生时，他自身包含着一种神秘的本能，这个本能将指导他如何活动，形成什么样的特性以及怎样适应环境。"因此，我们所有的工作都要以幼儿为根本出发点，充分发挥幼儿的主体作用，把教师的教学活动与幼儿的积极主动参与真正有机地结合起来，使幼儿认识自己的各种行为表现，体验在活动中的各种情感，为今后适应社会生活打下良好的基础。

心理学小常识

当环境发生变化时，幼儿一定会产生一些负面情绪，例如刚上幼儿园、抚养人的改变、幼儿教师的替换等。这时，教师和家长如何应对幼儿的消极情绪就会对幼儿产生巨大的影响，而且这是培养幼儿情绪调节能力的关键时刻。

首先，教师和家长需要调节自身的情绪状态。在面对幼儿的消极情绪时，如果教师和家长做出消极逃避或者惩罚的行为，不但不利于与幼儿建立安全的依恋关系，而且会使幼儿无法学会疏导情绪的正确办法。因此，教师和家长应该先调整自己的情绪状态，不能被孩子的坏情绪"带跑"。

其次，教师和家长应该把这种状况当作教会幼儿自我调节情绪的小课堂。教师和家长不但要通过注意转移等方法先缓和幼儿的情绪，更应该平心静气地告诉幼儿下次遇到这些状况时应该怎么做。例如，当刚上幼儿园的孩子无法适应幼儿园的生活，每天早上哭闹不停时，家长应该经常在放学后询问孩子幼儿园里有什么好玩的，引导孩子去探索幼儿园的环境，如果了解到孩子对某项活动比较感兴趣，就可以利用这些活动让孩子更多地看到幼儿园里有趣的一面。

在面对环境的变化时，重新适应新环境和采取新的生活方式非常重要，每个人都要在变化的环境中寻求平衡点，增强适应能力，建立更强大的信念去应对环境（Tang，Liang，Zhang，Kelifa，& Wang，2020）。幼儿期是适应能力形成和发展的关键时期，在适应的过程中幼儿难免会出现一些消极情绪。教师和家长应帮助与引导孩子面对并解决这些情绪问题，这样有助于提高他们调节自身情绪的能力，从而以更强的适应能力去迎接挑战。

第八章　幼儿人际关系发展与指导

1977 年，心理学家克林格（E. Klinger）做了一个广泛的调查，结果发现，良好的人际关系对于生活的幸福具有首要意义（Klinger，1977）。当人们被问到“什么使你的生活富有意义”时，几乎所有的人都回答，亲密的人际关系是最首要的。自己的生活是否幸福，取决于自己同生活中其他人的关系是否良好。如果自己同配偶、恋人、孩子、父母、同胞、朋友及同事关系良好，有深刻的情感联系，就会感到生活幸福且富有意义。反之，则会感到生活缺乏目标、没有动力和不幸。在这些被调查者的回答中，人际关系的重要性远远超过了成功、名誉和地位（金盛华，2010）。

21 世纪是一个全球化的社会，人与人之间的联系变得越来越密切，人们需要相互合作，需要在一种和谐的关系中寻求成功。一个人要获得成功，需要善于处理人际关系，解决人际冲突，争取他人的合作。幼儿期是幼儿人际交往发展的重要转折期。在这一时期同伴互动变得越来越复杂，表现出更多的交流与合作、互惠的想象游戏及共享的积极情感，由此获得的技能和社会知识为随后的社会性发展奠定了重要的基础（刘新蕊，邢晓沛，张铁男，2018）。但是由于教育的偏差，许多幼儿缺乏交往技能，不会处理人际关系，这在一定程度上已经影响到了幼儿的学习和生活，甚至会影响到他们将来的发展。

第一节　幼儿同伴关系发展与指导

在幼儿社会化的过程中，随着交往范围逐渐扩大，幼儿对外关系的焦点由亲子关系逐渐向同伴关系转移，从 3 岁开始，幼儿越来越喜欢与同伴游戏。我们发现，一些幼儿进入幼儿园后，如何处理同伴关系成了他们面临的棘手问题。同伴交往是幼儿社会化的重要途径。研究表明，幼儿的同伴交往能力会影响儿童积极情绪的建立、社会能力的提升和认知能力的改善（姜勇，李艳菊，黄创，2015）。

一、亲密无间：幼儿同伴关系发展

同伴是指具有相同社会认知能力的人，同伴关系是指年龄相同或相近的儿童在交往过程中建立和发展起来的一种人际关系。同伴交往是指同伴之间通过接触产生相互影响的过程，它能帮助儿童形成自己的态度和价值观念（张岩，刘文，2001）。

（一）幼儿同伴关系的发展趋势

20 世纪 80 年代以来，世界幼儿教育目标由“智育中心”向注重幼儿全面发展转变。各国幼儿教育也都越来越重视发展幼儿的同伴关系，并将其作为培养幼儿全面发展的重要内容。

幼儿对同伴的意识和趋向在很早就出现了。从在摇篮里开始，幼儿就相互影响了。如刚出生不久的婴儿会跟随别的婴儿哇哇地哭叫。随着年龄的增长，幼儿与父母在一起的时间越来越少，而跟其他幼儿在一起的时间越来越多。

国内的一些研究者也对幼儿同伴交往问题进行了诸多研究。杨丽珠、邹晓燕和朱玉华（1995）对 1.5—5 岁幼儿游戏社交类型的研究表明，幼儿的社会交往能力随着年龄增长而不断有所提高。旁观游戏在 2 岁前较多，进入 2 岁明显较少，3 岁后趋于稳定。平行游戏随着年龄的增长而发展，3—4 岁发展很快，4 岁幼儿能够主动寻求游戏的伙伴。合作游戏随年龄的增长而发展，5 岁幼儿发展很快。

幼儿喜欢并且需要和与自己年龄相仿的朋友交往。一般来说，幼儿长到 3 岁时会对朋友产生明显的兴趣，愿意与之亲近，但还不能很融洽地在一起游戏，闹摩擦的多，玩到一起的少。不过，虽然在一起时他们会常常吵架，但是，通过吵嘴、闹矛盾、打闹等，幼儿的社会要求可以得到满足，可以增长幼儿的社会性。幼儿长到 4 岁时，很高兴和更多的同伴一起游戏，也能在情绪好时和大家一起友好相处，但仍然常常吵嘴、打架，有时甚至发生攻击性行为。5 岁幼儿逐步掌握了与同伴友好相处的本领，懂得做一些让步，接受对方的要求，彼此商量，使游戏继续下去。6 岁幼儿与同伴交往的内容和形式更加丰富，语言已经成为他们交往的主要方式和手段，动作仍占有重要地位（杨丽珠，吴文菊，2000）。

（二）幼儿同伴关系类型及特点

目前的研究发现幼儿同伴关系存在着多种类型，其中常见的按照幼儿不同交往类型的心理特征可以把幼儿划分为下列五种类型。

1. 受欢迎型幼儿

受欢迎的幼儿得到较多的正提名和较少的负提名。他们情绪稳定，反应敏捷，活动的强度和速度适中，在交往中积极主动。这些幼儿喜欢与人交往，而且善于交往，且经常表现出友好、积极的交往行为，因而受到大多数同伴的喜爱。受欢迎的幼儿是人们推崇的，他们良好的同伴关系为其自身的成长、成功铺平了道路，这些幼儿大都倾向于成为优秀的社会问题处理者、有效的协调者和对他人的支持者（韩玉莲，2015）。

2. 被拒绝型幼儿

被拒绝型幼儿得到较少的正提名，却有较多的负提名。这些幼儿情绪不稳定，爱冲动，其活动强度大，速度较快，特别好动，较外向，注意力易分散，坚持性差。他们喜欢和小伙伴们交往，却不会交往。在与同伴的交往中活跃、主动，但经常采取不友好的交往方式，如抢玩具、随意改变游戏规则、推打小朋友等，因而常被同伴排斥、拒绝。被拒绝的幼儿容易在今后的生活中遇到严重的适应问题，表现出更多的敌意、批评、攻击性，更容易活动过度和过分离群，产生强烈的孤独感。

3. 被忽视型幼儿

被忽视型幼儿只得到很少的正提名和负提名。与其他幼儿不同的是，这些幼儿不大喜欢与他人交往，他们平时很安静，常常独处或独自活动，在交往中表现出退缩或畏缩，很少表现出主动、友好的行为，也很少表现出不友好、攻击性行为。因而既没有多少同伴喜欢他们，也没有什么同伴会很讨厌他们。这类幼儿通常比较听话，在平时的生活与交往中暴露的问题不明显，不易引起教师和同伴的注意，往往也成为被教师忽视的群体。这些被同伴和教师忽视的幼儿缺乏与他人积极情感的交流，对他人反应冷漠，对班级活动也缺乏兴趣，行为也会变得更加退缩。

4. 矛盾型幼儿

矛盾型幼儿的正提名和负提名均较多。矛盾型幼儿指的是那些被某些同伴喜爱，同时又被另一些同伴讨厌的幼儿，也称“有争议的幼儿”。这些幼儿一方面能力较强，性格较活跃，能领导大家进行游戏，在某个团体中有一定的权威地位；另一方面有时候会压制同伴，行为有时会具有破坏性，从而引起一些同伴的反感。

5. 一般型幼儿

一般型幼儿得到平均的正提名与负提名，他们在同伴提名中没有获得极端的分数（最喜欢或最不喜欢）。这些幼儿在同伴群体中处于中间位置，既不是特别主动、友好，也不是特别被动、惹人讨厌；同伴们大多不是特别喜爱、接纳他们，也不会特别拒绝、忽视他们。这类幼儿能够参与同伴交流、游戏，但表现不是很突出。

二、四海一家：幼儿同伴关系与心理健康

与亲子关系相比较，同伴关系具有其特殊性。家庭中的亲子关系是一种血缘关系、教养关系，父母处于权威状态、主动状态，而幼儿则处于服从状态、被动状态。在同伴关系中，由于幼儿在生理机能方面处于近乎相同的水平，因而他们之间是平等、互惠的，这种人际关系为幼儿的社会化提供了全新的舞台，构成了幼儿之间特殊的学习环境和交往原则。幼儿与同伴之间这种共同活动并协作的关系在幼儿社会化中的作用是成人无法代替的，对幼儿的个性、情感、社会适应力等方面的发展都十分重要。

（一）帮助幼儿摆脱“自我中心”，发展良好的社会行为

“自我中心”是个体在婴幼儿时期所表现出的一种自然的心理特征，这种心理特征随着幼儿的心理发展逐渐减弱或消失。但是，由于独生子女成为家中众星捧月的对象，其“自我中心”倾向也随之加重（韩翠萍，2010）。

日本幼儿教育专家山下俊郎在其《独生子女》一书中指出：“儿童是在同别的儿童的交往中开始从‘自我中心’的‘壳’中解脱出来，了解自我与他人的区别，了解集体中每个成员的权利和义务，培养出各种各样的道德品性的。尊重他人，理解行为规范、协作精神、服务精神这一类品性，不是靠成人的说教，而是靠儿童在游戏活动与社交实践过程中形成的。”

随着同伴在一起游戏、活动的日益频繁，幼儿逐渐了解到同伴所拥有的权利，并借助于其他孩子的行为来评价自己的行为。随着交往经验的积累，幼儿还能逐渐了解群体交往中的各种规则，产生与同伴交往所需的合作、谦让、助人、宽容等良好的社会行为。

（二）平等关系，增进幼儿的交往能力

幼儿的社会交往能力虽然离不开成人的培养，但主要还是幼儿日常生活实践经验积累的结果。幼儿通过与同伴的交往，逐渐掌握一些交往技能和社会所认可的行为模式。虽然教师可以培养幼儿的能力，丰富他们的科学文化知识，但是教师对于幼儿来说，多少都带有一些权威、领导的性质，而幼儿及其同伴在语言、动作、思维等方面都处于近乎相同的水平，他们之间的交往是平等的、横向的关系，他们之间比较容易沟通和交流。例如：

4 岁的毛毛是一个比较内向的男孩，初入园时经常都是独自一人坐在座位上，整天也不说一句话，很少去和其他的小朋友交往、游戏。

在一次区域活动中，他还和以前一样只是静静地坐在自己的位置上看其他小朋友玩。他总是在看别人“过家家”“买东西”……但是他从来没有融入小朋友的游戏。他的带班老师李老师想让他也参与到游戏中，于是走到他身边，轻声问道：“毛毛，你想和小朋友一起玩吗？老师带你去玩好吗？”他听到后抬起头，小眼睛一眨一眨地看着李老师，没说话。李老师想拉毛毛起来，他却使劲地往后挪，坐在座位上，就是不起来。李老师蹲下来对他说：“我想带你去萱萱的商店买东西，或者去娃娃家做客，好吗？”他仍旧看着李老师，什么也不说。正当李老师一筹莫展时，同班的萱萱走了过来，笑着叫毛毛的名字：“毛毛，你来我这儿买西瓜吧。今天的西瓜又大又甜！”边说边拉着毛毛到了她的“水果摊”前，开始一样一样地介绍起来。

案例中的毛毛在某种程度上对李老师还有生疏感，这使得他对李老师的态度冷淡、不积极，所以无论李老师怎样积极地想与他拉近距离，他都没有理会，使他和李老师陷入了一种被动的局面。但是，同伴萱萱的一句话、一个动作，就拉近了彼此之间的距离，使他毫无抗拒地参与到与同伴的游戏中。

（三）提供知识经验，为将来的社会角色做准备

同伴之间的活动、游戏向儿童提供了大量的知识，包括游戏规则、生活常识乃至有关性别的知识，而且这些知识与经验通常容易被幼儿理解和接受。例如：

在秋天主题活动中有一个“秋天来了”的活动。活动结束后就听到嘉嘉指着活动课上用的树叶对旁边的小朋友说：“我看见过一个叔叔用火烧树叶。”宁宁也跟着说：“我也看见过的。”天天说：“我妈妈说火很危险，小朋友是不能玩

火的。”大泽说：“火能推动火箭上天。”就在大家兴致高昂地观看、议论、争吵火时，君君自言自语地说：“火是从哪里来的呢？”君君的问题再次吸引了小朋友们，大家又开始叽叽喳喳说个没完。这时陆凯把头抬得高高的，一手叉着腰，一手指着君君说：“火是会把房子烧着的，我们家前面就着过火。”君君边点头边说：“是抽烟弄的。”有的小朋友说：“烧水时煤气没人看管。”嘉嘉说：“消防车可以去救火。你们知道为什么消防车的车上装一个灯吗？”天天说：“消防车去救火时，这个灯就会亮，而且会发出声音，大家就得让路。”这时全班幼儿就发出消防车的声音：嗡……嗡……

可见，在没有成人介入的情况下，幼儿之间不断进行互动、交流，将对话一次次推向高潮，此时的幼儿就像海绵吸水一样吸收着新的知识。

在与同伴的实际交往中，幼儿除了学到知识外，还学会了如何相互合作，如何处理同伴间的矛盾，如何坚持或放弃自己的意见。幼儿正是在这种关系中学会实践其社会角色和性别角色，并培养社会责任感。在与同伴的游戏中，幼儿积极地对成人世界中的各种角色进行模仿和实践。

（四）促进幼儿情感健康发展，培养良好品德

幼儿通过与同伴的交往，不仅满足了自己交往和归属的需要，而且使幼儿从中体验到快乐，有助于幼儿形成乐观、开朗的性格。

通过社会性交往，幼儿对是非、善恶的行为准则和社会道德规范产生了初步的认识。幼儿的亲社会行为如分享、助人、合作、安慰等会被同伴接受，而攻击和破坏行为则遭到同伴拒绝。同伴的接受和拒绝强化了幼儿的道德行为，使幼儿认识到哪些道德规范是符合社会规范的，哪些是不符合的，最后内化为自己的道德品质。然而，幼儿最初的这些道德判断具有很大的情绪性、具体性和受暗示性，很容易受其他环境的影响。因此，树立同伴中的榜样对幼儿品德规范的形成有一定的促进作用。

（五）促进幼儿自我概念和人格的发展

美国心理学家詹姆斯认为：“我们具有被我们自己关注、被我们自己的同类赞赏的本能倾向。”当自己没有受到或没有受到太多他人的关注时，我们可能会对自己的价值产生疑问。我们是“通过他人的眼睛看自己”，幼儿也是一样的，通过同伴的“眼睛”进行自我认知。同伴的行为和活动就像一面“镜子”，为幼儿提供自我评价的参照，使幼儿能够通过对照更好地认识自己，对自身的能力

做出判断。

良好的同伴关系可以促进人格的健康发展，甚至在幼儿处于不利的发展状况下，还可以抵消不良环境对其发展的影响。一项对离群索居的猴子进行的研究表明：同伴间的接触可以抵消亲子关系中对幼儿的某些不利方面。研究发现，尽管幼猴被剥夺了受母猴照料的机会，但只要它们在“幼年”有同其他的幼猴充分接触和玩耍的机会，它们的发育仍然会是正常的。

安娜·弗洛伊德（Anna Freud）和索菲·丹（Sophie Dan）提供的著名报告也证实了这一点：在第二次世界大战期间，有6个儿童的父母都被纳粹分子杀害，这些儿童被关在集中营内长到3岁（他们在集中营生活了近两年的时间，直至解放）。这期间他们很少得到成人的照顾，几乎是彼此相互照顾着长大的，相互之间形成了深厚的、持久的依恋情感。他们在成长的过程中没有一个人有缺陷或是精神病患者，长大后均成为正常的、有用的社会成员。（Freud & Dan, 1951）

对灵长类动物的实验研究和对人类的相关研究都证明了早期的同伴关系不良将导致青春期抑郁、社会适应困难。另外，儿童在早期同伴交往中获得的经验对塑造其个性、价值观及人生态度都有着独特的、重要的影响。

小章来自南方某省的山区乡村，在家排行最小，全家人都很疼爱他。他自小性格十分内向、孤僻，不善言语，很少与人交往。但他很聪明，学习踏实用功，成绩一向很好，从小学到高中毕业期间的十几年成长还算顺利。然而自上大学之后，他开始感到许多事情总不顺心，尤其是怎样处理人际关系的问题使他伤透了脑筋。一年多来，他和班上同学的关系很不融洽，跟室友曾经发生过几次不小的冲突，关系十分紧张。后来他擅自搬出宿舍，与外班的同学住在一起。从此，他基本上不和班上的同学来往，集体活动也很少参加，与同学的感情淡漠、隔阂加重。他没有一个能信任、谈得来的知心朋友，精神痛苦无处倾诉，长期的苦恼和焦虑使他患上了神经衰弱症。他曾想尽力克制自己，企图用埋头学习的方法来减轻痛苦，冲淡烦恼。然而，事与愿违，由于他学习精力很难集中，效果很差，成绩急剧下降，后来竟出现考试不及格的现象。他开始厌倦学习，厌恶同学和班级，一天也不愿再在学校待下去了。

三、助其乐群：如何促进幼儿同伴关系的发展

（一）评价同伴关系的方法

1. 同伴提名法

同伴提名法是一种用来鉴别儿童群体中受欢迎或不受欢迎儿童的方法。在运用这种方法时，可让儿童根据一些具体标准对群体中的同伴进行提名，一般在每个标准上提 3~5 个名，比如，“说出你喜欢的三个小朋友”（正提名）或“说出你不愿意跟他（她）玩的三个小朋友”（负提名）（张璐璐，高东慧，2015）。

首先将每一个幼儿的正负提名分数转换成标准分数，然后按下列国际通用标准（见表 8–1）将每一个幼儿归入其中一类。

表 8–1　同伴提名法归类标准

	正提名标准分数	负提名标准分数
受欢迎型	⩾ 1	⩽ 0
被拒绝型	⩽ 0	⩾ 1
被忽视型	⩽ −0.5	⩾ −0.5
矛盾型	⩾ 1	⩾ 1
一般型	上述分类余下幼儿	

2. 教师评估法

教师评估法从乐群性、受欢迎程度、领导能力、攻击行为、敌意行为、冲动行为、焦虑行为、退缩行为等方面来评价幼儿的同伴关系特征。常用的问卷包括：学前行为问卷、康纳评定量表、儿童行为量表、学前游戏行为量表等。由对幼儿熟悉的教师来评定，以此了解幼儿同伴关系的行为特征。

（二）幼儿同伴关系的具体指导

1. 一般幼儿同伴关系的指导

（1）营造宽松环境，培养交往技能。

在同伴交往中，幼儿不得不靠自己的社交技能或优点来赢得其他小朋友的认同，获得属于自己的地位。他们必须学会如何有效地加入其他幼儿正在进行的活动，如何与他们进行有效的沟通，如何处理各种突发状况（如受到欺负、排挤）。

在冲突情境中，幼儿还必须学会如何表达自己的立场和为自己辩护，如何机智地解决冲突等。这些都是幼儿在同伴交往中必不可少的“社会交往技能”。

如果教师和家长能够给他们营造一种温暖的、支持性的环境和气氛，则可以在很大程度上帮助幼儿更好地发展同伴关系（姜勇，李艳菊，黄创，2015）。尤其是教师和家长要有意识地为幼儿的同伴交往创造机会，帮助他们参与到同伴的游戏中，或给幼儿展示某方面优点的机会。

（2）在各领域教育教学中培养幼儿的交往能力。

健康、语言、社会、科学和艺术五大领域课程是幼儿园活动中的重要内容。在这些活动中，交往合作内容丰富，方式多样，合作频率很高。幼儿在交往合作时的心情是自由的、快乐的、平等的、率直的。教师可以在这些活动中有意识地发展幼儿的交往能力。例如在体育、音乐活动中，教师不失时机地对幼儿进行良好行为习惯的教育。

在体育游戏“走独木桥”中，教师拿一根20厘米左右宽的木板放在墙边，让幼儿自由想办法走过桥。这时幼儿开动脑筋，想出了各种方法过“桥”，有的侧身走，有的手牵手走，有的互相搭肩走，有的一人在“桥”下走，一人在“桥”上走。这不仅充分发展了幼儿的想象力，而且发展了幼儿之间交往和合作的能力。

不同的音乐作品有着不同的内涵，需要不同的表情和动作来表现。在音乐游戏“小熊跳舞”中，教师要求幼儿用肢体语言表现音乐中的舒缓、轻快、热烈。乐曲第一段，幼儿跟着学小熊走路，边走边和朋友打招呼，相互点头、微笑、招手，或做出亲切交谈的样子。在跳音的部分，幼儿用手、肩膀、腿等部位轻轻碰触小伙伴。在无声的交流中，幼儿体验到用表情、动作与人进行积极的情感交流，以唤起全体参与者的合作热情。在活动中，幼儿可以学会如何与他人交流、与人合作，可以提高幼儿参与活动的积极性、主动性。

（3）教师引导幼儿积极与同伴交流，体验交流的快乐。

在交往的方向以及交往中的一些关键时刻，成人应该给予幼儿及时正确的指导。教师应该对幼儿的同伴关系状况有充分的了解。幼儿的人缘如何，小朋友之间如何交往，交往中出现了什么问题，幼儿能否解决，是如何解决的，等等，这些问题教师都应及时了解，以便采取有效的教育措施，帮助幼儿正确处理同伴关系，避免他们陷入困境。

另外，教师对幼儿的态度和评价还会直接影响到该幼儿在同伴中的地位。经常受到教师批评的幼儿也将成为其他幼儿否定、批评的对象，极易导致其在同伴中不受欢迎。幼儿很容易因为教师的一句话如“你不听话，不是好孩子”

来给身边的小朋友“贴标签”。所以，教师应该注意对幼儿的批评方式和场合，避免因为教师的缘故而使幼儿陷入困境。

2. 劣势地位幼儿的同伴关系的指导

（1）从气质入手，培养幼儿的同伴交往能力。

有人认为，有些幼儿的先天气质影响到其与同伴的关系，而且很难改变。气质是行为的最初表现，影响着幼儿在幼儿园里对同伴和教师的反应。要想在交往中获得成功，幼儿必须知道他人的想法并能理解他人的观点和思想。那些对社交问题能够提出更好解决办法的幼儿，能更有效地解决社交冲突，并且大多在同伴关系中处于受欢迎的地位。成人可以从幼儿气质表现中得到一些信息，比如那些在家里和学校里都表现出性子急、脾气大、易冲动、好动、攻击他人等特点的幼儿通常容易被同伴拒绝。而那些经常处于焦虑、恐惧状态，表现为退缩、不爱活动、反应较为迟缓的幼儿则容易被同伴甚至教师忽视。

随着幼儿发展进入不同阶段，气质在一定程度上也发生着变化。从气质特点入手，从认知、情感和行为角度设计的一些游戏活动，已被实践证明能有效改善幼儿的同伴关系，所以教师可以从改善气质入手来培养幼儿的同伴交往能力（刘文，梁楠，杨丽珠，2007）。教师可以通过一些游戏帮助幼儿掌握更好的解决纠纷的办法，帮助幼儿改善同伴关系。例如：

【活动名称】“我会怎么做呢？”

【活动目的】

（1）引导幼儿解决同伴之间的纠纷，帮助其掌握更好的办法。

（2）教育幼儿与同伴交往时相互友爱才能获得快乐。

【活动过程】

（1）教师假设一种情境：一只小猫、一只小狗正在一起玩皮球。玩了一会儿，他们吵了起来，小猫想多玩一会儿，小狗也想多玩一会儿。

（2）教师问：“有没有什么好办法，不让小猫和小狗吵架呢？”每个幼儿都提出一种或几种方法，然后由其他幼儿和教师做出评价。

（3）教师问：“小朋友们在一起玩的时候也会碰到这种情况，这时应该怎么办呢？”

（4）教师和幼儿一起讨论解决办法，并引导幼儿一步步地得出更好的结论。

在活动中，教师要注意引导幼儿找出更好的解决办法，还可以故意说出不恰当的解决办法，让幼儿进行评价。

（2）对症下药，扬长避短，恢复社交地位。

如何关注那些处于社交劣势的幼儿呢？一方面，教师要通过观察和调查掌握本班幼儿的同伴关系概况，了解哪些幼儿经常被同伴拒绝，哪些幼儿经常被忽视。另一方面，教师要通过观察和访谈找到这些幼儿被拒绝或被忽视的原因，这样才能对症下药。有些幼儿可能是因为攻击性强，经常欺负别的小朋友而被同伴拒绝；有些幼儿可能是因为个人卫生习惯不好；还有一些幼儿可能是因为个性内向，不敢和其他小朋友交流，等等。需要教师和家长针对不同的原因对症下药，采取不同的方法。教师还可以加强与家长的交流，发现孩子的闪光点，并利用这些闪光点使其重塑在同伴中的地位。例如：

5 岁的豆豆很聪明但不爱表达，而且没有自信，对周围的事物和游戏总是表现得缺少兴趣。在其他小朋友玩游戏时，她总是静静地坐在一旁看图画书或者看着窗外。刘老师与豆豆的母亲交流后得知豆豆很喜欢讲故事，于是便经常给豆豆提供在班里讲故事的机会，并给予表扬。还任命她为“森林故事会”的导演，让她教别的小朋友如何绘声绘色地讲故事。几天后，每天自由活动时好几个小朋友都争着让豆豆听自己讲故事，豆豆也和大家热络开来，有说有笑的。

（3）家园配合，适时适当指导。

家长应该鼓励孩子走出家庭，寻找同伴。尤其是独生子女，由于他们在家中整天只与成人打交道，与同龄人接触少，更需要让他们到外面的世界中去发展社会交往能力和对交往的敏感性。在同伴交往中，家长适时的指导作用也非常重要。下面的例子中，妈妈的调节使两个幼儿不仅有了游戏的机会，而且了解了沟通的方法。

在社区的公共活动区，小雪和轩轩为了一辆小汽车争抢起来。小雪大叫着：“小汽车是我的！”轩轩也大声喊着“小汽车是我的”，还打了小雪一下。小雪的妈妈看见了，急忙跑过来把他们拉开：“你们不是好朋友吗？为什么打架？”轩轩噘着嘴说：“不是好朋友，汽车不给我玩！”小雪的妈妈对小雪说：“妈妈平时是怎么对你说的，玩具要和小朋友一起玩。再说，一个人玩小汽车并不好玩，要开来开去才好玩。小雪，你站在这边，让轩轩站在那边，你把车开过去给轩轩，轩轩再开过来给你。这样小汽车不就跑起来了吗？”小雪和轩轩听话地面对面站好，拉开了约 3 米的距离。妈妈示范着把车推向轩轩：“轩轩快把车掉个头开过来给我们。”轩轩把车拿起来往前一推，车开到了小雪的跟前，小雪高兴起来，说：“你开得真准，不过我能开得更快！”于是，两人高高兴兴地玩了起来。

我们在幼儿园里还发现这样一些现象，那些着装比较奇特、邋遢不讲卫生、过于肥胖、发音不标准（有异地口音）的幼儿常常被同伴嘲笑，在交往中遭到同伴的拒绝（曾守锤，吴华清，2004）。因此，家长需要培养幼儿良好的卫生习惯，保持外表的干净整洁，同时也要教育孩子接受和悦纳不同体型、肤色和语言的同伴。

幼儿同伴关系的改善、同伴交往能力的增强，不仅需要教师和家长的引导、幼儿的配合，还需要幼儿园乃至社会各方面的共同努力。比如，社区要为幼儿提供安全的活动场地、环境及器具等。

第二节　幼儿亲子关系发展与指导

作家冰心说："母亲好比夜晚的月光，使孩子总在爱光中进入梦乡；父亲好比早晨勇敢而灿烂的太阳，使孩子在阳光照耀下走向世界。"

亲子关系是指亲代和子代之间的生物血缘关系，在心理学中是指父母与子女之间的相互关系。作为一种血缘近亲，骨肉亲情使亲子双方产生天然的感情依恋（田菲菲，田录梅，2014）。对幼儿来说，亲子关系是他们最早建立的，也是最亲密的人际关系。特别是在我国，独生子女在儿童中占有相当大的比例，在独生子女家庭中，亲子互动显得尤为重要。

一、分离与依附：幼儿依恋的发展

依恋是指婴幼儿和照看者之间亲密、持久的情绪关系，这种关系被具体描述为婴幼儿和照看者之间相互影响并渴望彼此接近，它主要体现在母子之间，也被称为亲子关系。

（一）依恋的发展阶段

3 岁以前的婴幼儿，依恋对象主要是母亲，依恋的方式主要表现为依附、跟随等外显行为。3 岁以后，幼儿进入幼儿园，认知范围不断扩大，幼儿依恋的对象和方式开始发生变化，进入新的发展阶段。

研究认为，幼儿依恋行为的发展可以分为以下四个阶段（陈帼眉，2015）。

1. 无差别的反应阶段（出生—3 个月）

这个时期的婴儿对人反应的最大特点是不加区分、没有差别，对所有人的反应几乎一样，都以抓握、微笑等十分相同的方式对大多数人做出相似的反应。婴儿喜欢所有的人，喜欢听到人的声音，注视人的脸，只要看到人的面孔或听到人的声音就会微笑、手舞足蹈。可以说，婴儿表现的微笑等外显行为只是满足其生理需要的手段，而不能说是真正意义上的依恋行为，至多是一种依恋的萌芽状态。真正的依恋行为产生的标志是婴儿表现出的认生现象以及他们对依恋对象所表现出的努力接近或接触的行为，如朝向行为（注视或移近依恋对象），主动的接触反应（触摸、依偎、拥抱、抚摩或爬到依恋对象身上），以及当依恋对象离开时所表现出的痛苦的反应和当依恋对象返回时表现出的快乐的反应。

2. 有选择的反应阶段（3 个月—6 个月）

这时婴儿对人的反应有了差别，对母亲和他所熟悉的人及陌生人的反应是不同的。婴儿对母亲更为偏爱，在母亲面前表现出更多的微笑、依偎、接近，而在其他熟悉的人面前这些反应相对要少一些，对陌生人则更少，但依然有些反应。当婴儿看到陌生人时只是注视着，如果陌生人对他微笑或抱起他时，他才做出一些反应。

3. 特殊的情感联结阶段（6 个月—2 岁）

这一阶段是婴儿积极寻找与专门照顾者——母亲接近的阶段。从 6~7 个月起，婴儿对母亲的存在表现出特别的关注；到了 7~8 个月时，这种关注行为更为强烈。此时若陌生人靠近，他会哇哇大叫甚至哭闹不安，并转而寻求母亲的所在；当他接近母亲时，一般是先伸手臂，做出欲抱的姿势。这一阶段婴儿特别愿意与母亲在一起，当母亲离开时则哭喊着不让离开；当母亲回来时则显得十分高兴。只要母亲在身边，婴儿就能安心地玩、探索周围环境，好像母亲是其安全基地。这说明此时的婴儿已经能敏锐地辨别熟人和陌生人，真正的依恋行为已产生，婴儿已形成了专门对母亲的情感联结。

7~8 个月时，婴儿也会对父亲形成依恋，但它与对母亲的依恋的作用不一样。母亲更多的是抱婴儿、安抚他，与他一起玩传统的游戏，满足他的需要；而父亲则给予婴儿好玩的身体刺激，发起婴儿喜欢的出人意料的游戏。虽然如此，婴儿对父亲的依恋还是比对母亲的依恋要少一些。

4. 目标调整的伙伴关系阶段（2 岁以后）

2 岁以后，幼儿开始能认知并理解母亲的情感、需要和愿望，把母亲作为一个交往的伙伴，认识到交往时双方都应考虑对方的需要，并据此适当调整自己的目标。这样幼儿与母亲在空间上的接近就逐渐变得不那么重要。比如，当母亲需要出去干别的事情，或离开一段时间时，幼儿也能理解，而不会大声哭闹，可以自己玩，相信母亲一会儿就会回来。

随着进入幼儿园，幼儿逐渐对教师和同伴产生了依恋，他们寻求教师和同伴的注意、赞许，并且年龄越大的幼儿表现得越明显。

（二）依恋的类型

美国心理学家艾恩斯沃斯（Mary Ainsworth）通过对幼儿的依恋行为进行实验研究指出，幼儿的依恋行为可以分为四种类型。

1. 安全型依恋

安全型依恋占 50%~70%，这类幼儿与母亲在一起时能安逸地玩玩具，并不总是依偎在母亲身边，只是偶尔需要靠近或接触母亲，更多的是用眼睛看母亲、对母亲微笑或与母亲有距离地交谈。在陌生的环境中，如果母亲在身边，幼儿会有安全感，能进行积极的探索和操作，对陌生人也能做出主动积极的反应。当母亲离开时，幼儿的探索行为会受到影响，明显表现出苦恼、不安，想寻求母亲回来。当母亲回来时，他们会立即寻求与母亲的接触，并很快平静下来，继续做游戏。

2. 回避型依恋

回避型依恋占 15%~30%，这类幼儿觉得母亲在不在身边都无所谓。他们在与母亲刚分离时并不感到难过。当分离后再见到母亲时，对母亲采取回避态度。实际上这类幼儿对母亲并没有形成特别的依恋，所以有人把这类幼儿称为“无依恋的儿童”。

3. 反抗型依恋

反抗型依恋占 4%~25%，这类幼儿表现出很高的分离焦虑。与母亲分离后，他们表现出强烈的反抗和不安。但当母亲回来时，他们对母亲的态度又是矛盾的：一方面，试图主动接近母亲；一方面，又对来自母亲的安慰进行反抗。

4. 混乱型依恋

混乱型依恋占 15%~25%，这类依恋被看作一种最不安全的依恋类型。在陌生环境里，幼儿表现得杂乱无章，缺乏目的性、组织性，前后不连贯。在这种依恋类型中，前三种类型的依恋行为以非同寻常的方式复杂地结合起来。这类幼儿的行为常常是亲近、回避和反抗行为的结合，或表现出稀奇古怪的行为，如表情恍惚呆滞，或缠住母亲但身体躲避，或跌坐在地板上。研究表明，在被虐待的幼儿和母亲患有抑郁症的幼儿当中，这类依恋类型的幼儿最多。在正常幼儿当中，则与母亲遭受心灵创伤或者还没有从失去亲人的痛苦中解脱出来有关（孙铃，陈会昌，郑淑杰，单玲，陈欣银，2006）。

不同的依恋类型影响着幼儿其他方面的行为。例如，安全型依恋的幼儿通常遵守规则，愿意学习新东西，比较容易适应新环境。反抗型幼儿则经常用焦虑和反抗来对待父母的帮助，母亲刚刚回来时，他可能会一直在与母亲生气和亲昵之间交替，而不是与母亲一起玩。回避型幼儿似乎没有特殊问题，但是因为他们的被动性，常使父母在某些方面对他们丧失信心。

依恋模式在父代和子代之间可以传递。婴幼儿往往会和父母有类似或相同的依恋模式，幼儿在早期与父母形成安全依恋，在幼儿长大为人父母时，也更加容易和自己的孩子形成安全依恋（张印平，刘亚鹏，朱颖，张光珍，梁宗保，陆祖宏，邓慧华，2015）。

二、信任与怀疑：亲子关系与幼儿心理健康的关系

依恋是由儿童与母亲的共生关系引发的。从幼儿出生开始，母亲的爱抚、温暖、怀抱和哺乳，让孩子从自体依恋转向客体依恋，开始感知外部世界，感知自己和他人的关系，感知身体的边界。如果母亲性格强硬，动作粗糙，情绪不好，对孩子管理疏忽（让孩子处于饥、渴、冷、湿等不安状态），或不愿亲自陪伴孩子，把孩子寄养别处，甚至虐待孩子，那么孩子就可能很难与人形成良好的依恋，心理发展迟滞，甚至出现自闭倾向。有很多不能形成依恋的孩子，在成长中慢慢出现边缘型人格障碍或自恋型人格障碍等（丁艳华，徐秀，王争艳，李慧蓉，王卫平，2013）。

（一）良好的亲子关系是幼儿认知能力发展的前提

父母是孩子接触到的第一位老师，也是对子女影响时间最长的老师，他们的一言一行潜移默化地影响着孩子，并成为孩子学习的榜样。良好的亲子关系，有利于父母观察和了解孩子在认知方面的特点，使他们有的放矢地去指导、开发孩子的潜能，特别是在孩子智力发展的关键期（婴幼儿阶段），及时恰当地教育与指导会取得事半功倍的效果。

比如，“亲子对话”就是一种很好的亲子间沟通的方法，它主要是依据每个孩子的个性来培养他的说话能力。若要与孩子说话，首先，父母要学会倾听。一般来说，爱说话的孩子因为好问而思考比较深入，也比较有自信、有个性。倾听也是一种认同孩子的反应，能使孩子感受到充分表现自我的感觉而信心倍增。这样孩子就更容易把自己的想法表达出来，产生自信，因为自己的感受和表达获得重视而变得更有耐性和安全感。而且，比较早就能开始说比较长的句子和灵活运用不同的生词，对孩子将来的写作和表达能力也有帮助。

（二）良好的亲子关系是幼儿人格和社会性发展的基石

0—6岁是婴幼儿个性和社会性发生发展的关键期，他们在与周围的环境、人群和物体的接触中，发展自己的语言、情感、社会行为、道德规范、交往经验和人际关系等。父母在与子女交往中，给予最多的是抚育、照料和丰富的情感反应以及言语教导、具体示范、行为榜样、鼓励诱导与错误纠正等。其中，尤其是母亲对婴幼儿的交往态度和丰富而又积极的情感交流，对子女未来一生形成良好的人际关系和健康的情感具有奠基性的影响。孩子在与父母的亲密交往中，获得安全感，学会独立和与人交往，并在未来的生活中为发展其完美的人格和建立和谐的人际关系奠定基础。

孝敬父母是中华民族的传统美德。一个人从小能够关心父母，长大后能够赡养父母，也往往能把这种美德波及他人，成为有道德的人。从幼儿懂事的那天起，父母就应注意这方面的培养。家里有好吃的东西时，要分成几份，每人都有一份（张绍勤，1998）。

（三）良好的亲子交往有利于幼儿的情绪学习

父母不仅是幼儿依恋的对象，还是幼儿情绪学习的第一位教导者。从出生开始，当孩子感到焦虑和悲伤时，父母一直是孩子身边的安慰者和支持者，并在孩子不能处理情绪困扰时给予帮助或安慰。在这方面，常用的亲子互动方式就是利用亲子间的日常对话了解幼儿的经历，鼓励幼儿表达自身的情感体验，引导其理解他人的情绪，思考与讨论如何应对生活中的各种问题。例如：

妈妈每天从幼儿园接比比回家的路上都和比比聊聊这一天发生的事：

比比：流流可讨厌了，抢我的积木！

妈妈：什么时候啊？

比比：早上，本来我想搭一个大卡车的。

妈妈：是吗，那你当时是什么感觉？生气了吗？

比比：嗯，我不给他，我力气大。

妈妈：他为什么抢你的积木？

比比：我先去的，先拿到的。

妈妈：那是不是流流没有玩具玩啊？

比比：那是我先去的！

妈妈：可是流流没有玩具玩是不是很可怜啊？你如果去晚了没有玩具玩是不是很无聊？（比比仰着头想了想，没吭声）

妈妈：流流抢玩具是他不对。可是他没有玩具玩就很无聊，是不是？其实你可以让流流和你一起玩的。一起玩什么呢？

比比：我可以搭车头，他搭轮子。

妈妈：嗯，那一定很漂亮，跑得很快。明天你可以试一试。

比比：嗯，我明天也要去得早。妈妈明天早点叫我。

可见，除了让幼儿学会倾诉和表达快乐、悲伤、愤怒、紧张等各种情绪外，还应该帮助他们学习聆听他人、理解他人，学会不说伤害他人的话，不做伤害他人的事，并积极讨论应如何应对欺负、忽视和被拒绝等各种问题。所以父母亲即使工作再忙，也应想办法每天抽出一点时间与孩子谈一谈他今天都做了哪些事，发生了什么事情。

（四）良好的亲子关系是幼儿身心健康的重要保证

幼儿的身心健康与父母的亲情、爱抚和家庭温馨的氛围密不可分。父母对孩子的爱是孩子情感幸福的源泉，是维护其生理和精神健康的保证。通常父母在场的情况下，幼儿能够更放心大胆地和其他小朋友玩耍，更专心地探索事物。因为父母可以消除幼儿的紧张、不安、恐惧与焦虑，使幼儿的积极性情感得到充分发展，从而形成独立、自信、谦和、友爱、合作等个性品质，为其今后的发展和社会交往打下坚实的基础。

三、积极与消极：如何促进良好的幼儿亲子关系发展

（一）亲子关系评估方法

亲子关系主要表现在幼儿的依恋上，这里着重介绍一下依恋的两种评估方法。

1. 陌生情境测验

美国心理学家艾恩斯沃斯设计了陌生情境实验程序，以观察母亲与幼儿之间的依恋关系。在这个实验中，幼儿进行 20 分钟的游戏，并使照看者及陌生人进入房间，让幼儿体验如下情境。

- 与母亲一起留在游戏室里。
- 陌生人进来，加入他们。
- 母亲离开，留下孩子与陌生人在房间里。
- 陌生人离开，留下孩子单独待在房间里。

- 陌生人返回房间，与孩子一起留在房间里。
- 母亲返回，与幼儿重聚。

观察幼儿行为的以下两个方面。

- 幼儿从事的探索行为（玩玩具）的总量。
- 幼儿对母亲行为的反应。

基于幼儿的行为表现，参照前面的依恋类型表现把幼儿归入相应的类型。

2. 儿童依恋行为的分类卡片

我国学者通过修订沃特斯—迪因（Waters & Deane）儿童依恋行为分类卡片（Q-Set），制作了适合中国儿童依恋安全性指标的分类卡片。Q-Set 分类卡片共有 90 个项目，有些项目描述的行为在安全依恋中经常表现出来（如表 8–2 中的前三条），有些项目描述的行为在安全依恋中很少出现（如表 8–2 中的后两条），另外一些项目描述的是儿童日常生活中的常见行为。Q-Set 分类卡片使用方便，一般了解儿童行为的成人只需经过简单的训练就可以有效地使用它。

表 8–2　分类卡片项目例举

项目编号	行为描述
1	孩子能够接受母亲的分享，如果母亲要求，可以让母亲拿东西
11	即使母亲没有主动要求，孩子也经常抱着母亲或依偎着母亲
71	如果母亲抱着，孩子会停止哭泣，迅速从被惊吓或不安中恢复
79	孩子很容易对母亲发怒
81	孩子把哭泣作为要求，驱使母亲做他想要做的事情

Q-Set 分类步骤：第一步，评价人逐条阅读行为分类卡片，并把它们从左到右按非典型、一般与典型分成 3 组，各组条目数量不限。第二步，评价人进一步把 3 组卡片分成 9 组，从最不典型到最典型，构成每组 10 个条目的分布。第三步，登记原始分数。第四步，计算依恋性分数。计算依恋性分数的方法是求每个幼儿的原始分数同中国儿童依恋安全性指标的相关系数，该分数分布在 −1.0 到 +1.0 之间。被试的得分越高，该幼儿与母亲或老师的依恋关系安全性越强。高安全性依恋儿童的社会—情绪性发展更好，且外显及内隐行为问题都相对较少（邢淑芬，梁熙，岳建宏，王争艳，2016）。

（二）幼儿亲子关系的具体指导

1. 形成正确的育儿风格

每个孩子都是一粒种子，具有自己独特的生命力和无限的发展可能性。家长应时刻想到，孩子跟种子一样，有自己的生命力；家长所能做到的，只是根据孩子的天性来因材施教，不应该对孩子有过高的期望或与别的孩子比较，觉得自己的孩子不如别人。父母的育儿价值观（即生孩子、养孩子的目的）、育儿态度、育儿行为等的综合形成了育儿风格，育儿风格形成了特定的家庭情绪气氛，儿童就是在这种情绪气氛中成长的。很多研究都发现，民主型育儿风格是积极、支持、交流、严格要求和温暖的，它接受儿童，控制儿童的行为，允许儿童的心理自治，鼓励儿童独立自主，在进行家庭决策时征求孩子的意见（辛明月，2019）。

儿童是人，不是物。他们有自己的思想感情，有独立的人格，他们与父母处于平等地位。父母应该用平视的眼光与孩子交流，把他们当作朋友，充分尊重他们的各种权利，给予他们应有的自由。父母不应该高高在上，更不能采用极端的方式让子女屈从、让步。家长应重视幼儿的心理需求，尽可能地采用肯定、赞扬和鼓励的方式对幼儿的言行进行积极评价。

2. 加强亲子沟通，明确行为准则

明确具体的行为准则能使幼儿知道自己该做什么，不该做什么。家长可以和孩子一起商讨，这样制定的行为准则会使幼儿比较容易接受。而且孩子通过参与，也比较容易将这些准则内化为自己的行为准则，提高孩子的积极性。

行为准则一经确立，就应坚决贯彻执行。而且行为准则应尽量做到始终如一，处理同样的事件要给出同样的标准，如果你今天允许孩子这么做，明天没有任何理由地告诉他不行，就会造成孩子思维、判断的混乱，让孩子无所适从。家长或许会忘记或不在乎自己的前后矛盾，以一句“我怎么说你就怎么做”来压制孩子，可是孩子不会忘，久而久之，你会发现自己的命令很难得到贯彻执行。是孩子任性吗？其实一部分是由家长的“出尔反尔”造成的。

3. 重视情感沟通，促进安全依恋

作为一名职业女性，小茨的妈妈要同时兼顾家庭和事业，生活十分忙碌。她又是一个很情绪化和不拘小节的人，稍有心事就会在脸上表露出来。小茨经常会问：“妈妈，你是不是生气啦？是不是不喜欢我了？”其实每当他问这些时，妈妈根本就没有生气，更不会不喜欢他。这时，小茨嘟起小嘴，委屈地说：“你总不对我笑。”原来，小茨的妈妈一直认为对男孩应该严格管教，所以没有

经常给儿子笑脸，没料到儿子竟因此认为妈妈不喜欢他。

从上例中可以看出，父母一定要敞开自己的心扉，随时倾听孩子的诉说；对孩子的话题，父母要表现出热心的关注；要体会孩子的感受，了解他们的想法。漫不经心、置之不理等做法往往会严重挫伤孩子的自尊心，形成沟通障碍。同时，父母应鼓励孩子真诚、坦率地表明自己的观点和看法，切忌不屑一顾、敷衍搪塞、随意打断、不视具体情况而横加指责。同时，一些非言语沟通，比如一个安慰的手势、动作姿态、表情等，有时比有声语言更有感染力，更容易被接受，更能促进亲子之间的依恋关系。

4. 创造性地运用亲子游戏，建立安全依恋

亲子游戏是父母与孩子交往及情感联系的重要方式。父母与孩子结成平等的玩伴关系，能够“寓教于乐”。孩子和父母在游戏中增加了情感交流，密切了亲子关系。开展好亲子游戏，对于促进亲子之间良好的依恋关系具有重要作用。例如，下面这个小游戏既可以增进亲子情感交流，还可以训练幼儿反应的灵敏性。

【游戏名称】大西瓜、小西瓜。

【适合年龄】5—6 岁。

【游戏玩法】家长和孩子面对面站立，家长说“大西瓜”，孩子就做“小西瓜”的手势。家长说“小西瓜”，孩子就做“大西瓜”的手势。错者淘汰，最后未被淘汰者为胜。游戏进行 3 次之后，互换角色进行。

【注意】此游戏也可由家庭中的一人发出信号，其余的家庭成员一起做。可变换一些词语，如“高”“矮”“胖”“瘦”等来进行。

5. 重建亲子依恋，改善恋物情结

在成长过程中，许多幼儿都会或多或少地对某种物品产生一定的依恋。有的是一个毛绒玩具，有的是一条小被子。他们非常在意这些物品，经常会对这些物品有成人难以理解的关注和依赖。正如美国著名漫画家查尔斯·舒尔茨（Charles M. Schulz，1922—2000）的漫画《史努比》（*Snoopy*）中的奈勒斯，小男孩奈勒斯拥有独特的“标志”——一条永不离身的毛毯。奈勒斯带着这条毛毯上学、游戏、睡觉甚至上台演讲，一旦毛毯离身，他马上便感到浑身不自在，没了自信也没了风采。

这种特定的恋物情结，其成因往往和孩子幼年的不安全依恋有关。有些幼儿可能是在婴儿阶段就离开母亲到祖父母那里生活，离开熟悉的环境到了一个

陌生的环境，原来形成的安全感会消失。所以他们本能地从身边熟悉的物品中选择一个，建立新的安全感。

那么这种恋物情结会影响到孩子未来的健康成长吗？其实，“恋物”本身不会对孩子的成长有消极影响，而“恋物”的源头——安全感的缺失才是父母必须关注的。解铃还须系铃人，安全感的缺失必定需要安全感的补偿。让孩子回到父母身边，重新建立亲子之间的依恋关系，是补偿孩子安全感的最好办法。进入幼儿园以后，尤其是融入多彩的集体生活之后，幼儿的恋物情结随着时间的流逝会有积极的转移。

6. 多用鼓励奖赏，尽量避免惩罚

过多的惩罚，特别是惩罚不当会给孩子造成心灵上的伤害，挫伤他们的积极性，导致亲子关系紧张。而奖励尤其是精神奖励是一种调动幼儿的积极性，塑造其良好行为，克服其不良习惯的好方法。在与孩子的交往过程中，父母应多用积极的语言或表情，对孩子做出积极的评价。孩子有不良行为，家长不能随意训斥、责骂甚至体罚孩子，简单粗暴的做法不但无助于事情的解决，而且会对孩子的身心健康产生很大的负面影响，对亲子关系也十分有害。在这种情况下，家长应“晓之以理”，帮助孩子分析不良行为产生的原因，然后和孩子讨论这种行为错在哪里，并指导孩子选择正确的行为。同时，还应“动之以情”，给予他们更多的关心、体贴、理解、宽容，使他们感受到亲子间的真情和家庭中的温暖。

家庭筹码奖励系统（The Family Chip Reward System，TFCRS），是一种把幼儿喜欢的卡片作为奖品对幼儿的良好行为给予奖励的方法。它可以有效地培养幼儿形成良好习惯，同时纠正他们的不良行为（林怡，张晓敏，2006）。

启用家庭筹码奖励系统最重要的一点，是对幼儿合适的行为立刻给予奖励。如果某个幼儿有一些需要改进的坏习惯，并且他的周围有年龄相仿的幼儿，最好让他们也加入进来。这样，可以增加活动的趣味性，并通过孩子们彼此之间的竞争与参与，让活动进行得更有声有色，更富有成效。启动“TFCRS”的步骤如下。

- 带着孩子一同去杂货店，挑选一些他喜欢的卡通小卡片。卡片最好有不同的类型，代表不同的分值。孩子最喜欢的那类卡片自然分数最高，其他次之。
- 告诉孩子从现在开始，他可以自己管理自己。
- 向孩子描述“TFCRS”运行的方式。以爸爸妈妈为例进行说明，如爸爸妈妈上班，得到工资，然后用工资支付其他费用，像买好吃的、好玩的

或看电影等。如果孩子在某方面表现得好，他就可赢得一张卡片作为奖励，然后用这些卡片换取他需要的东西或想做某件事情的资格。

- 制定一个可以赢取卡片的清单，向孩子详细解释在哪些情形下他可以赢取卡片。从每天一早就开始观察孩子的行为，并对孩子的良好行为及时给予奖励。
- 制定一个需要付出卡片的清单，向孩子详细解释在哪些情形下他需要支付卡片。一旦孩子的某种要求得到满足，就要扣除一定数量的卡片。

7. 父母相互配合，共同关爱幼儿

在“男主外，女主内”的传统观念以及目前社会竞争日益激烈的双重影响下，许多父亲感到工作紧张、养家难，将教育子女的事全推给母亲，使得我国目前出现父亲“淡出”家庭教育的现象。有的父亲以为应充当“严父”，即板着面孔教训子女，这导致孩子疏远父亲，父亲失去了许多教育子女的机会。如，下面例子中的父亲平时较少与孩子沟通，而且很少带孩子参与家庭以外的活动，以至于他只是做出一点亲近孩子的举动，孩子就非常高兴。

广播操过后，蓝蓝小朋友兴奋地跑过来问老师：“老师，你知道今天是谁送我来幼儿园的吗？”老师说：“舅舅？外婆？”“不对。”“妈妈？”“不对。”蓝蓝自豪地说：“是我爸爸亲自送我来的，他晚上还要来接我回家呢！”孩子仰着兴奋而略显激动的脸。

可见，幼儿是多么希望可以和父亲一起游戏、交流，哪怕只是送他去上幼儿园。父亲对幼儿性别角色的发展有着非常重要的影响，他与母亲扮演的角色不同。男孩通过对父亲的性别认同和模仿可以发展出更多的性别角色行为；女孩也能在与父亲的相处和父亲的关爱中获得安全感和特有的保护性心理，并且从父亲身上获得关于异性品质的参照。父亲特有的角色示范和行为强化模式使幼儿能够习得更多的性别角色行为。如果女孩在幼儿期没有与父亲建立良好的关系，长大后很容易在与异性相处中遇到问题。子女既需要母亲，也需要父亲，需要完整家庭的爱，父爱和母爱有各自的特点，对孩子的健康成长都不可或缺、不可替代。

同时，需要指出的是，亲子关系对幼儿的影响并没有绝对的固定模式。亲子双方的影响是互动的，作用的结果是复杂的。即使幼儿在同样类型的管教态度影响下，由于他们本身的素质、特点不同，气质、能力、年龄、性别和发展水平不同，所处社会环境与学校教育、朋友的影响不同，已形成的价值观、思

维方式、个性各异，也不一定能形成同样的行为和人格特征。这就提醒我们，在改善亲子关系的时候，要同时考虑父母和孩子双方的特点，努力寻找二者最佳的结合点。

第三节　师幼互动与指导

教育家蒙台梭利认为："教育的基本问题，不是教什么和学什么的问题，而是建立成人和幼儿之间关系的问题。"

苏联教育家苏霍姆林斯基也说过："当一个孩子跨进学校的大门成为你的学生时，他无限信任你，你的每一句话对他来说都是神圣的真理。在他看来，你就是智慧、理智和道德的典范……"

幼儿在幼儿园首先结成的就是师幼关系，其次才是以教师为轴心的同伴关系。师幼关系正是幼儿对人际关系的最直接的体验，怎样的师幼关系就会烘托出怎样的同伴关系。如果教师采用平等、尊重的态度对待幼儿，幼儿从教师那里体验到的是一种尊重和信任，那么幼儿就能获得自尊和自信，掌握公正、互惠的相处方式，并产生对他人的尊重和信任。

与亲子互动不同，师幼互动在更多的时候不是一对一的，而是一个教师与多个儿童之间的互动。非一一对应性是师幼互动的明显特征之一。这可使师幼充分利用同伴学习资源，使师幼间的影响具有辐射性和弥散性，提高教育的效果；同时也有可能导致教师与每个儿童有针对性的交流不够充分，个别学生得到的关注相对不足，一些儿童的特殊需要得不到及时满足等（庞丽娟，2001）。

一、相互尊重：师幼互动与幼儿心理健康的关系

作为一种特殊的人际互动，师幼互动是指在师生之间发生的各种形式、性质、程度的相互作用和影响。

（一）师幼互动的内容和形式

师幼互动的内容主要包括三个层次：①师幼关系是一种非对称性的相倚关系，即教师与幼儿是教育者与受教育者、保护者与被保护者的关系；②师幼关系是完全平等的关系；③师幼关系是幼儿向教师学习的关系。

一项研究表明：我国目前的师幼互动中教师对幼儿纪律约束多，自由余

地小；师幼互动内容偏重于知识技能传授，轻视情感、社会性培养（项宗萍，1995）。

研究者将师幼互动的形式主要分为两种：教师发起的互动与幼儿发起的互动。前者包括约束纪律、指导活动、照顾生活、抚慰情绪、提问、让幼儿帮助做事、共同游戏、表达情感、询问等；后者包括寻求指导与帮助、告状、表述情况、请求、发表见解、寻求关注与安慰、询问、帮助教师做事、与教师共同游戏等。

（二）师幼互动与幼儿心理健康

教师指向幼儿的情感特征分为三种：①正向，即教师的行为中表现出对幼儿和蔼、亲切、喜欢、赞许的情感倾向；②负向，即教师的行为中表现出对幼儿不满、厌恶甚至恼怒、愤怒的情感倾向；③中性，即教师的行为中没有明显的正向或负向特征。

幼儿指向教师的情感特征也分为三种：①进取，即幼儿的行为中带有明显的大胆、不惧怕教师的特点；②畏惧，即幼儿对教师表现出明显的胆怯、害怕的倾向；③平和，即幼儿的行为中没有明显的进取或畏惧的情感倾向。

当教师带着正向或中性情感发起互动时，幼儿反馈行为的情感特征以进取与平和为主；当教师带有负向情感时，幼儿反馈的情感特征则以畏惧为主，平和次之，进取极少。因此，师幼互动直接影响到幼儿的心理健康。

二、相互学习：师幼互动的指导

（一）转变观念，发现儿童

在中国两千年漫长的封建社会里，“师道尊严”的思想一直深入人心。一些幼儿教师仍然高高在上地掌控幼儿，认为幼儿是无知的被教育者，就应该乖乖地听命于教师的指挥。这种落后的观念在当代幼儿教师身上还留有影子，这使得一些幼儿园里形成了不符合当代教育要求的师生关系，使幼儿主动性的发展受到一定程度的制约（周德明，丁强，2015）。幼儿教师应树立正确、科学的儿童观，这部分内容在第三章已经阐述，这里不再赘述。

（二）师生协商，民主平等

幼儿是独立的人，有独立的人格和需要。在教育教学活动中，教师在幼儿面前如果总是一副高高在上的姿态，势必使幼儿与教师之间的关系失衡，孩子们对教师从心底里敬畏，在教师面前就会胆小、退缩，或沉默寡言不敢发表见解，或人云亦云没有新意。平等不仅仅是“蹲下来，与幼儿视线保持平行”那么简单，教师体态上的变化只是一种外在的形式，最主要的还是要从思想观念上不把自己看作整个教育活动的绝对主宰，要求幼儿凡事唯教师之命是从，也不要把自己的想法、意见强加给幼儿。

美国心理学家曾做过这样的实验：他们从学校里挑选出12名被认为最没有上进心的学生，分成两个小组，对其提出问题。对第一组学生提出的问题是很容易回答的。而对第二组学生提出的问题大半是较容易回答的，但每5个问题中有1个是必须经过认真思考、反复努力才有可能答上来的问题，与此同时，教师还及时告诉他们怎样避免失败的方法。结果表明第二组学生变得很自信，这说明了适当的师生互动有助于提高学生的自信心。

在教育教学活动中，平等民主的做法应该是协商型、启发型的。比如师生一起商量游戏的玩法，在游戏中引导幼儿自己发现问题，启发他们想出解决问题的办法。在科学探索中给予幼儿足够的发言权，注意听取幼儿的不同意见，共同讨论、寻求答案；鼓励他们进行多种不同的尝试。幼儿在活动中产生了异议，即便是幼儿错了，教师也要讲究批评教育的艺术，采取幼儿易于接受的方式进行，不能以势压人。

（三）互尊互爱，公平对待

在师幼互动中，尊重和爱都是相互的。教师不能只要求幼儿单方面地尊重自己，反过来则觉得幼儿年纪小、无知幼稚、不懂事、不值得尊重。教师要意识到，幼儿作为一个独立的社会个体，与成年人一样享有充分的生存权、发展权，他在人格上与成人是平等的，不能因为他年龄小，就无视甚至侮辱他的人格。

早晨，老师刚来到教室，就有一位家长领着一个男孩走进来了。“老师好！”孩子一声清脆的问候打破了教室里的寂静，而老师似乎在低头忙着今天的教学准备。“嗯，好！”老师头都没抬地答道。孩子扫兴地自己玩去了，家长也失望地离去。

看到有小朋友来到班级，教师应立刻放下手中一切事务，走到门口蹲下身子来迎接孩子和家长的到来，首先热情地回应孩子“早晨好啊，×××”，接着转向家长问候一句或送上一个微笑，请孩子跟家长说“再见”，然后跟孩子聊聊

“早晨吃饭了吗？”“昨晚看了什么动画片或图书啊？”等问题，来拉近师生之间的距离，沟通感情，让孩子真正感受到被尊重、被关心，让孩子觉得老师像朋友。

要形成积极的师幼互动，幼儿教师要注意以下两点：

第一，教师应承认幼儿的个体差异，接纳每一个孩子。幼儿的相貌、智力、性格、家庭背景千差万别，有些教师本能地喜欢长得漂亮、聪明伶俐、性格开朗的孩子。对相貌较差、反应迟钝、性格木讷或过于顽皮的孩子则“另眼相待”，甚至流露出厌恶情绪，这是不符合教师职业道德的。

第二，教师要了解每个幼儿的不同气质，正确对待拥有不同气质的孩子。每个幼儿出生时就有自己独特的气质，他们用自己独特的行为模式与外界交往。虽然有时气质会导致行为问题，但对每一个孩子来说，他的气质都是正常的。有些教师认为可以用纪律、奖赏来塑造或“纠正”孩子的气质，他们试图为孩子重塑金身。他们这种力图改变幼儿自然行为模式的行为，无异于揠苗助长。不过，气质特征虽然不能完全改变，但是也并非一成不变。教师虽然不能改变孩子基本的气质，但他们可以改变对待孩子气质的方式（具体参见本书第九章）。

（四）积极赞美，心理相融

面对幼儿，教师要多用正面、积极、恰当的语言，肯定并赞美他们在学习、生活方面的良好表现，哪怕是很小的事情。这是一种最简单的爱的表达方式。如老师对幼儿说：“亮亮自己会穿衣服，真能干啊！”“小雪的故事讲得好极了，小朋友们都喜欢听。”教师一句贴切的赞美语言可以使孩子保持一天甚至几天的良好情绪，有时还可以使孩子在某方面有个新的开端。

要形成心理相融的师幼互动，幼儿教师要注意以下三点：

第一，教师要处处为幼儿着想，从幼儿的实际出发，使教师的要求转化为幼儿自身和集体的要求，缩短师生之间的距离，产生友好、亲近、共鸣、信任的效应。

第二，教师要调动幼儿的积极性，激励幼儿的自信心和上进心，激起幼儿对教师的信赖，使师生乐于相互交往、易于相互沟通。

第三，教师要给予幼儿一定的自由度。处处受到教师严格管束的幼儿，会感受到许多无形的压力，由此产生的紧张情绪使他们的思路变得狭窄、想象力不能自由驰骋，说话要看教师的脸色，动作变得小心谨慎，这会束缚和阻碍幼儿自主性、主动性、创造性的发展。所以，教师要给幼儿一些空间，让他们自己去安排；给幼儿一些问题，让他们自己去寻找答案；给幼儿一些困难，让他们自己去解决；给幼儿一些题目，让他们自己去创造；给幼儿一些冲突，让他们自己去处理。教师不要多加干涉，要做一个耐心的倾听者、一个朋友似的合作者、一个无条件的鼓励者、一个智慧的引导者。

（五）家园配合，师幼和谐

良好师幼互动关系的建立还需要家长和幼儿园的配合。家长和幼儿园领导要信任教师，不要给教师太大的压力。

1. 家长不要给教师太大的压力

有些家长认为只有自己对孩子的情况最了解，在接送孩子期间，向教师交代很多细节，比如不能把孩子的外套脱掉、要盯着他洗手、他不吃芹菜等。其实，孩子在幼儿园里和在家里的活动方式差别很大，教师会根据具体情况调整对孩子的照顾情况。如果孩子没有特殊需要，那么家长尽可放心，孩子有能力适应幼儿园里的生活方式。

还有些家长发现问题后，避开与带班教师的沟通，直接向园长反映情况，认为这样解决问题更有力度。实际上有些小问题，家长只需要和带班教师沟通一下就可以了。如果园长向教师传达家长的意见，会给带班教师造成心理压力与紧张，甚至有些教师会对这个幼儿采取“特殊化”的态度。比如，一个女孩的母亲觉得孩子在幼儿园里总吃不饱，向园长反映了情况，后来每天教师都逼这个女孩吃满满一碗饭，不论她是否已经吃饱了。

2. 园长要做教师和家长沟通的“桥梁”

园长也要充分信任教师，积极主动地成为教师和家长沟通的“桥梁”。当家长怒气冲冲地向园长反映教师的某些做法时，园长不应该和家长针锋相对，以避免矛盾激化，也不要推卸责任，对家长爱理不理，而应该先稳住局面，弄清情况。家长毕竟不是专业的教育人员，他们的某些教育观念可能不正确，个别家长自身的文化素养有限，再加上对自己的孩子过于关心，有时可能不冷静，过于急躁。这时，园长和教师应理解包容家长，等待和帮助家长冷静下来，然后向家长摆事实、讲道理。如果家长提出的意见、要求合理可行，园长和教师就应积极地采纳。

同时，当家长反映教师工作的不足之处时，园长不应该武断地否定教师，而要尊重、信任教师，深入实际调查了解情况，给教师解释说明的机会，维护教师的自尊心。从中也能及时发现和了解保教工作中存在的问题，和教师一起协商解决。

心理学小常识

早在20世纪50年代，美国心理学家就做过一项感觉剥夺的实验，就是让志愿受试的大学生单独待在小屋里，最大限度地阻断其视觉、听觉和触觉。结果，这些大学生很快就感到无聊、烦躁，甚至产生幻觉，两三天后就要求终止实验。1996年7月29日，40岁的意大利洞穴专家毛里奇·蒙培尔独自住进了一个地下溶洞，开始了名为“先锋地下实验室”的生活。一年中，这位洞穴专家在设备优越、起居舒适却又封闭的环境中，吸了380盒香烟，看了100部录像片，在健身车上骑了1600多千米。一年后，当重返人间时，他脸色苍白、情绪低落，尽管渴望热闹、渴望与人相处，但他已经丧失了交际能力。蒙培尔说，在洞穴里待了一年，才知道人只有与人在一起时，才能享受到作为一个人的全部快乐。

（周南照，孙云晓，1999）

2020年抗疫居家隔离，也带来了人际交往的困扰，很多家长和孩子担心疫情结束后不会人际交往了。随着多省市吹响了“零增长”的胜利号角，复工复学的浪潮席卷而来。但是，复园后，幼儿园实施严格的防疫防控措施，比如戴口罩、不能聚集聊天玩耍、分批隔开就餐，等等，这些在客观上都影响着幼儿之间的交往。因此在这个阶段，幼儿如何更好地进行人际交往是复园后心理健康教育的重点之一。小朋友们“打小报告”的方式变得让人哭笑不得，从前说的是“老师，他们上课讲话”，现在说的是“老师，他们没戴口罩”。疫情过后，幼儿园为了孩子们的安全着想，制定了相关安全措施，保持1米社交距离、说话要戴口罩等。例如，小莉就为此感到难过，以前吃午饭和午休时她可以和其他小朋友嬉戏打闹，现在吃饭都要保持一定距离，她逐渐发现好朋友对她没有以前热情了，但她却感到束手无策。

这里给家长提供几条建议：

（1）应该帮助幼儿清除新冠知识盲点，关注积极信息，重建安全感。家长可以通过问题谈论、观看《儿童疫情知识教育》系列短视频或者玩主题医院的游戏等形式为孩子传递科学且正确的理论知识，帮助孩子撕开新冠肺炎神秘的面纱，阻止其将新冠病毒妖魔化，学习避免传染的科学方法。

（2）在复园之初，幼儿的交流沟通可能存在不适反应，所以家长在疫情过后要表现出关爱和接纳，沟通交流可以帮助幼儿缓解恐慌和焦虑的情绪，通过不断地给予关爱、鼓励和表扬，帮助孩子建立自信心。当然也可以给予孩子适当的交往技巧指导，以改善孩子在复学之初紧张的人际关系。家长可以通过回忆往事和简单练习的方式帮助孩子感受人际支持，比如回忆最难忘的瞬间、帮助过我的人等或者进行简单的练习。

（3）家长可以引导孩子在人际交往过程中积极主动，主动地和他人联系，力所能及地帮助他人；引导孩子对他人要有尊重和接纳的态度，要宽容、体谅、接纳他人；引导孩子对他人心怀善意和感恩之心。此外，家长还要帮助孩子提升自己的沟通能力，从而促进其人际关系的发展，比如使用共情倾听练习方法，通过用平和的心态去维持和孩子的关系，秉持爱心和共情的态度去倾听孩子。

（摘自：刘文，李京霖，张嘉琪. 后疫情时代，用心防治系列之三：人际交往“疫”路有你. 学习强国，2020）

第九章　幼儿人格发展与促进

美国斯坦福大学的心理学家特尔曼（L. M. Terman）及其同事梅里尔（Merrill）曾对智能与创造力进行了对比研究（Terman & Merrill，1937）。他们用了35年时间追踪研究了1500多名高智能的儿童，这些儿童曾被视为天才儿童。特尔曼一直追踪他们到成年期，甚至超过了事业成功的年龄。这些“天才”具有良好的天赋，受到优越的教育，社会也提供了应有的环境条件。可是，令特尔曼等人失望的是，这1500多名“天才”中，竟然找不出一位牛顿、达尔文、爱迪生式的人物，也找不出莎士比亚、普希金、马克·吐温式的人物。他们都极为平凡，没有一个成为富有创造力的人才。心理学家研究表明，高智商不是创造力培养的必要条件，创造力的培养只需要一般智力条件就可以，富有创造力的人身上有一种与众不同的人格力量。

有位哲人曾说：“人格是一种预言。”人格是一个人生活成败、喜怒哀乐的根源之一。人格决定一个人的生活方式，甚至有时会决定一个人的命运。面对挫折与失败，坚强者发奋拼搏，懦弱者一蹶不振。悲痛可以被人化为力量，也可以使人陷于消沉。当人格具有功能性时，就表现为健全而有力，支配一个人的生活与成败；而当人格功能失调时，就会表现出软弱、无力、失控，甚至变态。在3—6岁这一阶段，幼儿的自我意识迅速发展，人格特征迅速形成，因此我们从人格的角度入手，对幼儿的心理健康进行指导和促进，具有重要意义。

第一节　幼儿气质与父母、教师的良好匹配型教育理论

小亮是个活跃的孩子，活泼好动、表现欲强、外向、做事敢想敢干，但遇事容易冲动、缺乏毅力和耐力，他喜欢各种活动量大的游戏。他的邻桌小丽则是个安静、内向的孩子，她胆子很小、不喜欢活动、反应较为迟缓、有依赖性，但她做事很专注、情绪稳定、注意力不容易分散、坚持性较好。

琪琪是个爱生气的孩子，早晨起来看到妈妈给他准备了红色的裙子，她小嘴一噘生气了：“我不喜欢这个！”到了幼儿园，看到小朋友们在一起玩，她又

不高兴了。手工课上，老师教大家折纸，她没做好，又不开心了。下午妈妈来接她晚了，琪琪把小嘴一噘，头一甩，很不高兴。

其实，孩子们的行为表现是与他们的气质特点分不开的。气质是在个体生命早期就出现的，幼儿的气质特点不同，就会有不同的行为和情绪表现，在强度、速度、稳定性、灵活性和指向性上均有差异。气质是人的天性，无好坏之分。每种气质都有利有弊。气质只是给人的行为涂上某种色彩，不能决定人的社会价值。因此，在幼儿心理健康教育中，我们首先要考虑根据幼儿的气质差异来因材施教，不能千篇一律，父母和教师的教育也要与幼儿的气质特点相匹配，这样才会收到良好的教育效果。

一、禀性可移：幼儿气质的发展特点

（一）幼儿的气质结构

气质就是我们所说的脾气，俗话说：江山易改，禀性难移。似乎人们认为气质是天生的，难以改变。可是科学研究的结果却推翻了这个定论。江山易改，禀性并非难移。气质是先天和后天的合金。要正确理解幼儿的气质就要从幼儿的气质结构入手。研究表明，幼儿的气质是由情绪性、活动性、反应性、社会抑制性和专注性组成的多维整体（刘文，刘方，邹姝姮，2015）。

- 情绪性。情绪性包括对人、对事情的积极情绪和消极情绪的表达及其表现的程度。积极情绪包括微笑、大笑和其他快乐表现，而消极情绪包括容易恼火、大惊小怪、胆怯和情绪不稳定。每个幼儿都有各种情绪，有时高兴，有时悲伤，有时愉快，有时抑郁，有时笑容可掬，有时暴躁乖戾。
- 活动性。活动性指幼儿对活动强度、活动时间和活动速度的要求。此维度包括强度、时间和速度。例如：幼儿对人和事物的反应如何？当每天进入幼儿园时，他是飞奔而来、慢慢走还是原地不动等老师过去接他？
- 反应性。反应性指幼儿对外界刺激的感受、敏锐程度及对各种刺激做出反应的快慢程度，不仅包括对环境的感知，也包括对认知活动的反应。它主要包括敏感和敏捷两个特征。例如，当小朋友遇到环境变化时，是发现得早还是发现得迟呢？
- 社会抑制性。社会抑制性指幼儿对早期未经历过的事情所做出反应的方向性倾向，主要包括适应和灵活两个特征。例如，幼儿遇到陌生人和陌生情境的反应。

- 专注性。专注性指幼儿活动中注意力的持久程度，包括坚持性和分散度两个特征。例如，做事是否坚持很长时间，有外界干扰时是否容易分心等。

气质五维度之间是相互联系、相互区别的，五个维度构成一个有机统一的气质整体。对于幼儿的气质理解也要从这五个方面进行，活动水平和表情变化是幼儿气质的最初表现，反应性、社会抑制性和专注性的个体差异是幼儿气质的外在表现。幼儿气质发展的年龄特征表现为这五个方面和谐发展的程度。

（二）幼儿的气质发展特点

从年龄段上说，3—5 岁是幼儿气质发展的关键年龄。从总体上看，气质各维度的发展速度并不均衡，其中活动性为最稳定因素，各年龄段的差别并不显著。情绪性总体来看差异显著，6—9 岁之间差异显著；反应性维度关键年龄在 3—4 岁、8—9 岁；社会抑制性的发展转变年龄在 8—9 岁；专注性发展转变年龄在 3—4 岁、8—9 岁。

从性别上看，3—9 岁幼儿的气质存在着差异。其中情绪性维度上男女生差别明显，男生比女生情绪更为冲动；活动性也同样差别明显，男生比女生更好动；女生的专注性要好于男生；反应性和社会抑制性上男女生差别不明显。对幼儿的气质进行横向研究和纵向研究的结果表明：幼儿气质的活动性是气质结构中较稳定的维度，可以通过早期研究预测幼儿未来的气质特征。

（三）幼儿的气质类型

经过多年的实证研究，我们把幼儿的气质分为五种类型：活跃型、专注型、抑制型、均衡型和敏捷型（如表 9-1 所示）。

表 9-1　各气质类型的幼儿表现特点

气质类型	具体表现
活跃型	精力旺盛、好动、活动量大且时间长；情绪易激动、不稳定、耐受性差；对外界刺激及认知活动的反应一般；对环境和人的适应性、灵活性表现一般；坚持性差、注意力易分散。
专注型	注意力持久、坚持性强、注意力不易分散；喜欢安静的活动，活动量小；情绪稳定、不易激动、耐受性强；对外界刺激及认知活动的反应一般；对环境和人的适应性、灵活性一般。

（续表）

气质类型	具体表现
抑制型	对环境和人的适应性、灵活性较差，退缩、害羞；不喜欢大运动量的活动；情绪稳定、不易激动；对外界刺激及认知活动的反应水平低；坚持性强，注意力不易分散。
均衡型	情绪基本稳定；活动强度、时间适中；对各种刺激反应一般；对环境和人的适应性、灵活性一般；注意力持久的程度中等。
敏捷型	对外界各种刺激的感受性强、敏锐、反应快、接受新事物快；注意力持久，易集中、不易分散；活动强度和时间适中，对环境和人适应快、灵活；情绪表现比较稳定，积极情绪占主导。

这五种类型的幼儿各有其明显的特征，但各种类型的特点也互有交叉。例如，专注型、抑制型和敏捷型幼儿的注意力都比较集中，在专注性维度上得分较高。活跃型和敏捷型幼儿在社会抑制型维度上得分都较低，这说明他们对陌生事物的适应性是共同的，每种类型的典型特点一致，区别就在于其表现程度的不同。

二、因材施教：根据幼儿气质特点进行良好匹配教育

（一）幼儿气质的评估方法

常用的对幼儿气质进行评估的方法有观察法和问卷法。

1. 观察法

观察在一般的生活情境中就可以进行。比如，我们可以把在最近的4~6个星期观察到的幼儿的气质特征记录下来，尽可能客观地观察、倾听、记录幼儿对某些人物、事件和环境的反应模式。要观察的内容包括以下几个方面。

- 活动性：观察幼儿在睡眠、进食、玩耍、穿衣以及其他日常活动中的肢体活动情况。并对幼儿活动性做出评价（较高、一般或是较低）。高强度的孩子会大声哭笑，而气质温和的孩子则仅仅是微笑和低声呜咽。观察幼儿整天是连蹦带跳、手舞足蹈，还是静静地蜷坐。活泼的幼儿喜欢蹦、跳、跑；不活跃的幼儿喜欢安静的游戏。
- 社会抑制性：初次接触新面孔、新情形、新地方、新玩具时的行为反应。评价幼儿在陌生环境中的反应是自在舒适还是犹豫不决、退缩害怕。例如，可以记录幼儿第一次见到老师、新同伴、新玩具以及一些陌生人时

的反应；可以观察幼儿面对第一次吃的食物时的反应；同时还要观察他反应的强度。

- 情绪性：负面情绪、正面情绪反应特征。在环境中记录各种令幼儿开心或不开心的事，幼儿友善或不友善的行为。情绪积极的幼儿经常面带微笑或者开怀大笑，对大家很友善；情绪消极的幼儿经常不高兴、吹毛求疵，很难与周围的人友好相处。
- 专注性：做事情时的专注性、持久性以及注意力的表现。有的幼儿可能不断地摆弄一个新玩具，直到他会玩为止，而有的幼儿可能随便玩玩就放下了。专注性能反映出幼儿排除外界干扰而坚持活动的能力。有的幼儿注意力集中，做事情持久，而有的幼儿则不能坚持很久，只适合在短时间内完成任务。
- 反应性：幼儿对于外来刺激的敏感表现及快慢程度。如通过对幼儿的五种感知觉（视觉、听觉、触觉、嗅觉、味觉）的观察，可了解他们对颜色、材质、气味的敏感性等。高敏感性的幼儿能敏锐地察觉到周围的环境；低敏感性的幼儿对周围的环境不那么敏感，对同样的刺激反应较少。五种感知觉都有助于了解幼儿的反应性。

记录的语言要使用描述性语言，避免使用“讨厌”“野蛮”“不成熟”之类的负面评价，尽量用中性甚至正面的描述来代替。

辛辛观察记录（部分）

睡眠：无论白天和晚上休息时都睡得很稳，他通常会保持刚上床时的姿势，如果白天有什么烦恼，在开始睡觉时他会偶尔翻来覆去一两个小时。

吃饭：他吃饭时缓慢而平稳，不会像其他孩子一样坐不住。星期天我们出去吃饭时，他抱怨我们给他指定了位子，但他仍会坐在那里，在等待上菜时也是安静地坐着。

成人：他需要过一段时间才能适应日常生活中不熟悉的大人。比如幼儿园里来了新老师，他会躲起来，问道：“以前的那个老师呢？我不喜欢这个新老师。”

幼儿：辛辛熟悉孩子也需要时间，他到现在还躲着隔壁6个星期前搬来的小男孩。

计划变更：上个星期六早晨，他的爸爸没有像平时一样带他去公园，他很伤心。这是他的一种典型反应。

2. 问卷法

问卷法是通过父母或教师的评定，测量出从婴儿到学龄幼儿的气质特点。常用的问卷如托马斯和切斯（Thomas & Chess，1977）的《3~7岁幼儿气质的父母评定量表》、斯特里劳（Strelau）的《幼儿园儿童反应评定量表》、罗斯巴特（Rothbart）的《婴儿行为调查表》、马丁（Martin）的《幼儿气质评定量表》，以及刘文和杨丽珠编制的《3~9岁儿童气质教师评定问卷》等。这些问卷都能够帮助我们全面了解幼儿气质的各个方面。下面以《3~9岁儿童气质教师评定问卷》为例（刘文，杨丽珠，2005；刘文，2017）（见表9–2）。

表9–2　3~9岁儿童气质教师评定问卷

题项	从不	偶尔	有时	经常	总是
1. 他/她不争抢，能轻易地接受让别的小朋友先玩。	1	2	3	4	5
2. 他/她很难安稳地坐着。	1	2	3	4	5
3. 教室里的新变化，会很快被他/她注意到。	1	2	3	4	5
4. 如果活动被打断，他/她会努力继续下去。	1	2	3	4	5
5. 和别的小朋友或同学一起玩时，如果不喜欢什么事，他/她会和别的小朋友或同学吵嘴或打架。	1	2	3	4	5
6. 平常走路时，他/她喜欢跑而不愿意走。	1	2	3	4	5
7. 他/她对气味和食物的味道很敏感，能说出别人难以觉察到的气味和味道。	1	2	3	4	5
8. 他/她与同伴交往时，从不主动与别人交谈或找别人玩耍。	1	2	3	4	5
9. 教室里的其他声音很容易分散他/她的注意力。	1	2	3	4	5
10. 在户外活动时，他/她比别的小朋友更活跃，精力更充沛，喜欢打闹。	1	2	3	4	5
11. 当小朋友或老师在服装或者发型等方面发生变化时，他/她很快就会注意到。	1	2	3	4	5
12. 他/她一开始会避免玩新的游戏和活动。	1	2	3	4	5

（续表）

题项	从不	偶尔	有时	经常	总是
13. 他 / 她情绪不稳定。	1	2	3	4	5
14. 如果课间不休息，不能像往常那样进行身体活动，他 / 她就会变得烦躁不安起来。	1	2	3	4	5
15. 他 / 她要很长时间才能在新环境中变得自在。	1	2	3	4	5
16. 听老师讲故事或讲课时，他 / 她的注意时间比其他小朋友长。	1	2	3	4	5
17. 当不能得到想要的东西或不能做想做的事时，他 / 她会变得生气和不安。	1	2	3	4	5
18. 自由活动时，他 / 她不喜欢大运动量的活动，愿意玩安静的游戏或坐着。	1	2	3	4	5
19. 他 / 她遇到新的小朋友或同学时会感到羞怯。	1	2	3	4	5
20. 老师讲解时，即使别的小朋友或同学讲话或不安静，他 / 她也能保持注意力。	1	2	3	4	5
21. 如果不喜欢某件事，他 / 她就会大声喊叫或吵闹着告诉别的小朋友或同学。	1	2	3	4	5
22. 听故事或看书时，他 / 她可以一直安静地坐着。	1	2	3	4	5
23. 活动时，他 / 她总是抢着回答问题，有时别的小朋友还没明白，他 / 她就说出答案了。	1	2	3	4	5
24. 他 / 她开始一项活动后易半途而废。	1	2	3	4	5
25. 他 / 她很难安静地坐着，经常粗手粗脚地将玩具、用具弄坏。	1	2	3	4	5
26. 他 / 她对光线的明暗变化很敏感。	1	2	3	4	5
27. 刚接受一项新的学习任务时，他 / 她会立刻表现出兴趣。	1	2	3	4	5

（续表）

题项	从不	偶尔	有时	经常	总是
28. 他 / 她的注意力很容易分散，一支铅笔、一块橡皮等都能成为他 / 她的玩具，他 / 她会因此而不注意老师组织的活动。	1	2	3	4	5
29. 一遇到不顺心的事，他 / 她的情绪马上就会低落。	1	2	3	4	5
30. 每当老师教授新东西时，他 / 她能很快学会。	1	2	3	4	5
31. 每当小朋友或老师说错话时，他 / 她能很快觉察并纠正。	1	2	3	4	5

（二）按照幼儿的气质特点进行教育需要注意的问题

1. 幼儿教师要正确认识幼儿的气质特点

每个幼儿都有自己的气质特征，各有其优缺点，这也是幼儿早期表现出个体差异的重要原因。为了扬长避短，教师应对幼儿进行细心观察，耐心帮助，发扬他们气质中的优点，帮助他们修正气质中的弱点。比如，我们可以对坚持性强、情绪稳定的幼儿进行适当的挫折教育，让他们在一次次的失败中吸取教训，取得经验，逐步建立起克服困难的信心。挫折教育对这类幼儿来说是一种有益的教育方法。但是，如果我们对耐受性差、情绪易激动的幼儿进行挫折教育，那么他们会因受到挫折而产生抵触情绪，甚至出现对抗行为，他们会认为教师在与他们“作对”。所以对这类幼儿进行挫折教育非但不能使他们坚强起来，反而会引发他们的逆反心理。

2. 父母和教师要接受幼儿的气质特点

随着幼儿逐渐长大，父母会发现幼儿的某些特征是令人烦恼的，但要想改变幼儿先天的气质特点很难，即使在专业人员的帮助下也只是略起作用，只能尽量矫正，不能从根本上改变。所以，父母对幼儿先天遗传的某些气质特征，一般情况下应该接受，不要因为孩子孤僻少言而去指责、歧视。这样将会损害幼儿的自尊心，让幼儿自卑。正确的做法是要找出幼儿气质特征中的闪光点，宽容对待他，多多鼓励他，通过言传身教帮助他养成良好的行为习惯。在教育中要以孩子为主体，开展适合其天性的活动。

事实上，幼儿的气质没有好坏之分，虽然某个幼儿的气质特征中可能有某些不够好的东西，但这正如每个人都有优点和缺点，却不能凭这些优缺点就区分好人和坏人一样。教师对幼儿的气质特征也不要过分挑剔；同时，也不要把自己的愿望强加给幼儿，否则很可能会适得其反，甚至会导致幼儿产生精神障碍和疾病。

3. 不要轻易对幼儿的气质类型下结论

幼儿虽然表现出各种气质特征，但教师不要轻易下结论，断定一个幼儿属于某种气质类型，这是因为：①在实际生活中纯粹属于某种气质类型的人是极少的；②某一种行为特点可能为几种气质类型所共有。例如，情绪敏感、易于激动、容易改变，既可能是活跃型，也可能是抑制型的表现。教师必须经过长期的反复观察，比较综合各种行为特点，再审慎地确定幼儿的气质是接近或属于某种类型，以免引起教育上的失误。

（三）幼儿气质与父母、教师的良好匹配型教育理论的应用

1. 幼儿气质与父母的良好匹配型教育理论

家庭是幼儿的主要生活环境。幼儿最初的生活经验、一般的社会道德评价和行为习惯都是通过家庭获得的。而新生儿的气质特征从一开始就影响其与父母的交往，因为这种气质特征所表现的独特的“行动风格”，必然会使幼儿在与父母交往中表现出不同的特点。研究表明，父母的教养方式和子女气质之间存在一定的良性循环和恶性循环。例如：一个脾气暴躁的幼儿，在等待母亲哺乳时，会大哭大叫，容易引起母亲的手忙脚乱，导致母亲对幼儿态度不好，发展下去，幼儿易形成急躁的性格。反之，一个脾气温和的幼儿会较耐心地等待母亲哺乳，这样母亲就会高高兴兴、有说有笑地给孩子哺乳，长此以往，幼儿就易形成温文尔雅的性格。气质表现为容易适应、易于抚慰的、易于社交的幼儿会引发父母温和、反应迅速的教养方式。气质表现为易怒的、苛求的和退缩的幼儿会导致父母的激怒、疏远或缺少刺激的教养方式。因此，孩子的气质能够促进父母与孩子之间的互动，也能够使双方的关系陷入困境。在父母与孩子的互动中，父母对孩子气质的感受、反应和孩子的气质本身一样重要。父母对孩子气质的感受决定了他们接受或者容忍孩子气质的程度，也决定了父母会采取怎样的方式对待孩子。因此，父母要了解孩子的气质特征，做到因材施教。

2. 幼儿气质与幼儿教师的良好匹配型教育理论

按照传统的思维方式，教育者经常会提出这样的问题：什么气质特点的幼儿在幼儿园里表现最好？而现代气质研究的成果让我们将问题转换为：什么样的教学和管理方式对各种气质类型的幼儿的成长和学习更为有利？托马斯和切

斯（Thomas & Chess，1987）提出了“良好适应”的概念来描述幼儿的气质满足环境的期望和要求这种状况。当幼儿的气质与教师的期望和要求相适应时，幼儿就能取得好成绩，并会得到教师较好的评价，且这种关系具有一定的稳定性（Antje，Jamil，& Larsen，et al.，2018）。

在实际的教育工作中，教师可以采用复式教学方法。

首先，教师要考虑到幼儿不同的活动要求。复式活动课程应该既有动态活动，又有静态活动，最好是在动态活动中同时考虑静态修养的需要。集体活动课程让爱社交的幼儿有出头露面的机会，个人自由活动可以让安静的幼儿安心地从事自己感兴趣的活动，而且为自我控制能力差的幼儿提供自我约束和自我调节的时间和空间，否则他们会因不守纪律而总是处于受批评的境地。

其次，教师对不同的幼儿要采取适当的批评方式。特别是对于敏感的幼儿，不宜在公开场合批评他们，否则会让他们在同伴面前抬不起头来，久而久之形成自卑心理。

再次，教师要多关注那些容易被忽略的幼儿。在师幼互动中，困难型幼儿让教师难以把握；容易型幼儿常受到教师的肯定；而中间型幼儿往往容易被忽略。而事实上，每种幼儿都希望得到教师的关注、喜欢和称赞。因此，教师要有意识地克服这种心理定式，关注每种类型的幼儿。

最后，教师应知道气质是先天和后天的合金，虽然相对稳定，但也不是一成不变的。教师还应注意气质掩盖现象，对幼儿的气质进行不同的补失教育。

教师调整自己的教学风格，使之与幼儿的气质相匹配，不仅会提高教学效果，而且会帮助幼儿建立良好的自我价值感（赵海信，孙灯勇，2013），最终促使他们形成良好的个性。在师生互动过程中，教师不仅是施动者，影响着幼儿的发展，而且是受动者，幼儿的气质也对教师起着某种强化作用。因此，幼儿气质与教师的良好匹配能够帮助教师和幼儿双方的气质、个性共同成长和发展。

（四）幼儿行为问题与气质

看待幼儿气质类型要以发展的观点来看。虽然有行为问题的幼儿的教育要更加困难，但是一种气质是否存在困难主要在于它是否与环境相适应。要是过早地给孩子贴上“困难型”的标签，对孩子一生的发展都会很不利。因此，教师和家长不要把主要精力放在改造孩子气质的外在特征的表现上，这样会让大人和孩子都精疲力竭。特别是，有时大人的情绪表现会刺激孩子的负面情绪发展。因此，应该将什么教养方式好或什么气质特点最好的思维方式，转换为考虑什么样的教养方式对各种气质类型的孩子的发展更有利。我们认为良好的适应模型是改善父母、教师的教育方式与幼儿气质之间关系的好思路。父母、教师调整自己的养育风格，使之与孩子的气质相匹配，不仅会促进孩子的发展，而且会帮助孩子建立良好的自我价值感。

有研究发现，幼儿气质与问题行为关系密切，如积极情感得分过高的幼儿容易导致外化问题行为，而悲伤、愤怒等负性情绪则容易产生内化问题（刘方，刘文，于腾旭，2019）。那么我们在实际生活中，应该如何对有不同行为问题的幼儿进行有针对性的指导和矫正呢？可以从以下几个方面入手。

- 确定幼儿的行为问题是否与幼儿的气质有关。最简单的方法就是通过询问幼儿的父母或其他了解幼儿的成人，是否因为自己对他的气质应对不当而使幼儿的行为与周围的环境有些不和谐。
- 对于容易兴奋、不可遏制的幼儿，要教会他们自制，午睡先醒时能够安静地躺着，不喊叫、不吵醒别人，养成安静、遵守纪律的习惯。培养的重点可以放在教育他们如何专心工作、耐心做事上。如让幼儿参加听故事、看幼儿书画、听广播、画画等活动量少又很有趣味的活动。
- 对于容易抑制、行动畏怯的幼儿，教师要引导他们多和其他幼儿交往，鼓励他们多参加集体活动，教会他们各种活动技能和工作方法，并要多表扬他们的成绩，培养他们的自信心，激发他们参与活动的积极性，使每个幼儿都能够在教育的积极影响下发扬气质的积极方面，改变气质的消极方面。
- 有些行动缓慢的幼儿，对新环境、新人、新事物的适应性很低、很慢，遇事甚至出现退缩，喜怒哀乐的情绪也不明显。这类幼儿在幼儿园里特别容易被忽视。他们很难与人沟通，父母、教师也不知道他们在想什么，不知道他们喜欢或不喜欢什么，更不知道他们需要哪些帮助。对于这样的幼儿，教师要格外注意给予他们适当的关注，比如可以给他们安排一些小任务，如让他们负责分餐具、在活动中让他们扮演重要的角色等，让他们感到自己在集体中被需要、被重视。

第二节　幼儿自信心发展与促进

情景 1：午饭快结束了，男孩小宽把汤喝完后说：“老师，看我汤都喝完了！”老师对小朋友们说：“小宽把饭菜吃干净了，汤也喝完了，老师表扬他。”小宽听了一边送碗一边说：“看，我怎么这么棒啊！”说完后，他头一昂就走了。

情景2：女孩维维特别爱跳舞。在活动区表演时，她常常是先跳舞，然后把武术与舞蹈结合起来。今天老师给她放一首歌，她做了一个形似英文字母的“O”形动作。音乐停了以后，她对老师说：“老师，妈妈给我报了一个舞蹈班，其实电视上跳舞的也没什么，我都能比过他们，我同样也能上电视跳舞。”

这两个案例都是我们在幼儿园里观察到的真实情景。情景1中小宽为了得到老师的表扬，特地用语言提示老师他已经把汤喝完了。当老师当着全班小朋友的面表扬了他以后，他以幽默的方式做出了自信的动作和语言反应。情景2中维维的语言“其实电视上跳舞的也没什么，我都能比过他们，我同样也能上电视跳舞”，诸如此类“小大人”的语言或动作引起了成人的发笑，这些正是幼儿自信心的表现。

幼儿的自信心源于他们对自己的认识，他们在对自己的认识过程中还要不断地吸取外界的评价来调整自己，因此我们要注意培养幼儿良好的自信心。

一、成功的条件——建立自信：幼儿自信心的发展

自信心或称自信感，是指个体对自身行为能力与价值的客观认识和充分估价的一种体验，是一种健康向上的心理品质。

（一）幼儿自信心的结构

研究（王娥蕊，杨丽珠，2006）发现，自我效能感、自我表现和成就感三个维度从认识、体验、行为三个方面共同建构了幼儿的自信心，而自我效能感作为幼儿自信心的最高体现，在幼儿自信心结构三维度中处于核心地位。自我效能感是最有效的自我调节方法之一，它是一个人有能力去完成某些行为的信心，这些行为能使他获得一种期望的理想结果。当自我效能感高的时候，人有信心完成某些行为，克服某些困难情形，获得成功体验，这时自我效能感可以被看作自信心的一种特殊形式。

（二）幼儿自信心的发展特点

国外学者约德等人（Yoder，Pao，& Imam，et al.，1988）指出，幼儿在他们成长的过程中，会面临五个发展自信心的关键时期：第一个关键期（0—2岁），称为基本的信任期；第二个关键期（2—3岁），即从婴儿期到蹒跚学步

期的创伤性过渡期；第三个关键期（4—5 岁），即兄弟姐妹争宠期；第四个关键期（5—13 岁），即同伴竞争期；第五个关键期（13—19 岁），即独立战争期。约德认为，发展幼儿自信心的关键所在，就是父母应该在幼儿自信心发展的这五个关键时期给予幼儿及时恰当的指导，使幼儿顺利度过每一个关键期。

二、成功的动力——发展自信：幼儿自信心与心理健康的关系

美国文学家、诗人爱默生（Ralph Waldo Emerson，1803—1882）说："自信是成功的第一秘诀。自信是成功的前提和重要的精神支柱，一个人只要有了成功的信心，就能保持最佳状态，把全部精力集中到所追求的目标上，取得成功。"

21 世纪是充满挑战、竞争的世纪。在日常生活中，我们不难发现自信与自卑两者的累加效应。越是自信，越会成功，越成功则越自信；反之，越是缺乏自信，则越会导致更深的自卑。对于成人而言，自信能使我们从容地面对一切，无往而不胜；而对于孩子来说，自信则能调动他们潜在的积极性和创造性，帮助他们更好地成长起来。因此，从小事做起，培养孩子的自信心是个应该引起重视的问题。

自信心对于幼儿心理健康和认识能力的发展都具有十分重要的意义，它能促进幼儿产生积极主动的活动愿望，大胆探索、思考问题，乐于与周围的人交往，保持愉快的情绪。幼儿在获得更多知识和技能的同时，也能逐渐发展乐观、勇敢、独立性强等性格特征。缺乏自信心的幼儿稍遇困难就退缩，不敢自由地表达自己的爱好和愿望，怯于与周围的人交往，参加活动的积极性、主动性差，不能充分发挥自己的能力去认识和探索事物，而且容易形成胆小、懦弱、依赖性强、优柔寡断等性格特征。自信心是一个人非常重要的心理品质，对人一生的发展和成才起着极为重要的作用（陈帼眉，2017）。

三、成功的秘密——获得自信：如何培养幼儿的自信心

（一）幼儿自信心的评估方法

常用的评估幼儿自信心的方法有观察法和问卷法。表 9–3 就是一个评估幼儿自信心的观察表。

表 9–3 幼儿自信心观察表

方法	观察内容
日常观察	对教师的提问能主动回答 做自己熟悉的事情时有信心
情景观察	在全班小朋友面前表演 与别的小朋友争论时坚持自己的观点 交给幼儿一件事（如帮助老师布置环境），问其“能做好吗？”

（二）常见的幼儿自信心不足的表现

有的幼儿缺乏自信心表现为依赖性强、适应能力低。依赖性强的幼儿总是想躲到家长或教师的后面，动手能力弱，也不能很快地适应新环境，结交新伙伴；有的幼儿总是怀疑自己，做事犹豫不决；还有的幼儿畏惧失败、害怕努力。

（三）培养幼儿自信心的具体方法

1. 幼儿自信心的指导的一般方法

（1）正确对待幼儿，以肯定与信任的态度来对待幼儿。

教师和家长对幼儿的态度对幼儿自信心的发展至关重要。研究表明：成人充分的信任、热情的期待和正确的评价与鼓励能有效地增强幼儿的自信心。

一位教育工作者曾经目睹过这样一件事：一个小女孩开开心心地回家把自己白天在幼儿园里画的画拿给妈妈看：“妈妈，你看我画的猴子好不好看？我们老师说我画得很像。”结果妈妈只是冷淡地看了她一眼，就去忙自己的事了。小女孩的脸上一下子就挂满了失望。

成长中的幼儿非常需要成人，尤其是教师和家长的肯定，成人对他们的冷漠甚至否定，对幼儿自信心的发展会产生非常大的伤害。幼儿会在成人的忽视和否定中不再接纳自己，丧失对自己的信心。因此，幼儿自信心的培养首先需要教师和家长以肯定和信任的态度来对待他们。

同时，成人还要给幼儿提供一片自主的空间，让他们学会自己去发现问题、解决问题。如，在童童做题时，妈妈先去做自己的事，发现他做错了题，也不要马上纠正，而是提示他自己去找出错误：“你好像做错了一道题，你能找到吗？”这样，童童会积极地发现错误，自己改正过来会比他一次做对更能加深理解，并非常感激妈妈的帮助。

（2）培养成功感，让不同水平的幼儿体验成功的喜悦。

国内外教育经验和科研成果都证明，成功感是自信心的重要心理成分。因此，自信心教育要帮助幼儿获得成功，使他们能体验到成功的喜悦，帮助幼儿从自己的成功中正确认识自己的能力，认识到困难是可以克服的。

成功的快乐是一种巨大的鼓舞力量，成功的积极体验会增强幼儿的学习动机，激发幼儿再尝试的欲望。因此，我们应帮助幼儿培养能力，使幼儿实现成功的愿望。由于幼儿的知识、经验和能力是有限的，有的事情他们经过努力能做到，有的事情即使努力了也暂时做不到。这个时候就不要勉强幼儿，适当的时候还要帮他们一把。

（3）帮助幼儿养成乐观的态度，教会他们正确面对失败。

心理学研究表明，自我评价是个人从外部评价向内部评价逐步过渡、逐步内化的过程。尽管来自同伴或他人的外部评价存在不容忽视的作用，但幼儿的自我评价更不可忽视，幼儿的自我评价往往会逐渐内化为幼儿乐观或悲观的人格特质。乐观的自我评价，表现在看到自己不足的同时，不自暴自弃，不怨天尤人，能主动调整情绪，保持平衡的心态。

（4）丰富幼儿的知识，培养幼儿的能力，在实践活动中增强其自信心。

如果说自信心与能力是密切相关的，那么知识是获得能力的源泉之一。在幼儿一日活动中，教师应启发幼儿多想多问，鼓励幼儿在全班小朋友面前大胆表现，逐步增强其自信心。培养幼儿的自信心务必与培养幼儿的多种能力、多种兴趣结合起来，使幼儿的自信心建立在实实在在的基础上。

在幼儿园里教师可以从幼儿活动的各个方面入手进行自信心的培养，如：小班从表演游戏、音乐活动、劳动等方面，中班从户外活动、集体教育活动、家园共育方面，大班从游戏活动、集体教育活动、劳动方面，根据不同的目的制订可行的活动计划。

（5）多种渠道渗透，把幼儿的自信心教育带到课堂中来。

自信心教育可以渗透到教学的各个领域，教师可以在健康、语言、社会、科学、艺术五大领域的教学活动中不失时机地帮助幼儿发展自我、提高自信。

有针对性的合理的体育活动也可以帮助幼儿树立自信心。如开展跳绳活动，在训练时，教师采用生动有趣、幼儿容易掌握的方法进行指导，大多数幼儿都能够很快掌握。而个别胆怯的幼儿却很怕被绳子打到，缩手缩脚，不敢上前。这时如果教师利用音乐的节奏陪他一起跳，多加鼓励，并让其他小朋友也陪他一起玩，在同伴的影响下，他会克服恐惧，树立信心，也能积极地投入到游戏中去。

在美术活动中，教师要善于鼓励，让幼儿在学习中充满自信。有时在课堂中我们会发现有些小朋友落笔不够大胆、很拘束，自己拿不定主意，不知道从何下笔；而有的小朋友则非常紧张，还没开始画就向老师求助：“老师，你帮我画吧，我不会。”其实这些幼儿并不是不会，而是存在疑虑、不敢动手。这时，教师就要仔细观察，了解他们的绘画水平，认真分析每个幼儿的绘画能力，并采取相应的措施，帮助他们、鼓励他们。例如：

有个小朋友不喜欢画画。一次春游后的绘画课上，她的作业本上画的全是绿色。老师问她：“你画的是什么呀？”她回答说：“大海。”老师惊讶地问：“大海为什么是绿色的呢？”“小朋友们在海边吃黄瓜时，把黄瓜扔进了大海，把大海染绿了。”多么富有想象力啊！于是，老师把她的作品挂在展览栏里，当着全班小朋友的面肯定并表扬了她的作品，以此来激发她的绘画兴趣。

2. 幼儿自信心的个别指导

在幼儿园里，教师要多给幼儿独立活动和动手、动脑、动口的机会，逐步建立幼儿的自信心。比如，针对幼儿在集体活动中不敢举手的现象，教师可以尽量分组上课，扩大活动面，鼓励每个幼儿举手发言，肯定他们的勇敢和进步；同时改进教学，注意选取灵活多样的方式，让幼儿在丰富多彩的活动中训练能力，并获得较多的成功体验，以逐步提高其自信心。对于在某一方面存在知识或能力缺陷的幼儿，在不放松个别指导和帮助的同时，还要动员家长多予以辅导，使他们较快地突破自己的薄弱环节并赶上同伴。下面介绍的是一个培养儿童自我表现力的小游戏（张瑞瑞，2019）。

【游戏名称】照相。

【适合对象】小班幼儿。

【游戏目的】引导幼儿学习创编各种造型的动作，自由地表演，大胆地展示自我，培养幼儿自我表现的自信心，并使其在与同伴的交流合作中体验自我的乐趣。

【游戏过程】

（1）听一听，欣赏歌曲引起幼儿的兴趣。

老师播放《小动物走路》的歌曲。幼儿讨论，相互交流“小动物是怎样走路的”。

（2）唱一唱，激发幼儿创编的欲望和自我表现的自信心。

教师示范演唱歌曲，幼儿跟随录音学唱歌曲《小动物走路》。

（3）动一动，幼儿尝试创编各种“小动物走路”的造型。

幼儿跟随歌曲内容自由表演，大胆展示自我，增强自信。

（4）练一练，幼儿自由组合，做出各种动作造型，充分表现自我。

幼儿自由结伴，一个扮演摄影师，一个扮演被照相者。扮演被照相者的幼儿随意做出小动物走路的姿势，扮演摄影师的幼儿为他拍照，然后互换角色。

（5）拍一拍，引导幼儿体验创造活动的愉悦心情。

全体幼儿活动起来，听歌曲自由表现，教师当摄影师抓拍镜头。

（6）尾声活动，游戏“照相馆”。

区域活动中，幼儿可自愿制作“单筒”式样的照相机，玩“照相馆”的游戏。

第三节　幼儿自尊心发展与促进

情景1：早上举行英语故事表演，小朋友们都去舞蹈教室进行表演，表演过后老师在教室里给小朋友们总结表演的情况。君君（男）在大家都非常安静的时候放了个屁，由于声音挺大的，所以把小朋友们和几位老师都逗笑了。这时君君的脸红了，但是并没有生气，而是跟着大家笑了。到了下午接园的时候，他突然走到周老师身边对周老师说：“我想到了一个词叫‘串屁’，周老师你说对不？”这时周老师乐了，她说：“君君，你怎么还在琢磨它呢？”

情景2：起床了，孩子们各自做着自己的事情。这时，靖靖走到王老师身边，很不好意思地对王老师说：“老师，我出汗了。”看到她那紧张的样子，王老师马上意识到，她很可能是尿床了，但又不好意思对老师说。王老师随她来到床前，看到褥子确实湿了好大一片。王老师安慰她说：“出汗了没关系，一会儿我帮你把褥子晾干就行了。你先去小便。”过了一会儿，王老师悄悄地把她带到一间无人的屋子里，帮她换上干净的衣服。她腼腆地笑着对王老师说：“谢谢王老师。”

从以上两个情景中可以发现，幼儿与成人一样有自尊心，怕被别人嘲笑。幼儿也会用机智、灵活的反应为自己挽回“面子”，而成人同样也需要保护孩子的自尊心，给予他们精心的呵护。在情景1中，君君本身是比较尴尬的，于是他选择了跟着大家笑这种方式来缓解尴尬的气氛。到了下午，他还在琢磨这件事，并且幽默地发明了一个词“串屁”，来为自己挽回“面子”。情景2中，王老师没有选择以简单冷淡的方式对待幼儿，而是给予细心的照料，这样就很好地保护了孩子的自尊心。

自尊与自信心、进取心以及责任感、荣誉感有着密切的联系，它能够促使一个人不断向前发展。随着自我意识的发展，幼儿的自尊心也迅速地发展起来，幼儿需要得到外界的尊重和认可，因此在幼儿教育中自尊心的教育也是非常重要的一个环节。

一、认识自我：幼儿自尊心的发展

在幼儿的成长过程中，他们对自己越来越了解，并建构起复杂的自我形象，对这些他们认为自己具有的品质也开始加以评价。这些对自我的评价成分称为自尊。对自己属于某类人感到满意的幼儿会有较高的自尊，他们能够意识到自己的优点，也能知道自己的缺点（常常希望克服它），对自己的性格和能力感到满意。相反，低自尊的幼儿对自己不是那么喜欢，总是看到自己的缺点而忽视自己表现出的优点。

（一）幼儿自尊心的结构

张丽华和杨丽珠（2005）研究发现，3—9 岁儿童的自尊心结构包括重要感、自我胜任感和外表感。

- 重要感是指幼儿在心理上渴望得到他人的注意、接纳或接受、支持、喜欢，所以就通过言语、身体姿态、面部表情等方式来展示自己，从而获得他人肯定的情感体验。
- 自我胜任感是指幼儿在游戏、体育、学习、交往等活动中，通过表现出成功的行为和能力，获得他人对其学业、体育活动等方面能力的赞许，以此证明自己是个成功者，从而获得一种积极的自我价值感体验。
- 外表感是指从身体外表方面获得的一种自我价值体验。哈特和巴丁（Harter & Buddin，1987）通过研究指出，身体外表是 4—8 岁幼儿总体自我价值感的最重要的内容之一。

自尊心的三个维度具有密切的联系：重要感是幼儿自尊心发展的基础，外表感是自尊心获得的重要途径，自我胜任感是幼儿自尊心发展的最高表现形式。

（二）幼儿自尊心的发展特点

卢长娥、Fillmore 和王勇（2016）的研究发现：5 岁是幼儿自尊心发展的转折期，5 岁幼儿的自尊水平最高，其次是 6 岁幼儿，最低的是 4 岁幼儿；幼儿自尊有显著的性别差异，女孩的自尊水平显著高于男孩。

二、统合自我：幼儿自尊心与心理健康

人格心理学家和发展心理学家普遍认为，自尊是心理健康的核心。自尊的重要功能之一，便是维持幼儿人格发展的稳定性和连续性，促进幼儿心理的健康发展。在个体的成长过程中，自尊不断地改变着个体对人格发展的态度和要求。当幼儿能够不断地意识到现实自我与理想自我之间的差距，明确自己的发展方向和发展程度，便会努力调动自己的潜力去实现预先设定的目标，从而促进人格的发展。在这一过程中，幼儿自尊发展的不同会导致个体之间的人格差异。

自尊的建立有助于幼儿的健康成长，高水平的自尊是健康心理和健康个性的主要标志。自尊与心理能动性水平之间有着密切的联系。心理学家们的研究已经发现自尊与那些起着能动作用的人格因素（如独立性、自主性、创造性、乐群性、主动性等）有着密切的关系，而这些人格因素又恰恰体现了人的心理活动的有意性、积极性和能动性。此外，自尊作为一个起中介作用的人格变量，对幼儿的认知、动机、情感、品德和利他行为都有着广泛的影响。自尊虽然是一种内在的情感，但却影响着个体外在的行为，因为自尊在心理系统中起着制约作用，直接影响人的情绪，并通过情绪间接影响人的活动动机，进而影响人的整个精神面貌。

三、悦纳自我：如何培养幼儿的自尊心

（一）幼儿自尊心的评估方法

常用的自尊心评定方法有：幼儿的自我报告、父母和教师的访谈、对幼儿的行为进行观察、纸笔测验等。但心理学家们对幼儿自尊心的评定主要还是采用量表法或问卷法。按照不同年龄段、不同研究，研究者们设计了不同的量表，这些量表能够帮助我们对幼儿的自尊心发展进行详尽的评估。例如，邀请幼儿在一张纸上画上一些圆圈来说明他与其他人之间的关系。代表他本人的圆圈越靠左，表明其自尊水平越高。这种评估方法要排除幼儿所在社会对左和右的文化差异。

（二）幼儿自尊心发展的两种不良偏向

自尊心主要表现为获得信心、能力、本领、成就、独立和自由等方面的愿望。一个具有足够自尊的人总是更有信心、更有能力，也更有效率。然而当他缺乏自尊时，他就会感到自卑、失望。近年来，不少教师和家长已经意识到自尊心对幼儿发展的影响，并且注重在幼儿的日常行为中培养他们的自尊心。然而，幼儿的自尊心在发展过程中常常会出现以下两种偏向。

1. 幼儿的自尊心不足

对自己抱有负面看法的幼儿，会觉得自己事事不如人，甚至会产生自轻自贱的行为。他们一般活动动机性不强，没有明显的上进心，对自己的失败也常认为是自己缺乏能力的结果，有较强的自卑心理。个别幼儿对失败的内心体验有时会表现出一种麻木，对来自外界的评价表现出一种漠不关心的态度。

2. 幼儿的自尊心“过剩”

自尊心“过剩”（或称自以为是、自负）的幼儿往往对自我的评价过高，有时会有自高自大的心理表现。在集体中，他们会表现得有点孤芳自赏、不合群，对来自他人的评价反应比较敏感，渴望获得别人的肯定与赞扬，有较强的好胜心理，但耐挫力不够强，遇到挫折时会产生苦闷心理，对失败充满恐惧，好胜心强，从而出现自尊偏差。

从根本上来说，幼儿自尊心方面的两种偏向均失之于自我意识的偏颇。第一种偏向是因幼儿对自己评价不足而产生的一种消极自我情感体验，由此导致了他们在行为上的退缩；第二种偏向则是因幼儿对自己估计得过高、不切实际而产生的一种“超积极”（亦为消极）的自我情感体验，由此导致了他们的盲目自尊。

（三）培养幼儿自尊心的具体方法

1. 幼儿自尊心培养的一般方法

（1）严格要求，督促检查，不失时机地进行教育。

教师对幼儿热情关怀，加以信任，同他们平等相处，会使幼儿感到温暖，得到激励，因而他们会产生一种积极向上的力量。尊重能增强幼儿的自尊心，能激发幼儿的内在动力和自我控制能力。尊重能有效地使幼儿按照教师的要求进行思想转化，引起情感共鸣。发自内心的关心和爱护，能使幼儿愉快地接受。尊重、关心、爱护能够形成幼儿和教师之间的亲切感和温暖感。教师动之以情可以和幼儿建立起融洽的关系，使他们感到亲切温暖，愿意把教师当作朋友，这就为教师对其施加影响确定了有利的基础。教师要做幼儿的知心朋友，体贴和关心他们，帮助和爱护他们，使他们在心里产生亲切感和温暖感。

（2）动之以情，晓之以理，坚持不懈地进行教育。

古人云："严师出高徒"，只有对幼儿要求严格，才会产生良好的教育效果。教师在教育过程中不能半途而废，不能不闻不问，要加强督促，强化巩固，教育好每一个幼儿，不放弃任何一个幼儿。教师应不失时机地抓住每一个幼儿身上的"闪光点"，使他们知道任何人都有长处和短处。教师还要赞美幼儿的优点和长处，使他们树立信心，坚信自己的力量，要婉转地指出他们的错误和短处，并指出努力的方向，帮助他们发扬优点、克服缺点，不断进步。

（3）尊重信任，热爱关怀，成为幼儿的知心朋友。

坚强的自尊心不是先天造就的，而是后天经过教育，在有了明确的道德认识、丰富的道德情感体验的基础上，在实践活动中经过长期刻苦磨炼、自觉修养而形成的。拥有坚强自尊心的人，在道德实践中不需要通过动机、斗争和特别的努力，会自然而然地按照道德原则和规范行事。自尊心的培养主要是有目的、有计划、有组织地进行道德实践活动，长期坚持并进行不断的强化和巩固。

（4）在教学活动中渗透自尊心的培养。

美国人格心理学家奥尔波特（Gordon W. Allport，1897—1967）认为，3岁幼儿已经具有了自尊的意识。自尊心的培养不必局限于特定的活动安排，在日常教学活动中就可以渗透。

在音乐活动中，我们可以通过歌舞表演培养幼儿的自尊心。教师可以在歌曲表演和舞蹈活动中，根据有些自信心较弱的幼儿往往不主动争取活动机会或拒绝参加活动的特点，开展"每人必请"的活动，让幼儿几人一组，合作表演舞蹈或歌曲。可以安排自信心强的幼儿和自信心弱的幼儿结伴表演，让自信心弱的幼儿在同伴的带动下参与到活动中，在表演中给予自信心弱的孩子以鼓励，让每个幼儿都能够在表演中感受到快乐，体验到成功的喜悦。

在教学活动中，按照幼儿水平的不同，为他们安排不同的教学活动，激发他们自主学习、独立学习的热情。例如：认识大小时，低水平的孩子只要能够区分就可以了；中等水平的孩子则可以按大小分类；高水平的孩子则可以做到按大小来排序。教师在幼儿旁边做适当的指导，让每个孩子都体会到成功的快乐，体验到自己的力量，增强其自尊心。

2. 对幼儿自尊心的两种不良发展倾向的矫正

（1）多鼓励自尊心不足的幼儿。

对于那些自尊心不足的幼儿，教师和家长应该鼓励他们大胆地去做事，并且为他们提供进行实践和探索事物的机会。教师和家长更应该关注他们所取得的成绩和进步，并给以适时的强化。通过这些努力使之拥有足够的自信、主见、胆量和坚定不移等品质。

（2）帮助自尊心“过剩”的幼儿区别自尊与自负。

对于那些自尊心“过剩”的幼儿，教师和家长要帮助他们区别自尊和自负，使他们知道：自尊是事事不甘落后，对自己要达到的目标充满信心；而自负是过高地估计自己，自以为了不起，看不起别人，听不进别人的正确意见，做错了也不能批评。要教育他们发展健康的自尊心，避免自负。

总之，教师和家长要鼓励幼儿更多地与其他小朋友交往，多参加集体活动。在活动和交往中，引导他们对自我和社会的关系重新定位，从而调整他们的自我意识，使其形成健康的自尊心。

第四节　幼儿自我控制能力发展与促进

在幼儿园里常常可以看到这样的情景：在手工课上，有的小朋友看别人剪纸时，自己也很想剪，但刚开始的时候，因为掌握不了其中的技巧，手眼协调性不够，一剪就坏，于是把东西丢在一旁，干别的去了。有的小朋友却坚持剪下去，不会就问别人：“这个地方该怎么剪啊？”在与小朋友的讨论和实践中，他们能很快掌握要领，剪出自己满意的图形，从中获得许多有益的经验和乐趣。这样的孩子在学习时也有巧劲，如数数，他们开始时不会进位，于是想出一个办法，左手表示十位，右手表示个位，数到进 10 时左手便出现 1 个手指头，20 伸出 2 个手指头，于是 21、22……很快就掌握 100 以内的数数。有的小朋友却要等别人说 21，再接 22、23……这样的孩子，由于不善于克服困难，缺乏自觉、果断、自制、坚强的精神，从而失去了很多学习机会。

从幼儿阶段开始，幼儿就表现出了不同的自我控制能力。有的幼儿坚持性强，自制能力突出，做事情有条不紊，而有的幼儿却缺乏耐性，很难做好事情。因此，在幼儿阶段培养幼儿的自我控制能力具有重要意义。

一、把握自我：幼儿自我控制能力的发展

自我控制指个体对自身的心理和行为的主动掌握，及个体自觉地选择目标，

在没有外界限制的情况下，克服困难、排除干扰，采取某种方式控制自己的行为，从而保证自己目标的实现。它被认为是一个相对稳定的个性特征。

（一）幼儿自我控制的结构

研究（杨丽珠，沈悦，2013）发现，幼儿自我控制由自制能力、坚持性、自觉性和自我延迟满足组成。

- 自制能力，指幼儿能不受外界因素的影响和干扰，控制自己短期的欲望和言行的能力。
- 坚持性，指幼儿不怕挫折、失败，克服困难，坚持到底的意志品质。幼儿只对短期冲动进行控制是不够的。父母和教师要更多地要求幼儿，在一段时间内维持某种感到厌烦的活动或抵制某种有诱惑力的事物的吸引，这一过程表现的就是幼儿的坚持性。
- 自觉性，指幼儿在无人监督的情况下，表现出与看护人期望相一致的动机及相应的行为。
- 自我延迟满足，指幼儿为了更有价值的长远结果而放弃即时满足的选择取向，以及在等待中展示的自我控制能力。

美国人格心理学家米歇尔（Walter Mischel，1930—2018）最早提出“自我延迟满足”的概念，他认为自我延迟满足不仅是幼儿自我控制的核心成分和重要技能，也是社会化和情绪调节的重要成分，更是伴随人一生的积极的人格力量。在自我延迟满足的过程中，幼儿自己做选择并在延迟的过程中不断控制、调节自己的情绪，抵抗诱惑。因此，它也是幼儿自我控制中不可或缺的内容。

（二）幼儿自我控制能力的发展特点

研究发现（沈悦，杨丽珠，刘歌，2015）：3—5 岁幼儿的自我控制能力随着年龄的增长而呈上升趋势，3—4 岁和 4—5 岁幼儿的表现差异显著。其中，幼儿的自制能力和自我延迟满足能力发展得比较早，平均年龄是 4 岁。幼儿自我控制能力的性别差异也很明显：自制能力、自觉性和坚持性的差异最显著，且所有的差异都表现为女孩高于男孩；而女孩在自我延迟满足上仅略高于男孩。

二、控制自我：幼儿自我控制能力与心理健康的关系

从前，有个坏脾气的小男孩。一天，他父亲给了他一大包钉子，要求他每

发一次脾气都必须用铁锤在他家后院的栅栏上钉一颗钉子。第一天，小男孩共在栅栏上钉了37颗钉子。过了几个星期，小男孩变得不爱发脾气了。他的父亲又建议说："如果你能坚持一整天不发脾气，就从栅栏上拔下一颗钉子。"经过一段时间，小男孩终于把所有的钉子都拔下来了。父亲拉着他的手来到栅栏边，对小男孩说："儿子，你做得很好。但是，你看一看那些钉子在栅栏上留下了那么多小孔，栅栏再也不会是原来的样子了。当你向别人发过脾气之后，你的言语就像这些钉子一样，会在人们的心中留下疤痕。你这样做就好比用刀子刺向了某人的身体，然后再拔出来。无论你说多少次对不起，那伤口永远都会存在。"

幼儿自我控制的发展对其形成健全的人格和优良的道德品质有十分重要的意义。人的一生是短暂而漫长的，在幼儿的成长过程中，难免会碰到自己力不能及的事和无法控制的情形。因此，教师和家长在幼儿的心理健康教育过程中，不仅要帮助孩子树立正确的面对挫折的心态，理解和分析造成挫折的原因，还要鼓励孩子大胆尝试，不怕失败，帮助他们学会控制自己的情绪、行为，做好应对挫折的准备。

在幼儿的成长过程中，随着自我意识的发展，幼儿在社会交往和认识活动中已明显表现出自制能力和坚持性的品质。自我控制能力好的幼儿能够克服外界因素以及个人情绪的影响，遵守集体生活规律和游戏规则，遵照学习要求，能为集体和他人利益而约束自己的行为、克服困难、完成任务等。

三、调节自我：如何培养幼儿的自我控制能力

（一）幼儿自我控制能力的评估方法

对幼儿自我控制能力的评估有如下一些方法。

1. 观察法

观察幼儿在完成实验作业时或在自然情境（家中或幼儿园）中的自制行为，如"静坐"等。根据评估规则进行现场评价或摄像后对录像进行编码和统计分析。

2. 心理学实验

根据自我控制理论设计心理学实验项目和评价标准，控制容易产生干扰的因素。对幼儿自我控制能力的评估，采用最多的是心理学家米歇尔的自我延迟满足实验。即设计幼儿延迟等待任务，并按照幼儿等待的时间来记分，以考察幼儿的延迟满足能力。

棉花糖实验

1960 年，著名心理学家米歇尔进行了一项实验。他把一些 4 岁左右的孩子带到一间陈设简陋的房子里，然后给他们每人一块非常诱人的棉花糖，同时告诉他们：“我有事情要出去一会儿，你们可以马上吃掉棉花糖，但是，如果谁能坚持到我回来的时候再吃，就能够得到两块棉花糖。”在十几分钟的等待中，有些孩子缺乏控制能力，禁不住诱惑，把糖吃掉了。而有些孩子领会了研究者的要求，尽量使自己坚持下来，以得到两块棉花糖。他们有的把头压在手臂上，闭上眼睛，不去看那诱人的棉花糖；有的自言自语、唱歌、玩弄自己的手脚；有的努力让自己睡着。最后，这些有自我控制能力的孩子如愿以偿地得到了两块棉花糖。

实验之后，研究者进行了长达 14 年的追踪。结果显示：那些能等待并最后吃到两块棉花糖的孩子，在青少年时期仍能等待机遇而不急于求成，他们具有一种为了更大、更远的目标而暂时牺牲眼前利益的能力，即自控能力。

棉花糖实验后续

沃茨、邓肯和全（Watts，Duncan & Quan，2018）重新开启了经典的棉花糖测试。在新的实验设计中，采用米歇尔棉花糖实验的变式：研究人员根据孩子们自己陈述的喜好给他们一份诱人的食物（棉花糖、动物饼干等），然后，孩子们被告知他们将参加一个游戏，在这个游戏中，研究人员会把孩子们单独留在一个房间里。如果孩子等了 7 分钟，研究人员会回来，孩子就可以吃了，并得到额外的一部分食物作为等待的奖励。选择不等待的孩子可以按铃示意实验者提早回来，然后他们就只能得到最初提供的食物数量。实验的结果发现，在没有控制儿童家庭社会经济地位时，儿童的延迟满足能力和他们未来的学习成绩有很大的关系。有趣的是，在考量儿童家庭社会经济地位之后，该实验却发现儿童的延迟满足能力在很大程度上是由孩子的社会和经济背景决定的。

从上述这两个延迟满足的实验中我们发现，不论实验的结果怎样，但有一点是共同的，即孩子的自控能力与孩子未来的发展有很大的关系。

3. 神经生理学实验

采用仪器测试神经生理指标，如活动性、呼吸、心率、脑电活动和功能性核磁共振（fMRI）等，与行为心理学测验同时进行。神经生理学实验可以很好地对自我控制能力的形成机制做出解释。

4. 问卷法

问卷根据自我控制理论建构，按照各维度组成设计项目，由教师填写。问卷法能够较全面地评价幼儿自我控制能力的发展，但容易掺入个人的主观因素。

（二）幼儿自我控制能力培养的一般方法

培养幼儿自我控制能力的基本要素有：

- 具有趣味性和规则性的外部活动环境。
- 幼儿具有活动的动机。
- 成人进行言语指导，向幼儿讲解目标、规则，评价幼儿并运用奖励、表扬等诱因激发幼儿的行为。
- 幼儿对自我控制的目标、规则的理解。
- 幼儿按规则扮演角色的自主性。
- 幼儿校正、调节自己心理品质的主动性等。

这些要素的不断发展就能促进幼儿的自我控制能力良性发展，如图 9–1 所示。

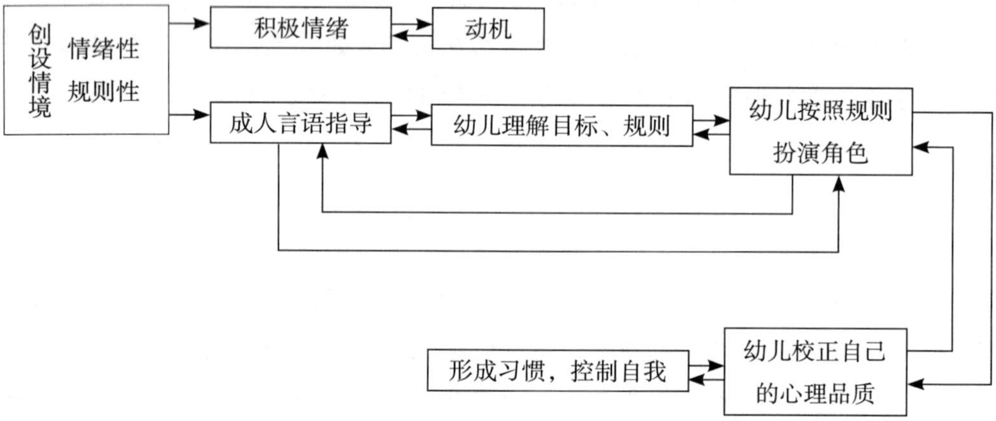

图 9–1　幼儿自我控制发展过程图

下面介绍一些具体方法。

1. 从小培养幼儿良好的行为习惯

对幼儿自我控制能力的培养，家长和教师可以从幼儿平时的生活习惯入手。比如，要求幼儿准时睡觉、起床，自己吃饭、穿衣、洗脸等。随着幼儿年龄的增长，自我控制能力的培养应注重于遵守社会道德规范和增强社会责任心等方面。比如，要求幼儿在集体中遵守规则和纪律，使自己的行为和愿望服从集体活动的目的和要求，尊重他人，不能随心所欲地侵犯别人的利益，等等。

2. 耐心地进行品德教育

教师和家长要提高幼儿的品德认识，告诉幼儿做每件事都要有明确的目的，尽量克服困难，坚持到底。比如，让幼儿知道唱歌唱得不好没关系，跳舞跳得不好也没关系，重要的是要唱完、跳完，做到有始有终。

培养幼儿良好的行为习惯，还要有耐心，认真地和他们讲道理。简单地训斥与体罚幼儿是起不到教育作用的。例如，已经很晚了，幼儿坐在电视机前不肯离去，倘若家长硬拖他去睡觉，一定会引起他的对立情绪。这时不妨对他说："今天你要是睡得太晚，明天早晨就起不来，上幼儿园就要迟到，影响老师和小朋友们，还会使爸爸妈妈上班迟到。你可以选择马上上床睡觉，也可以选择继续看。继续看电视就破坏了之前的规定，你只能接受一周不许看电视的惩罚。"幼儿明白了道理，就会约束自己的行为。

3. 给予幼儿爱抚和关怀

缺乏自我控制能力的幼儿，会表现得任性、易激怒、爱发脾气、令人厌恶，很难得到父母的抚摩、疼爱、拥抱。而这种关怀正是幼儿所需要的。因此，父母要多与幼儿亲昵、给予其关怀，充分满足幼儿的这种心理需求。这样不仅可以增进亲子感情，而且有利于幼儿自我控制能力的发展。一开始要求幼儿自己的事情自己做时，他们难免会遇到困难，这时就需要教师和家长在一旁耐心地给予指导和鼓励。幼儿的被子叠不好就教他一遍遍地叠，要不怕烦、有耐心，直到他叠好并给予表扬。

4. 充分发挥榜样的作用

幼儿善于模仿，易受感化。教师和家长可以利用文学作品及现实生活中英雄模范人物的形象，用他们那种严格要求自己、不屈不挠地克服困难的动人事迹去感染幼儿，给幼儿留下深刻印象，进而使幼儿付诸行动。在平时的生活中，教师和家长也要以身作则，言行一致，给幼儿树立良好的榜样作用，切勿说一套做一套，在幼儿面前丧失信服力。

5. 通过游戏练习，增强自我控制能力

幼儿阶段的主要活动就是游戏，如果让幼儿在一些单调的活动中培养自我控制能力，是十分困难的，而且效果可能会适得其反。不同的游戏对幼儿自我控制能力的训练方面也不同。如：操作性游戏，像串珠、穿板等，训练幼儿的小肌肉，以控制小肌肉活动为主；娱乐性游戏，突出的是情绪体验，有情节、角色、音乐伴奏等，使幼儿在遵守规则中学会控制自身的情绪体验；运动性游戏，是以锻炼幼儿的大肌肉为主，让幼儿在走、跑、跳等基本动作中，按照一定的情节及竞赛要求来进行，培养幼儿运动控制的灵活性等；而智力游戏，如

自编的棋类游戏、智力竞赛等，主要可以训练幼儿对规则的遵守及抵抗诱惑、抗干扰的能力。

在情节生动的游戏活动中，如果让幼儿担任一定的角色，调动起幼儿的积极性，增强其责任感和自信心，鼓励幼儿克服困难，那么他们控制自我的能力自然就会大大增强。如“当哨兵”，在黑暗中充当一个勇敢的角色，跌倒了不许哭，站着不许随便动，再胆小或再调皮的幼儿也可以做到。像“红灯、绿灯”和“不许动”这样的游戏都能够帮助幼儿控制自己急躁不安的情绪。

6. 通过“延迟满足”培养幼儿的自控能力

“延迟满足”就是当幼儿提出要求的时候，教师和家长不是即时满足他，而是间隔时间或有条件地满足他，这可以培养幼儿抵抗诱惑的能力。“延迟满足”的范围可以是日常玩乐性或享乐性的需求。

具体做法是让幼儿学会“等待”，有条件地满足。如，幼儿要求去外面玩，却又不好好吃饭，这时家长就可以告诉他，如果他能在15分钟里乖乖地把饭吃完，就陪他去。这时幼儿就会乖乖地把饭吃完。幼儿园里也可以设计出许多与此相关的活动，如小班的孩子可以玩“小鸟找食”的游戏：

教师事先在画好的圆圈中放入许多新鲜、好玩的玩具，像电动火车、机器人等，然后让幼儿戴上小鸟的头饰扮演小鸟，教师扮演鸟妈妈，在圆圈中找事先放好的食物，观察幼儿在规定时间里谁捡的食物多，幼儿则要抗拒这些玩具的引诱。在开始的时间里，有的幼儿常常会一会儿捡、一会儿蹲在地上玩玩具。在游戏结束时，小朋友与教师共同讨论，表扬专心做事的小朋友并给予奖励。

（三）自我控制能力差幼儿的个别指导

有些幼儿极其好动，注意力不集中，并常伴有某种习惯性小动作，如咬指甲、吸吮手指、抠鼻子等，做什么事大都半途而废，有头无尾，不守纪律。这都是自我控制能力差的表现。针对这些幼儿，不仅要采用一般自我控制能力发展的指导方法，还要对他们给予更多的关注。

在指导中要有耐心地期待幼儿的蜕变。这些孩子由于本身自我控制能力差，缺乏毅力，不能持之以恒，经常会出现反复动摇现象，因此转变工作不是一次教育或辅导就能奏效的，而是一个循序渐进的过程。教师可以采取以下一些措施。

- 与家长加强交流。教师可以把幼儿的表现及时反馈给家长，多沟通，通过家园双方合作对他们进行教育。
- 教育目标要切合实际、适度。对于自我控制能力差的幼儿，不应苛求他们过分安静，不要制定过多的规则，而应由易到难、由小到大、由少到多。

- 加强幼儿自我控制能力的训练。比如，在平时的活动中，教师要利用一切机会训练幼儿的自我控制能力。幼儿经常把书本和玩具乱丢，不懂得归位放好，教师就带他捡起来并整理好，教他养成不乱丢东西、拿东西要放回原处的习惯。
- 加强幼儿注意力的训练。如果幼儿上课时注意力不集中，不时影响其他同学的正常活动，那么教师可把他的座位安排在教师容易顾及的地方，在各项活动中培养他的注意力，特别是在操作活动如拼图、搭积木等活动中，督促他集中精力完成任务。这样逐步培养其耐心、专注的习惯。

第五节　幼儿创造性人格发展与促进

心理学家马斯洛说："创造力是每一个人都有可能发展的一种能力。把创造力限制在少数科学家、文学家和艺术家的多产创作上是一种陈腐的观念。……创造性是每一个人作为人类的一员都具有的天赋潜能，它和心理健康的发展密切相关，在心理健康发展的条件下，人人都可以表现出创造性。"

一、波浪发展，男女有别：幼儿创造性人格的发展

（一）幼儿创造性人格的结构

美国心理学家吉尔福特（J. P. Guilford，1897—1987）最早提出并使用"创造性人格"一词，它包括了"创造性"和"人格"两个部分。创造性人格一般被认为是拥有创造性潜力的重要标准，并且有很多研究发现创造性人格具有一定的跨时间稳定性。同时，多数研究者认为创造性人格是每一个正常个体都具有的一种人格特质，个体间的差异只是程度不同所导致的。我认为，创造性人格是指个体在进行创造性活动的过程中所展现出来的一种较为稳固且统合的人格特质，它能够有效地促进和保护个体创造能力的发展。我组织编制了《幼儿创造性人格倾向教师评定问卷》，适用于3—5岁幼儿，问卷包括9个特质，分别为新异性、独立性、成就感、合作性、自信心、敏感性、好奇心、审美性和幽默感（刘文，张嘉琪，车翰博，2020）。

- "新异性"是个体运用丰富的想象力去寻找和其他个体不相同的新思想的

特征。幼儿主要的行为表现是寻找不同于他人的新思想，新异性水平高的幼儿具有强烈的冒险欲望，并且喜欢挑战。

- “独立性”是指个体能够凭借自己独立地做出决定，并且能够通过自我调节来控制自己的行为，从而实现目标。
- “成就感”是个体在完成任务的过程中获得的高峰体验，或者在自我实现时体验到的积极情绪。比如，幼儿希望自己用彩色笔涂的图画会比其他小朋友们的画更加漂亮，更能受到教师的喜爱，期望自己能够被认可并从中体验到自我实现的满足。
- “合作性”是个体能够和他人向着相同的目标而努力完成同一项工作的能力。
- “自信心”是个体充分认识自我价值的情感体验，是个体对自我能力的全面评价的才能。
- “敏感性”是个体能够敏锐地洞察周围环境的一种能力。幼儿时期是发展个体观察能力的关键阶段，在此期间幼儿会对身边环境的细微变化十分感兴趣，对周围事物都充满了好奇心。
- “好奇心”是指个体喜欢探索身边新鲜事物的欲望和倾向。幼儿从来到这个世界开始，就对身边的新奇事物产生强烈的探索欲望，这是他们的本性。
- “审美性”是个体对美好事物的欣赏和判断能力。
- “幽默感”是个体在幽默感方面所表现出来的稳定的人格特征。

（二）幼儿创造性人格的发展特点

对学前儿童的研究发现，3—6 岁幼儿都具有创造潜能。我国幼儿的创造性人格呈波浪式发展趋势，总体发展存在显著的年龄差异，但每个年龄阶段的发展速度不均衡。4 岁是幼儿创造性人格发展的转折点。男孩创造性人格的发展呈逐渐上升趋势，女孩创造性人格的发展在 5 岁时稍有下降，但总体依然呈上升趋势，总体上女孩的创造性人格得分要高于男孩（刘文，齐璐，2008；刘文，张嘉琪，车翰博，2020）。

二、拥有童心，识得童趣：幼儿幽默感的发展

我们以幽默感为例重点讲讲如何培养幼儿的创造性人格。

上中班的嘟嘟在工作角用箱子做了一个“大浴缸”，开心地吆喝道：“快来

哟！快来泡澡啊！好舒服啊！”一旁的老师说：“我也想泡，可不可以呀？”嘟嘟不急不缓地说：“不行的！‘大人儿’不能泡，只有‘小人儿’才能泡！”

依依还不满4周岁。她特别喜欢班里的蒙氏教具，最喜欢的是红色的数棒，常趁着老师不注意的时候拿起来左看右看。有一次老师发现了，批评她说：“依依，这是用来上课的教具，不是玩具，而且你这样拿着不小心会打到别人。”依依歪着头对老师说：“老师，我妈妈告诉我‘只要功夫深，铁杵也能磨成针’，我正想试试呢。”说完笑嘻嘻地把数棒送回去了。老师哭笑不得，再也不忍心批评她了。

幼儿的这种幽默在幼儿园里随处可见。近年来人们对幼儿幽默感的研究发现：幽默感与幼儿积极的认知、人格、社会性特征以及身心健康等有很密切的联系，同时，幽默感对幼儿的认知、社会交往能力、情绪等的发展也有明显的促进作用。由此看来，在幼儿园里对幼儿的幽默感进行有效的促进和培养，会提高其心理的健康发展水平。

（一）幼儿幽默感的结构

幽默理解、幽默应对和幽默创造是幽默感研究发现的三个主要方面，实际上这三个维度并不是各自分离、毫无联系的，而是紧密地联系在一起的。幽默理解是幽默感发展的基础因素，个体要先学会欣赏幽默、发现笑点，才能将其内化并得以发挥，从而能够创造幽默和以幽默进行应对。幽默应对是具有社会目的性的幽默形式，既指个体通过理解幽默而释放压力和负面情绪，以开放的态度和乐观的心态欣赏幽默资料中包含的各种社会性信息，并报以适宜的回应，同时也指个体能够主动利用幽默的技巧化解尴尬和困境。因此，虽然幽默应对是较晚时期发展起来的幽默因素，但是它与幽默理解和幽默创造有着密切的联系。幽默创造是个体表达幽默的主要途径，也是幽默发展的高级形式，是个体创造性的表现（刘文，邹丽娜，李亮，2009）。

（二）幼儿幽默感的发展特点

1岁左右的婴儿已对人们的面部表情十分敏感。2岁幼儿已能从身体和物体的不和谐中发现幽默。3岁幼儿的智力已发展到能认识概念不和谐中潜藏的幽默。下面从幼儿幽默感的年龄特点和总特点两个方面来进行阐述。

1. 幼儿幽默感的年龄特点

从总体上看，3—5岁幼儿幽默感的发展水平是随着年龄的增长而不断发展变化的。其中，3—5 岁幼儿幽默创造的发展趋势与总体发展趋势最接近，并且在 3—4 岁期间的发展较为迅速，4 岁是幼儿幽默感的转折点（Loizou & Recchia，2019）。

不同年龄的幼儿所喜欢的幽默类型的确有差异。3 岁左右的幼儿最熟悉的是夸张的动作表情、怪异的打扮、奇特的声音，只能理解一些简单的语言幽默。比如：午睡起床时一个小朋友赖在床上不起来，装作睡着了，但是他的嘴里不小心发出“咕噜”声，其他小朋友都看着他并大笑起来。这时老师说：“这是谁家的鱼在吐气泡啊？”这下，小朋友们都笑倒在床上。5 岁的幼儿开始理解很多“文字游戏”类的幽默，例如，大班的乐乐很喜欢给别人讲笑话，这天他给老师讲了这样一个笑话：苍蝇一家人在垃圾堆里吃东西，小苍蝇问道：“爸爸，为什么我们每天都要吃这么臭的垃圾啊？”苍蝇爸爸很生气，回答说：“吃饭的时候不许说这么恶心的话！”讲完笑话后乐乐自己便笑得前仰后合。类似的笑话，3 岁的幼儿几乎无法理解它的幽默所在（刘文，邹丽娜，李亮，2009）。

2. 幼儿幽默感的总特点

幼儿的幽默感具有以下两个总特点。

- 重复性。如前所述，成人对于第一次感到可笑的事物，第二次体验后的幽默感就会减弱。而幼儿则不然，他们在一次次摔东西和捡东西的过程中，总能体验到乐趣并感到可笑。
- 形象性。幼儿只能感知事物表面的幽默，如动作的滑稽、可笑，语言的生动有趣。幼儿相信成人的一些夸张的表情和动作，对于幼儿而言，表情和动作的幽默效果要胜过语言的幽默效果。

三、收藏童趣，快乐人生：幼儿幽默感与心理健康的关系

拥有幽默感的人即使面对困难也会轻松自如，利用幽默消除生活中带来的紧张和焦虑；而缺乏幽默感的人，只能默默地承受痛苦，甚至难以解脱，这无疑增加了自己的心理负担。显而易见，人们具有幽默感，有助于身心的健康发展。对于幼儿来说，幽默感能够让幼儿积极主动、活泼乐观地接触世界和感知世界，从而使幼儿能够被社会宽容、公正地接纳，在这样的环境里茁壮成长起来的幼儿的身心能够得到和谐健康的发展，进而推动其社会性和个性的良性发展。因此，培养幼儿的幽默感非常重要，无论是家庭还是幼儿园，都应将幽默贯穿于孩子的生活中，为孩子今后拥有良好的人际关系打下坚实的基础。

四、保持童心，幸福毕生：幼儿幽默感发展的促进

（一）幼儿幽默感的评估方法

对幼儿幽默感的评估有观察、实验、社会测量、访谈和问卷等多种方法。每种方法都有其优势和弊端。比如，利用观察法虽然能很好地在自然情境下观察幼儿，了解其幽默的形式、内容、频率、对象及目的等，但此方法十分费时，且容易受到干扰。而采用实验和社会测量的方法，会给幼儿造成压力，也不适宜。目前，采用漫画的形式对幼儿的幽默感进行评估比较受欢迎。

（二）幼儿幽默感的培养

在培养幼儿幽默感的时候，教师和家长应注意以下几点。

1. 根据幼儿的认知理解能力的不同，进行有针对性的培养

不同年龄阶段的幼儿体现幽默的方式存在差异，成人应根据幼儿的年龄特点施以不同影响。2—3 岁的幼儿，易被动作幽默吸引，通过简单的语言和行为引起成人的反应，从而体现幽默。而 4—6 岁的幼儿，创造性的幽默开始萌芽，他们会尝试将原本不相干的关系加以巧妙联结，且以语言、动作或其他形式传达给他人，从而引起他人的微笑或大笑。这一时期的幼儿还常常会被“冷笑话”吸引，这也是创造性人格发展的体现。成人应根据幼儿不同的年龄特点，从“欣赏幽默”开始，如欣赏爸爸的一个鬼脸或老师的幽默动作，而后尝试“创造幽默”。

2. 发现并保护幼儿的幽默感，并给予积极的回应

在很多情况下，幼儿尤其是年龄较小的幼儿，其幽默感的体现通常是无意识的，幽默感的建立来自成人积极的信息反馈。例如，老师一边为小班幼儿擦拭鼻涕，一边说：“两条鼻涕虫，像小河。”接下来，其他幼儿再找老师擦鼻涕便说：“老师，我的是黄色小河。”老师抱着幼儿笑起来。幼儿将原有的知识经验进行创造，成人适时给予回应，这对于幼儿形成幽默感无疑起着积极的强化作用。

孩子天生就有“幽默细胞”，只不过因为不同的环境和生活阅历扼杀了孩子的幽默感，或者让孩子的幽默感没有得到发扬光大，所以长大成人后，有的人会比较幽默，而另一些人则始终都很严肃。当幼儿出现幽默的表现时，如果成人以不能理解的方式打压他的幽默感，那么幼儿与生俱来的幽默感就会逐渐泯灭。

在洗手叠毛巾时，小龙将毛巾叠成了三角形，放在了下巴上，然后对老师说："老师，看白胡子老头。"然后他就学起老头走路。其他小朋友看到了，都哈哈大笑。小龙看到小朋友们被他逗笑了，脸上露出了满足的表情。这是幼儿的一种幽默创造，虽然成人并不觉得有什么好笑的，但在幼儿看来，这是一件很有趣的事。在生活中，幼儿经常会出现这种情况。幼儿的思维与成人的思维肯定大相径庭，教师应学会以童心诠释童心。我们认为有趣的事物，他们可能觉得索然寡味。因此，教师不要以成人的眼光来衡量幼儿的幽默。只要幼儿认为某些语言或动作可笑，教师就不妨陪他们一起尽情地开怀大笑一番。

幽默还容易造成欢笑、快乐的气氛，如果在幼儿园和家里能营造出这样的气氛，不仅可以增强幼儿学习的意愿与动机，而且能够提供给他们欣赏幽默的机会，促进师幼、亲子和同伴间的良性互动。因此，若在教育活动中能够创设以幽默作为背景的学习情境，成人通过活动目标的选择与设定，让幼儿大胆地表现不同于他人的自己，就有助于幼儿创造力的萌发及创造性人格的培养。

3. 注意幼儿幽默感的形成与表现形式中的性别差异

研究发现，幽默感在较小幼儿之间的性别差异不是很显著，随着年龄的增加，幽默感的性别差异开始逐步显现。男孩的幽默表现水平明显高于女孩。究其原因，到底是先天生理的差异，抑或是后天社会性别角色的强化呢？

幽默在社会习俗中更多地被体现在对男性的要求上。通常我们认为，男性应具有幽默、敢为等人格特征，而女性则更多地被强调要具有温柔、娴静等特征。而幽默感强的人往往会具有不同性别的特征。因此，要培养幼儿的幽默感就不要以传统的性别角色行为来限制幼儿，特别是要求女孩不仅要具备女性的细致、敏感等特征，而且要让女孩学习男孩的幽默、勇敢、豪放等特征。在家里和幼儿园里，成人应当对不同性别的幼儿所表现出的幽默言行给予积极强化。

4. 在活动中，鼓励幼儿"愚蠢"地玩

培养幼儿幽默感的最简便有效的方法，就是玩。教师在多种活动中都可以向幼儿传递幽默的信息。例如：在美术活动中带幼儿制作滑稽的面具、欣赏创编漫画等；在音乐活动中引导幼儿学习诙谐有趣的歌曲（如《胡说歌》）。此外，许多乐曲中的休止符、跳音、滑音都具有很强的兴奋效果。教师应给幼儿提供多种形式的幽默活动，丰富幼儿幽默创作的源泉。当幼儿在欣赏充满幽默感的作品时，每当有幽默情节产生，心中必然就有幽默画面，从而引发失谐的笑点。

除内容题材的幽默外，教师在教学中如果能运用幽默的手段，那就会达到事半功倍的效果，即使这个活动本身的幽默性不强，小朋友们因教师的调动，也会积极兴奋起来。例如：在一次体操活动中，小朋友们学习动作时没精打采的。这时，有一个小朋友的鞋踢飞了，上课的老师说了一句："哪来的宇宙飞船？"突发的事件被老师幽默的语言化解，小朋友们哈哈大笑起来，兴奋度提高了，他们又有了学习的精神。

5. 帮助幼儿将幽默应用于社会交往中

幽默感强的人在社会交往中往往会更受欢迎。鼓励幼儿在交往中应用幽默感可以减轻可能带来的尴尬、压力和痛苦。例如：强强的爸爸故意说强强不爱洗澡、身上很臭，强强就学着街上卖臭豆腐的口气说"闻着臭，吃着香"，给自己挽回面子。有时幽默感被用在欺侮和侵犯的行为上，帮助幼儿区别敌意的和非敌意的幽默，有助于培养他的容忍力和尊重他人的品质。当幼儿用了不恰当的幽默，比如取笑他人的缺陷等时，成人应及时制止他的行为，并借机和他一起讨论当他被别人这样对待时的感受，引导他尊重别人的感受。

幼儿的模仿能力很强，他们常常以父母、教师为模仿对象。因此，成人诙谐幽默的言行可以为幼儿树立良好的榜样。当成人在争论中或紧张时插个小笑话，也会使孩子感到放松，孩子也会学会用幽默来为自己缓解压力。

有人说："人生就像一场戏，能够客观地凝视自己所扮演的角色，同时以幽默的态度面对生命中的起起落落，才是成熟人格的表现。"幽默感的培养是塑造幼儿良好人格的一个重要方面，也是培养幼儿创造力的有力基石，更是促进幼儿人际关系和谐与人格完整的重要保证。家庭、幼儿园和社会都应将幽默贯穿于幼儿的生活中，通过日常生活潜移默化的影响，逐步帮助幼儿形成幽默感，切忌为了幽默而刻意制造笑话，或者将讽刺、控告、嘲弄当成幽默。

心理学小常识

当父母和孩子的气质不同时

有些孩子生来就和父母的气质不一样，父母对这样的孩子很难理解，或觉得孩子故意和自己作对。其实，孩子只是和你不一样而已。建立起基本的生活常规需要一些互让和妥协。随着孩子逐渐长大，应不断改善你自己和孩子的气质。但是，如果你和孩子的个性差异太大或太相似，要改善起来是很困难的。由于改善自己和孩子的气质是成功教育孩子的基础，所以我们必须重视并不断努力。

下面这些情况你听起来熟悉吗？

1. 发脾气

孩子：非常活跃　　妈妈：不活跃　　爸爸：不活跃

张先生和妻子快要发疯了。当他们的女儿蓓蓓 14 个月大时，开始狂怒地发脾气，从其他小朋友手里抢玩具，打其他孩子，向他们撒沙子。父母阻止她时，她就跑开。1 年以后，她仍然是一个很难管教的孩子。张先生和妻子都是活力水平比较低的人，被女儿无穷的精力搞得不知所措。

专家提出建议：孩子需要父母与她说话时精力旺盛而不是生气，否则孩子会感到父母不爱她。听了专家的劝告，张先生和妻子努力配合孩子的旺盛精力，参加她的活动，蓓蓓对其他小朋友的愤怒情绪减少了，气质发生了明显的变化，张先生和妻子对教育孩子也变得自信了。

2. 咬人

孩子：非常敏感　　妈妈：非常敏感

3 岁的小明睡觉和吃饭都像时钟一样，不论他什么时候醒来，都很机警并且微笑。可是，小明在幼儿园里玩游戏时，一激动就咬其他小朋友，妈妈想方设法制止他也没用。

小明和妈妈的气质很像。专家建议母子两个找到释放紧张情绪的方法。他们在生活中都需要更多的放松，而不是更多的控制。后来，母子俩开始一起玩、一起大笑等。1 个月后，小明咬人的行为消失了。

3. 磨蹭

孩子：精力容易分散　　妈妈：精力容易分散　　爸爸：精力非常集中

5 岁的小蕊总的来说是一个听话的孩子，但是她的爸爸经常被她的“磨蹭”和“倔强”激怒。小蕊做什么事情都是磨磨蹭蹭、拖拖拉拉的。爸爸常常感到不耐烦，对小蕊喊叫，认为小蕊是故意的，而妈妈却不这样认为。小蕊从父母那里得到不同的信息，感到自己是一个失败者。

专家建议，为了帮助孩子感到与父母的关系更亲密，帮助孩子感到自己更好，小蕊妈妈应该更严肃地对待小蕊的困难。小蕊爸爸开始观察孩子做事，结果发现孩子兴趣广泛，一个想法接着一个想法。因此，他认识到，对孩子叫喊和唠叨没有用，在孩子完成任务时，要给予坚决而非严厉的提醒，并帮她弄明白哪项工作要求她立即注意，以重塑她的行为。小蕊在父母的帮助下了解了自己容易转移注意目标、自律性差的特点。

第十章　幼儿常见的问题行为与对策

“我女儿3岁多，一直都挺听话的，性格也好。可是，最近这一个月不知道怎么了，她总是动不动就发脾气。稍有不顺心的事就大喊大叫的，还乱扔东西。特别让我头疼的是，我让她干什么，她偏不干什么。每次玩完玩具后，她总是把屋子里弄得乱七八糟的，让她收拾她也不听。刚说她几句，她就闹情绪，连哭带喊地说‘我不收拾，不收拾’，甚至还摔东西。有时我被气得不行了，真想打她。可我怕那样会伤害孩子的心灵，适得其反。但是，总这样下去也不是办法啊，我到底该怎么办呢？”

这是小雨的妈妈在向老师讲述她孩子的反常举动，希望老师能够帮忙找出原因，解决孩子乱发脾气的问题。小雨的妈妈很担心孩子出了什么毛病，怕一直发展下去会不利于她的成长。可是，带班老师听后也摸不着头脑，只好求助于幼儿园里负责幼儿心理健康教育的刘老师。刘老师告诉她们，这是孩子到了独立期的正常反应，不必担心。原来，一般孩子从两岁后半期开始，就会产生强烈的自我意识，导致逆反心理严重，情绪波动很大。2—3岁时是幼儿发脾气的高峰，大部分幼儿在这个年龄都经常发脾气，这个时期也就是心理学中所说的“第一个反抗期”。因此，小雨的妈妈所说的这些现象都是正常的。只要父母的教育方法得当，就能够帮助孩子顺利度过这个时期。但是，如果孩子到了5—6岁时还不改，就是问题了。

小雨的问题得到解决，小雨的妈妈和老师也都安心了。如果教师和家长做好准备，可以说幼儿就没有“第一反抗期”，也就是心理学所说的“特殊的婴儿期”。可是，在孩子的实际成长过程中还会有其他各种各样的异常状况，教师和家长要怎样确定那些状况是否正常？是否需要治疗和纠正？如果幼儿真的出了问题，教师和家长又该怎样帮助他们？下面来看看幼儿常见的问题行为有哪些，我们又该怎样加以引导。

第一节 应对幼儿常见的问题行为

一、千里之堤，溃于蚁穴：幼儿的问题行为

（一）“问题行为”的含义

从广义上讲，“问题行为”是一个术语，它指个体出现的妨碍自身社会适应的异常行为（辛素飞，王一鑫，林崇德，2018）。

（二）“问题行为”的种类

阿肯巴克（T. M. Achenbach）把儿童的问题行为分为两类：内隐问题行为与外显问题行为，前者指焦虑、不安、抑郁、退缩等情绪问题，后者指攻击性、反抗性、反社会性、过度活动等行为问题（孙铃，陈会昌，郑淑杰，单玲，陈欣银，2006）。

一些研究者也从不同角度做过具体的划分，归纳起来主要有：①情绪情感问题——抑郁、焦虑、狂躁、冷漠等；②社会行为问题——攻击、破坏、说谎、不能与其他儿童友好相处、逆反心理极强或任性等；③习惯问题——习惯性咬指甲、吮吸手指、晃头、皱额、眨眼、耸肩、咬衣服、玩弄生殖器及饮食、排泄上的不良习惯等；④学习问题——注意力不集中、反应迟缓等；⑤发展问题——睡眠障碍、排泄机能障碍、神经易紧张或生长发育不良等；⑥精神问题——儿童恐惧症、儿童忧郁症、儿童自闭症以及儿童多动症等问题。

二、防微杜渐，不言放弃：幼儿常见的问题行为与对策

（一）自闭症谱系障碍

洋洋3岁半，刚到幼儿园，老师就发现他与别的孩子不同。他的记忆力特别好，教他认字，他一学就会。但他显得很孤独，不太愿意与周围的小朋友交往。爸爸妈妈来接他时，他也表现得很冷漠，不像其他小朋友那样伸出手让父母抱。他经常会自言自语地重复着什么，别人跟他说话，他好像没听见一样。他总是喜欢一个人在一角玩一小块积木。

看完这个例子后，大家是否会认为这个孩子只是有点孤僻呢？事实上，洋洋并不是孤僻那么简单，而是有自闭症谱系障碍。

自闭症谱系障碍是一种广泛性身心发展障碍性疾病，目前还没有公认的办法能够治愈。但是，如果干预及时，也会取得很好的效果。2—3 岁时开始治疗，效果会比 4 岁以后开始要好得多。掌握相关症状知识，及早发现自闭症谱系障碍儿童，是至关重要的。一般在 3 岁之前症状就会有所表现，少数在 5—6 岁时才有明显症状，因此自闭症谱系障碍儿童的父母责任重大，要细心观察孩子的表现。进入幼儿园后，教师也要负起一定的责任。那么，自闭症谱系障碍具体都有哪些表现，又与孤僻有着怎样的区别。自闭症谱系障碍的概念很宽泛，主要包括孤独症、阿斯伯格综合征，以及其他未标明的广泛性发育障碍。在这里孤独症和自闭症是通用的。

1. 表现

（1）智力方面。

大部分自闭症谱系障碍儿童都伴有智力障碍，但个别患儿在某一方面的能力却比其他同龄的正常儿童要高，常常在音乐、绘画、数字记忆等方面有着超常的能力。而孤僻的儿童大多智力正常。

（2）言语方面。

自闭症谱系障碍儿童在婴儿期就不会咿呀学语，言语的发育明显落后于同龄儿童，有的甚至不发育，终生缄默不语。不主动跟他人说话，叫他们的名字也总是没有反应。喜欢自言自语，重复、模仿某些言语。说话时的声调、节奏也不正常，不会控制音量。词汇很少，不会使用“你”“我”“他”这样的代词，有要求时会用肢体语言表达出来。相比之下，孤僻儿童的言语发展没有障碍，虽然话很少，但是能与人进行正常的交流并表达自己的想法。

（3）行为方面。

自闭症谱系障碍儿童分为两种：婴儿期时，一部分儿童睡眠少，喜欢吵闹，把他们放到婴儿车中推着走或让他们听歌时，能使其安静下来；另一部分儿童则很安静，整天躺着，不声不响。稍大些后，自闭症谱系障碍儿童会表现出刻板的重复动作，例如拍手、扭动手指、转动手臂、叫喊、撞头、记数字等。他们固执地要使生活环境和方式保持原貌，如有变动就尖叫、哭闹，甚至撞头。但是，孤僻儿童就没有这些异常行为。

（4）社会交往方面。

妈妈喂奶时自闭症谱系障碍儿童不会看着妈妈。要拥抱他的时候，他会全身发软或僵硬，甚至可能不让抱。到了一定的年龄，还不会区分亲近的人和陌生人。不注意周围的情况，饿了或者不舒服时也不会表达，甚至忽视父母的存在。有人注视时，会回避他人的视线。不喜欢与父母或小朋友接近，更愿意自己玩。而孤僻的儿童，在熟悉的环境中可以与人很好地交往，会用目光注视他人，对父母也很依恋。

2. 对策

一般来说，发现自闭症谱系障碍儿童，就要送到特殊学校或机构进行治疗。由专业人员采用多种方法，通过情感、认知、行为训练等帮助他们减轻症状。虽然不能治愈，但是可以增加他们的兴趣爱好，提高其交往能力。如果儿童症状较轻，也可以由教师负责辅助治疗。

（1）教育训练。

一般来说，自闭症谱系障碍儿童都很害怕看见陌生人，不会主动说话。所以，教师想要帮助他们，首先必须取得他们的信任。要想办法使他们感受到老师的关爱，并且意识到老师的存在对他们没有任何威胁。平时教师可以多表示出对他们的关心和鼓励，这可能不会很快见效，要多努力几次。如多与儿童相对而坐，拿一些他们感兴趣的东西引起他们的注意；要求他们看着说话人的脸，多与他们对视；平时，可以多摸摸他们的脸，与他们主动说话。当他们感受到老师的关心和温暖后，会逐渐建立一种信任，也许这个时候他们还是不会主动跟老师说话，但是，这可以为今后的训练打下一个良好的基础。

- 交往训练。在集体生活中，对于自闭症谱系障碍儿童来说，最困难的可能就是与同伴建立良好的关系。由于他们不愿意说话，更不愿意跟别人一起玩，所以小朋友们也不愿意理睬他们。而建立良好的同伴关系，对于任何一个儿童来说都是十分重要的。小朋友们不搭理他们，他们就会变得更孤僻，从而更不会与别人接触，导致恶性循环。教师可以鼓励自闭症谱系障碍儿童多参与游戏，并告诉小朋友们，他们其实很孤独，也很想跟大家一起玩，大家应该多关心他们。其中要注意的是，自闭症谱系障碍儿童需要更多的时间来了解游戏规则。所以，最好事先把游戏规则教给他们，并逐条解释清楚，这样便于他们更好地融入游戏。教师要多为他们创造一些合作性的游戏，而不是竞争性的游戏。这样可以使他们多与小朋友配合来完成游戏内容，以利于增进他们之间的感情。当自闭症谱系障碍儿童做得很好时，要在全班同学面前及时给予表扬，强化他们的体验。
- 言语训练。对于从没开口说过话的儿童，可以想办法训练他们对发音的感觉。如教他们吹风车、吹小纸条、吹泡泡等。这样既增加了他们的感觉，又不会使他们觉得太枯燥而不愿意完成。对于偶尔会说些简单的字和词的儿童，教师要在平时的教学活动中想办法让他们多说。例如：在课上多给他们说话和发言的机会，如果他们不愿意说，教师可以做些示范或用口型进行提示；如果他们肯回答问题，就要及时鼓励，夸他们做得很棒。这样，可以增强他们继续说话的自信心。

（2）行为矫正。

这是一种主要采用强化和惩罚的方法。如，当自闭症谱系障碍儿童表现为大喊大叫、满教室乱跑、想干什么就干什么，而教师的批评和教育都没用时，可以对他们实施一些适当的惩罚。如罚他们在教室的前面站几分钟，直到他们安静下来。而当他们在不用督促的情况下稍微有所好转时，就要立即给予表扬或给一些他喜欢的小东西作为奖赏。又如，有一个自闭症谱系障碍儿童不太自觉，不遵守纪律，但他很喜欢玩小火车。于是，教师就可以在他每天玩小火车之前对他进行训练。暂时不让他玩，等他表现好了以后再允许他玩，并告诉他，是因为刚才他听老师的话了，遵守纪律，老师才让他玩的。

在训练的过程中，教师要多注意与自闭症谱系障碍儿童的家长进行沟通、交流，相信通过多方面的配合，会使自闭症谱系障碍儿童的症状减轻很多。

（二）多动症

男男3岁了，刚进入幼儿园不久，老师就发现他与其他孩子不太一样。上课时，他不能安静地待着，总是在座位上来回移动，手脚忙个不停。游戏时，他也不能集中注意力，总是半途而废，手里的玩具玩一下就会丢开。家长反映他在家时也是蹦蹦跳跳的，不能安静一分钟；而且很爱发脾气，他的要求必须立即得到满足，否则就叫喊哭闹，没有耐心；平时穿衣服、扣扣子或系鞋带时，动作缓慢，还容易扣错。后来，经专家测试，诊断出男男得了多动症。

近年来，儿童多动症的问题受到了越来越多人的关注。儿童稍微有些活泼、好动，家长就会担心自己的孩子是不是得了多动症。那么，多动症到底有哪些突出表现和对策呢？

1. 表现

多动症是“注意缺陷多动障碍”的简称，又叫“轻微脑功能障碍”，是儿童期比较突出的行为问题，一般在7岁前出现，典型发病年龄为3岁。主要有以下表现。

（1）活动过多。

手脚总是动个不停，在不恰当的时间和地点乱跑乱跳；上课时，总是坐立不安、扭来扭去，甚至来回走动或干扰其他同学；游戏时也不老实，一会儿这样，一会儿那样，总是表现得非常有活力。

（2）不能专心。

注意力难以集中，周围的声响等细微干扰很容易吸引其注意力，别人与他说话时，他总是似听非听；做事情总是半途而废，一件事情还没做完，就会去做另一件事情；记忆力差，总是忘记别人交代过的事情。

（3）冲动任性。

情绪不稳定，波动性较大；经常是想干什么就干什么，还没想清楚就去做了，不顾后果；别人说话或上课时经常插嘴，有时还会干扰大人的活动；个性倔强，喜怒无常，不愿听从父母和教师的教导。

（4）学习困难。

阅读、书写或计算有困难，如不能将图形中的各个部分综合为一个整体，颠倒笔画顺序，把“6”读写成“9”，把“+”写成“–”；不能较长时间地持续学习。

（5）协调性差。

动作笨拙，运动的协调性差；系扣子和鞋带时动作缓慢，容易出错。

以上就是多动症的一些典型特征，教师可以作为参考。如果有幼儿出现以上大多数表现，就该建议家长找心理医生或专家做进一步的测试，以免延误治疗的最佳时机。但是，很多时候，人们容易把多动和好动（即气质中的活动性强）相混淆。比较明显的区分办法是：无论孩子活动多么过度，当不准许他活动时，能安静下来的可以看作好动；只是活动过多，而没有注意障碍的，也可以看作好动。

有的孩子被确诊为多动症后，家长很担心。虽然多动症治疗起来比较困难，但它也不是不治之症。如果发现得及时、治疗措施得当，症状一般都能得到减轻，不会对孩子的性格和智力发展有很大影响。只是，长时期的综合治疗比较重要，需要教师和家长的积极配合。而且，要明确指出的是，多动症是一种疾病，它不会自然痊愈，需要成人给予孩子更多特殊的细心照顾，特别是教师的帮助和理解。“我们真的希望大家能够明白和体谅，多动症儿童是天生如此，他自己也不想这样。”这是一位多动症儿童父亲的呼声，他希望教师不要给孩子贴上“顽皮、不听话”的标签，能够多帮助这样的孩子。那么，如果遇到多动症儿童，教师和家长可以做些什么呢？

2. 对策

（1）药物治疗。

一般来说，除非症状十分明显并已经严重影响到了多动症儿童的生活，否则最好不要用药。因为药物会产生心跳过速、反胃恶心等副作用。如果要用药，必须在医生的指导下进行。

（2）合理饮食。

儿童多动症与饮食营养关系密切，家长和教师要让孩子好好吃早饭，为他们准备多种食品，避免孩子挑食、偏食。糖和含高蛋白的食物要少吃，含锌、铁、铜、钙的食物要多吃。限制西红柿、苹果、橘子以及含有人工调味品、防腐剂、水杨酸酯等的食品的摄入，对改善儿童多动症有帮助。

（3）教育干预。

多动症儿童的举动很容易引起大家的反感，经常被教师、家长和同学看作“爱调皮捣蛋”“讨人厌”。在学校里难以与同学建立良好的关系；在家里也会让父母觉得头疼，不好管。那么，教师和家长该如何帮助他们改善多动的问题呢?

- 提供宣泄的途径。多动症儿童最大的特点就是多动，总是很有精力，教师和家长可以指导或带领他们进行各种体育训练。这样既可以释放他们过多的精力，也可以提高他们的动作协调能力。
- 安排学习时间。由于他们要比一般儿童多休息一倍的时间，因此教师和家长需要帮他们安排学习时间，如每学习 10 分钟、20 分钟后休息几分钟。学习环境也要尽量保持安静，周围不要摆放让他们分心的东西。教师要尽量把他们的座位安排到教室里的前排，减少他们分心的机会。
- 自我控制训练。行为疗法是治疗儿童多动症的主要方法之一，自我控制训练就是其中比较有效的一种方法，它主要是通过简单的自我命令来指导多动症儿童的行为。如：先让儿童观察成人大声自言自语地做作业，然后让儿童在成人旁说指导语下做作业，再让儿童自己边说指导语边做作业。如做算术时说：“现在我要做算术了，要认真细心地做。第一题是什么？ 7+5=？让我好好想想，7+5 等于几？啊，我知道了，7+5=12。对了，我写下来。再做第二题……”（高月梅，张泓，2005）
- 艺术活动熏陶。绘画艺术疗法是近些年兴起的多动症干预手段，安静有趣的绘画活动能够有效帮助多动症儿童提高自控力和规范性，减少冲动性与冲突性，在帮助其连接既往史、减轻行为盲目性上有着重要帮助。（王芳，李彬彬，2017）

平时也可以把多动症儿童要做的事情写在纸上，放在一个固定的、明显的地方，时时提醒他们去完成。当多动症儿童表现良好、有进步时，要及时给予表扬或奖励，这样可以巩固他们做出正确行为的意识。教师和家长还要多为他们创造与其他小朋友建立和谐关系的机会，增强他们与他人交往的信心。

总之，只要教师和家长能够按照科学的方法，拿出持之以恒的爱心、耐心，多多努力来教育多动症儿童，就有希望达到令人满意的效果。

（三）攻击性行为

在幼儿园里经常可以看到一些幼儿对其他小朋友很不友好。例如，有的幼儿看到好看的玩具就要与别人争抢，想自己独占，不愿意与别人分享；还有的幼儿凡事都爱占上风，稍有不顺心，就对小朋友大打出手。他们的这些表现可以称作“攻击性行为”。攻击性行为在不同的年龄阶段会有不同的表现，在幼儿阶段主要是咬人、吵架、打架等，是对他人进行身体上的攻击；大一点的孩子会使用更多的语言攻击，如谩骂、诋毁。那么，幼儿产生这类问题的原因是什么呢？教师和家长该如何帮助他们改正这些不良行为呢？

1. 原因

（1）家庭因素。

有的家长对孩子过分溺爱，对其任何要求都无条件满足，养成了孩子“小皇帝”“小公主”的心态。这使孩子习惯于以自我为中心，形成了极强的占有欲，一旦遇到自己喜欢的东西就要占为己有。还有的家长对孩子的期望过高，孩子稍有差错就对其训斥甚至打骂，造成了孩子暴躁的性格，当其遭到打骂后会产生不愉快的情绪，并把这种情绪转嫁到他人身上，以打骂小朋友来发泄，久而久之，便形成了攻击性行为。此外，长期生活在冷漠、残缺的家庭环境中，会使幼儿缺少必要的关爱，造成其古怪、敌对的性格，甚至产生攻击性行为。

（2）社会因素。

美国心理学家班杜拉研究表明，儿童的模仿能力极强，辨别是非的能力却很差，出于好玩或好奇的心理，经常会模仿周围的人或电视中的攻击性行为。而且，如果孩子在几次攻击中尝到了甜头，就会更经常地做出攻击性行为。

2. 对策

首先，在幼儿园里教师要为幼儿创设良好、宽松的环境，不要使其因为无意间的拥挤和碰撞而引发冲突。还要保证玩具的数量，避免幼儿之间的争抢。在生活中，让他们远离过于暴力的东西。

其次，家长要以身作则，不要在孩子面前做出攻击性行为，更不能因为怕孩子受到欺负而鼓励其攻击别人。平时看到孩子打骂、抓、咬或踢别人时，要及时制止，绝不能置之不理。

最后，教师和家长可以采用多种方法来引导幼儿改正其不良行为。如，针对幼儿比较害怕孤独这一点，可以对其实施惩罚。在幼儿园里，当大家一起玩时，教师可以罚做出攻击性行为的幼儿在旁边站着，但时间不要过长。在家里，家长也可以采取定时隔离法，即一旦发现孩子有攻击性行为，就让其在一个角落里面壁 3~4 分钟。但要注意的是，家长一定要让孩子明白为什么要对其进行惩罚。而且，由于幼儿的记性较差，惩罚一定要及时。地点最好也不要改变。这种方法也许一次不很见效，要多次重复才会使幼儿建立良好的行为。教师和家长也可对幼儿进行情感体验教育，通过让幼儿回忆摔倒时的疼痛感等来体验被攻击者的感受，从而减少这种侵犯行为。教师也可以通过角色扮演或情境游戏，把有攻击性行为的幼儿置于被攻击者的位置，让他设身处地地感受对方的心情，这样也会取得很好的效果。如果发现幼儿出现了良好行为，或稍微有好的变化，就要对其进行鼓励，以达到强化的目的。

4 岁的阳阳是班里的“小霸王”。平时做游戏或吃饭时，有小朋友稍碰他一下，他就会对其推搡甚至用脚踹。如果有人敢拿他喜欢的东西，他不由分说，上去就跟人厮打。经了解，他的家境非常富裕，而且父母对孩子十分溺爱，无论孩子要什么都会给予满足，并且都是给最好的。平时孩子犯错误了，父母也舍不得打一下，阳阳和其他小朋友打架了，父母就会指责别人的孩子不好。得知这个情况以后，幼儿园老师先是跟他的家长进行了沟通，希望得到他们的配合。家长表示同意后，教师和家长开始分别在幼儿园里和家里采取教育措施。在幼儿园里，一旦发现阳阳有攻击性行为，教师就先对其进行语言教育，告诉他这样做是错的，使其明辨是非，然后对他进行惩罚，让其单独在房间里站立 5 分钟。在平时的角色扮演活动中，使他更多地体会被攻击者的感受，并适时加以引导。在家里，父母基本上做到与幼儿园里的教育同步：不再过分溺爱阳阳，他有错误就及时指出；看到阳阳的行为有些好转时，及时给予表扬，强化他的正确行为。经过一段时间的矫正后，阳阳的攻击性行为逐渐减少了。

（四）退缩行为

我们可能经常会发现一些幼儿，在精神上无任何异常，却表现得孤僻、胆怯、害羞、冷漠、自私、任性、忧郁、不愿与人交往，宁愿自己在家玩积木、看图书，也不愿意去幼儿园和小朋友们一起玩，遇到陌生人会赶紧躲避。这些表现可以被称为“退缩行为”。

1. 原因

（1）内部因素。

大部分研究者认为，儿童的社会退缩行为与遗传有一定的关系，其中气质因素的影响比较突出。如，陈会昌等人的研究指出，儿童早期的气质对其后来的焦虑退缩行为有预测作用，那些高自我调节能力的儿童能够根据发展的要求减少自己的焦虑退缩行为（张光珍，梁宗保，陈会昌，陈欣银，张萍，2013）。也就是说，由于气质差异，这种孩子的行为不容易被唤起。退缩行为的表现是平时不爱活动，对新鲜的事物不感兴趣，缺乏热情和好奇心。

（2）外部因素。

退缩行为产生的外部因素包括以下几点。

- 亲子依恋。依恋理论认为亲子依恋关系影响着儿童内部工作模式的建立，而这种工作模式关系到儿童自己与周围人的关系。也就是说，积极的依恋关系会让儿童感到安全和自信，促使其主动地探索周围的环境，进而与同伴积极互动。相反，消极的依恋关系会使儿童感到周围的环境是无法预测的、不安全的，导致其不愿意去探索，与同伴等交往时产生退缩行为。
- 教养方式。父母的教养方式对幼儿各方面的影响都很大，反映在退缩行为上，即有两种方式不太可取：专制型教养和溺爱型教养。专制型教养主要表现为过度控制子女的行为，对其态度专横、粗暴。当孩子犯错误时，总是批评、指责。这会导致孩子做事情时总是小心翼翼，没有自信，进而形成焦虑、畏缩、紧张等性格特征。溺爱型教养方式表现为，对孩子过度保护和疼爱，使其形成了依赖性，缺少独立性，遇到事情时喜欢退缩。
- 同伴关系。行动上有些退缩的幼儿因很少主动参与同伴间的交往活动，而缺少交往经验，社会技能差，导致被更多的同伴忽视和孤立。于是，他们表现出更少的活动参与性和更多的孤独感，使行为更加退缩。

2. 对策

（1）建立良好的亲子关系。

良好的亲子关系能使幼儿产生归属感和安全感，促使其建立自信心。因此，父母要表现出对孩子的关心和爱护，看到孩子的优点要给予表扬，对于其所犯的错误要以说服、教育和引导为主。平时，父母要注意鼓励孩子多与其他小朋友接触，创造机会让孩子做些力所能及的事情，有意识地培养其自信心。父母对孩子不要过度保护，应适当放手让他更加独立一些，学会自己管理自己。

（2）采用游戏疗法。

游戏是幼儿的基本活动，可以满足幼儿情绪、情感的需要，是一种独特的实践活动。游戏疗法在矫正幼儿的退缩行为方面有着独到的作用，是改善幼儿退缩行为的有效方法。游戏的设计要根据退缩幼儿的不同情况而定，在家里或幼儿园里都可以进行。刚开始时，可以在家庭内部进行。家庭成员每人分配一个角色，内容可以是表演节目，如唱首歌、讲个故事等。在游戏进行过程中，让孩子多说话、多动，并给予鼓励，让其体会到活动的乐趣。等孩子慢慢熟悉了这种游戏后，在征得其同意的情况下，可以找来熟悉的小朋友一起参与游戏，逐渐消除孩子与他人交往时的紧张和焦虑。当孩子可以与熟悉的小朋友玩得很好以后，就鼓励其在更多的人面前表演。长此以往，幼儿的退缩行为便会得到很好的改善。

（五）说谎行为

说谎是指儿童有意或无意地说假话。一般来说，幼儿是天真无邪、诚实坦白的，但在实际生活中，幼儿也有说谎的时候。然而，必须强调的是，幼儿说谎的原因是不相同的，教师和家长要具体问题具体分析。

1. 原因

（1）幼儿自身的原因。

- 幼儿的心理发展特点。幼儿期想象的发展特点是无意想象占主要地位，有意想象刚刚开始发展，因此，他们容易把现实和想象相混淆，把想象的东西当作现实。例如，4岁的乐乐在照片中看到姐姐在游乐园玩耍很是羡慕，第二天就跟老师说她去游乐园玩了。幼儿记忆的精确性也较差，在回忆时容易歪曲事实。例如，强强听到老师说让军军把做好的汽车模型拿给大家看看，同时又告诉大家别忘了带易拉罐。结果强强回家却让妈妈给他买一个汽车模型，还说是老师说的。在以上这些情况中幼儿都不是有意在说谎，说谎是他们的心理发展还不成熟的表现。
- 幼儿为了达到某种目的或愿望而有意识地说谎。如，幼儿为了获得某种奖励、赢得老师或父母的赞赏、逃避惩罚等。这就属于问题行为了，反映了幼儿的品德问题，需要及时矫正。

（2）家长的原因。

- 家长不注意自身的言行。幼儿的模仿能力很强，如果家长经常说谎，时间长了，孩子也会学着说谎。慎言、修身对家长也很重要，至少在孩子面前要如此。例如，母亲不想去孩子奶奶家，就让孩子对奶奶说“妈妈生病了”。又如，家长曾经答应孩子某事却没有做到，让孩子觉得自己被欺骗了，事后他也会学着欺骗别人。

- 家长教育方式的不当。对于孩子的过失，有的家长总是以粗暴的方式对待，不管是什么原因，一概严厉训斥甚至是打骂，使孩子产生了畏惧心理，进而为了逃避责骂而说谎。

2. 对策

对于幼儿有意说谎的行为，家长要给予充分重视，如果不及时给予纠正，等孩子说谎成为习惯后，就很难改正了。

首先，家长要以身作则。在日常生活中，家长要注意自己的言行，不能间接教孩子说谎。

其次，家长不能简单、粗暴地对待孩子所犯的错误。遇到问题，要具体问题具体分析，以正面教育为主，让其明白说谎的不良后果，不要使孩子因为想要逃避惩罚而说谎。

最后，家长可以在实际生活中采取一些方法帮助孩子改掉说谎的毛病。如有针对性地给孩子讲一些故事，并让其发表自己的看法，帮助其认识到说谎是一种不正确的行为。平时，可以借助于生活中的实例给孩子讲道理。如果发现孩子有诚实的表现，就及时给予表扬和鼓励，强化其诚实的行为。

（六）性别认同障碍

涛涛，男，4.5 岁，长着娃娃脸，活泼可爱，家长和老师都特别喜欢他。但是，让人感到不安的是，最近家长发现涛涛不喜欢和男孩一起玩，却总是和女孩在一起，喜欢抱洋娃娃等。涛涛的父母说，从小他就很喜欢妈妈的化妆品和衣服，总是涂妈妈的口红、戴妈妈的围巾或穿妈妈的衣服。起初，父母也没有在意，还逗他说：“涛涛真漂亮，像个女孩，要不咱们变成女孩吧？”但如今涛涛女性化的倾向越来越明显，父母才感到问题的严重性。经测评，涛涛被诊断为有儿童性别认同障碍。

儿童性别认同障碍一般表现为喜欢穿异性的服装、与异性在一起玩耍，不喜欢和同性在一起，经常表现出异性的声音、姿态等。幼儿虽然能意识到自己是男孩还是女孩，但是对男女之间的差异还很模糊。如果只是偶尔做出异性的举动，穿异性的服装，父母也不必太在意。

1. 原因

造成幼儿性别认同障碍的原因有很多。大致可分为两个方面：先天因素和后天因素。

（1）先天因素，即生理上的问题。

如男孩具有的女性激素过多，或女孩具有的男性激素过多，都会导致性别认同障碍的产生。

（2）后天因素，主要是指家庭因素。

有的父母很喜欢女孩，但生的却是男孩，于是就总喜欢把儿子打扮成女孩的样子，给他留长头发、穿花裙子。幼儿还没有明确符合自己性别角色的行为，时间长了，自然就会在性别认同上出现问题。还有的父母看到孩子做出了异性的举动，觉得很有意思，不但没有阻止，还表现出很高兴的样子，这强化了孩子的不当行为。

父母在孩子的性别认同上起重要作用。例如，一个处于幼儿期的男孩虽然被人称作男孩，却还不知道男孩和女孩的区别，以及什么行为才是男孩该做的，等等。他是在成长的过程中，经过多方面的模仿和强化才形成了符合自己性别特征的行为。而在这个过程中，父亲就是其模仿的重要对象。如果一个家庭中缺少一个像父亲一样阳刚的角色，那么这个男孩就会由于缺少模仿对象，而表现出过多的女孩行为。还有的家庭虽然不缺少模仿对象，但由于母子关系或父女关系过于密切，使孩子与其同性别家长接触过少，也会导致这种问题的产生。

2. 对策

首先，要强化孩子正确的行为，减少其错误的行为。例如，涛涛穿妈妈的衣服时，家长要严肃地告诉他，这么做是不对的，让他感觉到问题的严重性，但态度不要粗暴。而当他做出符合其性别特征的行为时，要立即给予表扬。

其次，如果父母没有时间，长期在外，家庭中缺少同性模仿对象时，就要找亲友或熟悉的人来代替，与孩子建立良好的关系，成为其模仿的对象。

最后，可以多给孩子创造一些机会，让其多与同性别的孩子接触、一起玩耍。例如，可以鼓励涛涛多参加体育活动，与男孩多接触，并在玩的过程中有意识地称赞他，如“你真棒，像个小男子汉”“你太勇敢了”，等等。在幼儿园里，教师要多提供一些这样的机会，对幼儿给予更多的关心和称赞也很重要。

如果这些措施都没有显著效果，就要找专业的医疗机构来解决。

（七）口吃

我儿子今年刚4岁，原本好好的，最近不知道怎么回事，他说话总是结结巴巴的。我带他去医院做了检查，发现他在生理上没有任何毛病。后来才知道，他们班刚转来一个说话结巴的同学。我想，可能是他觉得好玩跟人家学的，所以每次他一结巴，我就训斥他，可是效果并不理想，问题反而越来越严重，尤其是在他紧张和着急的时候。我真是不知道怎么办才好。

这是一位母亲在向老师述说她儿子口吃的烦恼。口吃俗称结巴，是言语节律性和流畅性的障碍。表现为说话时有些字难以发出音、字音重复和语流阻滞。往往伴有挤眼、面部抽动、摇头、舞手和跺足等动作。一般在幼儿期开始发生，男性比女性多。口吃的孩子常常会因遭到同学的嘲笑而变得羞怯、焦虑、自卑，进而产生学习困难等问题（朱智贤，2019）。幼儿出现口吃的原因很多，部分是生理因素所致，更多的则是由于心理因素。

1. 原因

幼儿正处于言语发展的时期，由于词汇量有限，加上对词语的理解还不够准确，说话时就容易出现断断续续、不连贯的情况。一般出现的时间比较短暂，会随着年龄的增长而消失。但如果幼儿此时遭到周围人的嘲笑或者严重的打击，其紧张和焦虑会加重，就容易形成口吃。

幼儿对什么都感到很好奇，喜欢模仿。很多孩子就是因为觉得口吃好玩才模仿的。例如，班上新来了一位小朋友，说话总是结结巴巴的。过了一段时间，教师发现，越来越多的小朋友说话开始结巴起来，而且边说边笑。

有的幼儿习惯用左手，也就是“左利手”，而成人非强迫其改用右手，这也可能导致幼儿口吃。因为控制语言的神经中枢与控制左手的神经中枢相近，改换右手时，可能会暂时扰乱语言神经中枢系统，造成口吃。

2. 对策

先要排除幼儿生理上的问题，然后从消除引起幼儿口吃的心理因素下手。

（1）要消除幼儿的紧张或焦虑感。

不要过分注意或议论幼儿的口吃，成人也要劝阻周围的人，不要嘲笑或训斥孩子，要消除其精神上的紧张。如发现幼儿模仿口吃，要耐心讲解，让幼儿认识到它的危害性，自己改正。对于因缺乏自信而口吃的孩子，父母可以与他一起唱歌或朗诵，在轻松、愉快的氛围中纠正他的口吃，并帮助他建立自信。

（2）可以采用一些方法帮助幼儿正确地发音、流利地表达。

例如，家长和教师可以先一个字一个字地发音，让幼儿模仿，随后再让其整句模仿。当幼儿发出正确的音时，可以给他一些喜欢的玩具或称赞他，对其进行强化。然后逐渐提高训练难度，要求他和成人一起慢慢地朗读，即便中间出现口吃的现象，也要继续鼓励，直到他完成全部的内容。

（八）电子产品成瘾

4岁的明明吃饭时经常哭闹不止，但是当大人塞过去一个播放着动画片的手机时，明明便会瞬间安静下来。到了休息日，明明不愿意下楼玩耍，爸爸建议他去公园踢足球、放风筝，他也提不起兴趣，更不愿意找其他小伙伴玩耍。但是提起平板电脑上的数十款游戏，明明却表现得异常兴奋，他花在玩电子游戏上的时间越来越长，甚至到了不让他玩他就大哭大闹的程度。

明明的问题也许只是电子产品走进幼儿生活的一个缩影。越来越智能的设计、足不出户即可获取最佳资源的便捷，使电子产品获得了越来越多的幼儿家长和教育工作者的青睐。电子产品的育儿优势不可否认，但电子产品对幼儿造成的各种问题也层出不穷，主要集中在身体健康问题、认知发展与学业问题、社会性与情感问题三个方面。面对这样的现状，我们不禁要问：幼儿对电子产品的使用真的是有百害而无一利吗？我们可以采取什么样的对策来消除电子产品对幼儿造成的危害呢？下面谈谈幼儿使用电子产品的常见危害有哪些，教师和家长又该怎样加以引导。

1. 危害

（1）成人用电子产品当保姆，孩子过度注视屏幕，被动注意。

父母有时图省事，用手机或平板电脑哄孩子玩，同时自己也沉迷于使用这些电子产品，给孩子做了不好的榜样。电子产品不是小保姆，它们会带来许多危害。

首先，幼儿的视觉系统发展并不成熟，他们的视觉空间意识需要大量幅度较大，且更为实际的空间运动来发展。也就是说，幼儿的视觉发展需要将现实中可见、可摸的三维物体与平面的二维概念结合起来。因此，如果幼儿把时间过多地放在被动地注视电子屏幕的二维表征形式上，那么就会阻碍幼儿视觉系统的发展。此外，使用电子产品过程中的光线、距离等问题也会影响幼儿视力的发展。电子屏幕上的光线刺激以及使用环境不同造成的亮暗变化，都会造成眼疲劳；长时间注视屏幕更容易使眨眼次数减少而导致眼睛干燥，降低保护功能；注视屏幕时不恰当的距离和角度不仅容易引起视力问题，还会造成脊椎发育不良、颈肩部肌肉疲劳等。

其次，长时间使用电子产品容易导致幼儿肥胖、骨骼和肌肉受损等问题。由于供幼儿使用的电子产品使用软件往往声、形、色兼备，对幼儿非常具有吸引力，因此幼儿常常会为此而减少甚至放弃其他活动时间，如身体游戏或锻炼时间。而运动时间的减少容易导致幼儿肥胖，并养成不爱运动等不健康的生活习惯。高度重复性的运动和不正确的姿势会给幼儿的骨骼和肌肉的发展带来严重损伤，如电脑操作中频繁点击鼠标、平板电脑使用中反复点击屏幕等，这对于骨骼、筋腱、神经、肌肉、关节和软骨组织都处于迅速生长阶段、发育很不成熟的幼儿来说，引起的伤害无疑将更加严重。目前大多数电子产品的设计都是以成年人的使用习惯为主，许多设计并没有考虑到幼儿的使用规范，这也导致了幼儿在使用电子产品时被迫使用不正确的坐姿，或者迫使幼儿长时间拿起与手部肌肉可承受重量不相符的手机、平板电脑等，这些都对幼儿的骨骼和肌肉发展有着不可挽回的损伤。

（2）电子产品与幼儿的学习方式和认知特点不匹配。

皮亚杰的理论以及诸多儿童发展研究已经证明，幼儿是通过多种感官直接作用于真实世界，通过各种实际的探索、操作和解决问题的活动来学习的，活动及其产生的直接学习经验是幼儿认知发展的源泉。而电子产品为幼儿提供的是一种象征性的而非具体、直接的学习经验，不能完全代替那些有价值的早期教育活动和材料，如艺术活动、建构活动、沙土游戏、玩水游戏、阅读活动、利用绘画书写工具进行的探索活动、表演游戏，等等。

首先，因为想象是以表象为基本材料的内部加工过程，而电子产品的内容设计是成人设定好的程序呈现，这使得幼儿能够发挥的空间较为狭小。另外，由于电子画面提供的只是一个具有二维空间的平面世界，不能提供给孩子一个三维的真实世界，这种经验也不利于幼儿的想象和创造力的发展。长期沉浸在电视、网络、电子游戏等多媒体环境中的幼儿通常面对的是成人创造的既定形象，这其中很少能看到孩子们自己创造的形象，幼儿在这种环境中自己发挥想象进行创造的余地非常小，其想象力与创造性的发展也在无形中受到了影响。

其次，由于幼儿使用电子产品时处于与社会隔离的状态，这样势必剥夺了幼儿使用语言以及在一个有意义的情境中倾听和学习良好语言模式的机会。长此以往，就会妨碍幼儿表达自我、理解他人的能力的发展，甚至会影响其以后阅读能力的发展。

（3）使用电子产品不当，阻碍了幼儿的社会性和情绪情感的发展。

过多地沉浸在虚拟环境中会危害幼儿的心理发展，因为这样很难建立属于真实的生活感和存在感，电子产品和网络空间环境使得幼儿把自己的生活与现实的、活生生的世界隔绝开来，从而使他们情绪孤立，不能建立安全感。

同样，电子产品的过度使用也会对幼儿的道德发展产生危害。因为道德感的建立必须要有人的参与，而电子产品带来的物化感、不真实性都给幼儿认知道德这一抽象、高级的概念造成了阻碍，继而也就无法培养幼儿良好的感知世界、融入社会的能力。计算机等电子产品的使用，使幼儿变得不愿意与家长、老师和朋友进行面对面的沟通，而是通过电子产品进行交流。面对面交流的匮乏，造成越来越多的幼儿生活在一种被隔离的世界里，他们常常感到孤独，而这种孤独恰恰是心理疾病的根源。因家长制止孩子玩手机而引发的亲子矛盾、因抢夺平板电脑而引发的同伴矛盾等，都不利于幼儿的亲密关系发展，也会损伤其社会性和情绪情感的发展。

另外，电子产品的使用早已不是单个机器的单打独斗，而是与网络和媒体结合，在为幼儿呈现更加丰富多彩的世界的同时，也增加了网络世界对幼儿心理健康的不良影响。美国儿科学会在 2019 年的一项调查中发现，很多幼儿在使用手机等可联网设备时，都遭受到了或多或少、或显性或隐性的暴力、色情等不良内容的伤害。一些软件在设计时并没有考虑到幼儿的心理发展特点，在一些血腥、暴力内容的尺度上并没有很好地把握。一些网络信息的软色情、擦边球行为都对幼儿尚不成熟的认知和心理造成了极大的伤害。而随着幼儿愈发娴熟的“触网”技能的发展，网络暴力、隐私泄露等问题也接踵而至。

2. 对策

（1）科学把控使用，注意幼儿使用电子产品的时间、距离与空间。

第一，对幼儿使用电子产品的时间要严加控制。在电子产品的使用时间上，世界卫生组织在 2019 年的报告中指出，1 岁以下儿童尽量不要接触任何电子屏幕，2—5 岁儿童每天接触电子屏幕的时间不能超过 1 小时，更短则更好。同样，我国国家卫生健康委员会也建议，6 岁以下幼儿的电子产品单次使用时间不可超过 15 分钟，每天累计不超过 1 小时，并且期间至少保证 10 分钟离开注视屏幕的间隔。另外，美国儿科学会还针对用眼卫生提出了“20/20/20”原则，即当孩子观看电子屏幕时，视线每 20 分钟离开屏幕，并用眼注视至少 20 英尺（大约 6 米）的一个物件，注视时间持续至少 20 秒。综上所述，幼儿每天的电子产品使用时间不应超过 1 小时，单次使用时间应控制在 15~20 分钟，并且要在使用期间保证休息和视线转移，如眨眨眼、转动眼球和眺望远方等。

第二，从用眼卫生的角度考虑，对幼儿使用电子产品的距离也要严加把控。眼科专家建议，眼睛与屏幕的距离应该保持在 60 厘米左右，俯瞰显示屏的角度保持在 20° 左右，这是眼睛、颈脖和肩膀之间最协调和最舒适的角度。

第三，要与幼儿对电子产品的使用地点和场合进行约定。首先，电子产品应该远离孩子的卧室，这样不仅可以帮助孩子杜绝睡前看手机的不良习惯，而且可以避免趴卧等不良姿势对眼睛的伤害。其次，把电子产品放在公共的、家里任何人都能看到的地方使用，有利于成人对孩子的观察与陪伴，既便于与孩子沟通交流、做游戏、进行一定的指导，也是一种针对网络安全的隐性保护。在使用的场合上也要有所规定。家长要与孩子共同约定，在用餐、聚会、旅行等时间不使用电子产品，把属于家庭的时光还给彼此，以促进亲子关系和家庭氛围的改善。

（2）合理安排电子产品使用时间与其他活动时间，有针对性地开展辅助运动。

与视力保护相同的是，科学把控使用时间也是防止幼儿因过度使用电子产品而导致肥胖、骨骼和肌肉受损的重要对策。幼儿的电子产品使用时间与其他活动时间应达到 1:5 的使用比例，即 1 小时的电子产品使用时间，搭配 5 小时的户外活动、游戏等时间，以此来保证幼儿不会因过度使用电子产品而减少运动。

在幼儿使用电子产品的过程中，可配合“专项运动”缓解肌肉疲劳、骨骼受损等危害。在幼儿使用了一段时间的电子产品后，可引导幼儿进行手部肌肉的放松和运动，如专门针对幼儿的手指操或手指舞，以避免高重复运动带来的手指肌肉受损。同样，针对颈部、背部的专项运动也应在使用时间中后期辅助展开，如转动头部“写字”、背部拉伸等活动。

（3）找准发展特点，因势利导。

3—6 岁是幼儿多项能力发展的关键时期，而不同的认知发展有着不同的特点，也就存在不同的引导方式。已有大量研究表明，科学使用电子产品可以促进幼儿数认知能力的发展，一些专门针对幼儿开发、设计的数学学习软件，将枯燥、抽象、难以理解的数学知识以动态的方式展现，配以生动有趣的动画，大大提高了幼儿对数学学习的兴趣和理解能力。比如，一些软件提供了左右、方位、大小、分类等游戏，如果这些游戏与真实情境相联系，那么幼儿就能通过玩游戏的形式很快获得相关的概念，而且会通过这种操作体会到成功的快乐，而不至于厌倦学习。这就要求家长和教师找准幼儿发展的特点，精心挑选适合幼儿使用的科学内容，让幼儿在玩中学、在学中玩。

（4）多种方式相结合，取长补短。

日本一项长达 10 年的研究表明，将平板电脑使用与常规教学相结合，可以更大程度地激发幼儿的创造力、语言表达能力的发展。电子产品的简单便携和交互友好，以及其拍摄、录音、绘画等多功能和网络大数据的通达，都可以使其成为幼儿创作、学习的最佳辅助。而在此过程中，其他方式的配合与跟踪也至关重要，如当幼儿用电子产品拍摄了一段作品、绘制了一幅画卷后，一定要让幼儿对该创作进行描绘和表达，这样就杜绝了电子产品对幼儿内在世界的隔绝。另外，在集体活动中，幼儿同伴间的交流分享与倾听欣赏也是必不可少的环节。幼儿在表达自我的同时，也能够学会尊重他人的成果，这有利于其社会性发展。由此可见，其实电子产品在激发创作灵感、获取更多信息等方面有着不可替代的巨大优势，这些优势都是帮助幼儿发散思维、发展认知的良好帮手，如果再配以多种方式的引导和辅助，就能取长补短、转害为利。

（5）严格监督，注重保护。

幼儿还没有形成良好的自律和监控能力，这就要求成人对幼儿使用电子产品进行监督和把控。在使用内容的挑选上，成人必须亲自试验、反复对比，在幼儿拿到电子产品之前就要对设备上的软件、视频文件等内容进行把关和清理。要拒绝一切有关性、犯罪、暴力等方面的内容，事先帮幼儿关掉一些任意下载、弹窗信息的功能，给幼儿更加清洁的使用环境和更好的使用体验。在具体内容的选择上，要倾向于挑选有教育意义的内容，如可以与幼儿一同观看一些优质的电影、科普片，让幼儿在节目中学到幼儿园里没有教过的知识、理解没有机会接触的事情。

一般来说，幼儿使用电子产品导致的孤独感及各类关系受损，原因都在于家长。家长对孩子的陪伴不足，或者干脆弃之不管，为了一时省心而将孩子彻底交给“电子保姆”。因此，家长的陪伴是幼儿使用电子产品时必不可少的环节。和孩子一起使用电子产品时，家长可以和孩子交流对内容的感想，加深孩子对作品的理解，顺便告诉孩子不能做的事情，这也是向孩子传递正确价值观的好机会。一家人一起在电视或平板电脑前观看节目，房间里充满欢声笑语，既清除了压力，也增强了亲子关系。只有当电子产品、幼儿和帮助幼儿成长的成人（教师和家长等）形成一个三角形般的、相辅相成的关系时，电子产品才能最大限度地发挥教育的作用。同时，成人在身边也可以有效杜绝一些隐性危险信息的伤害，为幼儿提供深层次的保护。

（6）做好表率，良性引导。

幼儿的模仿能力极强，成年人的一举一动都是其学习和模仿的榜样，因此家长要在日常生活中注意自己对电子产品的使用，不要过度或沉迷于使用电子产品。这是引导幼儿合理使用电子产品的重要条件。

同时，幼儿的安全教育不能少。除了要告诉孩子如何保护自己之外，家长也要帮助孩子成为优秀的“数字公民”，在孩子使用电子产品前就关闭免密支付、自动下载等功能，帮助孩子远离网络暴力，并引导孩子不要成为网络欺凌的刽子手。

关于平板电脑（iPad）的使用，幼儿教师可参考以下做法：

平板电脑在幼儿园里的正确应用

一、平板电脑使用规则

小班：

1．一日看一次，不要超过 6 分钟

2．一次看一个节目

3．保持眼睛和屏幕的距离

4．其他小朋友不围观

中班：

1．不碰电源，小心触电

2．一日只看一次

3．一次使用 8 分钟

4．注意爱护平板电脑

5．别人玩时不围观

大班：

1．一天玩一次，每次定时 15 分钟

2．玩时记得要做记录

3．轻拿轻放，要保护平板电脑

4．玩完之后要记得关机

5．注意安全，不碰插头

6．别人玩时我不看，看了我就不再玩

时间提示 APP：沙漏计时器

二、平板电脑使用经典案例

小班：

【萝卜生长记】幼儿各自负责种植、照料一盆萝卜幼苗，并利用平板电脑进行拍照记录。

中班：

【娃娃电视台】为幼儿搭建电视台录制区域，幼儿利用平板电脑进行电视节目录制，可以根据自己的兴趣选择职业（主播或录制人员）、播报内容和表演类型（旅游节目、故事节目、动物百科、天气预报、美食天下、交通广播）。

【二维码工坊】幼儿将自己创作、绘制的绘画作品进行展出，并将创作想法、创作技巧等想要表达的内容制作成电子音频，编辑成该作品的二维码粘贴于作品旁。

【区域活动记录】幼儿利用平板电脑以录音、拍摄等方式记录自己在所玩区域的活动内容，如科学区的科学小实验、生活区的食品制作以及数学区的算术推导等。

大班：

【百度语音查询】幼儿利用平板电脑上下载的搜索引擎 APP 进行知识查询。

【配音秀】幼儿选择感兴趣的动画片段进行独立或合作配音，利用平板电脑音画同步的特点完成配音作品。

【线上线下陶泥花瓶】在平板电脑上下载“Pottery”APP，幼儿可利用该软件进行陶泥作品的设计、配色和成品品鉴，最终根据平板电脑上完成的线上作品进行实物操作，完成线下陶泥作品。

（摘自：李玮．平板电脑在幼儿教育中的适切运用，第四届“网络时代的儿童与媒体研讨会”会议资料，2019）

（九）创伤后应激障碍

一位医生曾经治疗过 2 周大手臂骨折的女婴，7 周时在进行健康检查时发现该女婴的背部挫伤，3 个月时发现该女婴非挤压性颅骨骨折及另一只手臂骨折。经心理医生诊断发现，该女婴已经患上了创伤后应激障碍。当她被安置在寄养家庭后两周，她对男性的恐惧症状得到了改善。女婴遭受的这些伤害都来自其父亲，因此导致她靠近男性时就会表现出各种不同的痛苦，她会尝试避免与男性互动，对日常活动失去兴趣，积极情绪减少，过分急躁和高度警惕。

创伤后应激障碍是指个体经历、目睹或遭遇一个或多个涉及自身或他人的实际死亡，或受到死亡的威胁，或严重地受伤，或躯体完整性受到威胁后，所导致的个体延迟出现和持续存在的精神障碍。幼儿这么小会有创伤后应激障碍吗？回答是肯定的。例如，亲人因新冠肺炎而突然离世的幼儿或汶川地震后的孤儿等，都可能会有创伤后应激障碍。甚至连几个月大的婴儿也会有这种障碍。

1. 原因

（1）恐慌事件。

创伤后应激障碍开始于最初的恐慌时刻或者是由于对绝望的短暂失控感而引起的不知所措。对创伤后应激障碍风险因素的流行病学研究表明，感知到对生命的威胁和创伤事件发生时的恐惧，是对创伤后应激障碍的最可靠的两个预测因素。由于婴幼儿年龄比较小，所以我们最难确定令婴幼儿感到恐惧的是什么或不是什么。我们对婴幼儿恐慌的原因了解得越清楚，就越能有效地安慰遭受创伤的幼儿。如遭受身体虐待、性虐待，遭遇车祸，受到意外伤害，被动物咬伤，目睹家庭暴力，在隔壁房间只听到暴力的声音却不知道发生了什么，疫情期间被隔离在病房，等等，都会让婴幼儿感到恐慌。一项针对飓风灾后的创伤后应激障碍研究发现，50% 的儿童患有创伤后应激障碍。当孩子们返回家园，在看到灾后情况的那一刻，恐惧就产生了。有的孩子在转移时找不到自己的家人或者担心家人找不到自己，也会产生这样的恐慌。

（2）亲子关系。

多达 17 项研究一致认为，创伤后应激障碍儿童的父母应该患有严重的精神性疾病或者存在家庭问题。儿童产生创伤后应激障碍有两种可能：一种是源于儿童本身的气质特征等；另一种是源于父母的教养问题。有研究发现，经历过家庭暴力的母亲对孩子的反应会更加消极一些（Huth-Bocks，Levendosky，& Theran，et al.，2004）。同时，父母的症状在一定程度上会调节儿童痛苦水平和压力症状之间的关系。

另外，父母的关系对儿童青少年心理健康的发展有着重要的影响作用，有大量文献证实了父母精神功能障碍对儿童发育的不利影响。患有创伤后应激障碍的父母，其孩子有情绪和行为问题的风险显著增加。一项对中国湖南省洪灾受害父母与儿童创伤后应激障碍关系的研究也得出了与此一致的结论：生活在父母创伤后应激障碍家庭的儿童发病的风险更高（Li，Huang，& Tan，et al.，2010）。另一项研究也表明：父母的创伤后应激反应严重影响着儿童创伤后应激症状的发育和维持（李娜，郭玥，徐汉明，2018）。一项关于父母战后创伤与儿童精神病患者之间关系的研究表明，有战争经历的父母可能对他们后代的心理健康产生重大的影响，父母的战争经历（如在战斗部署中的暴露程度）可以预测儿童的焦虑、创伤后应激障碍症状和外在行为问题（Letamendi，2011）。

与此同时，亲子依恋关系也与儿童的创伤后应激障碍密切相关。利伯曼（Liebrman）指出，儿童青少年的依恋质量和父母应对他们创伤反应的敏感性，深刻地影响着儿童青少年从创伤事件中恢复的能力（Liebrman，2010）。当儿童与其父母有着较为良好的亲子依恋关系时，他们就能获得更加快速的创伤修复能力。而当父母对其子女的创伤后应激障碍症状有着敏感的辨识能力，并给予更多及时的关怀时，儿童从创伤事件中恢复的能力也会得到极大的发展。

2. 对策

（1）与抚养人合作。

首选的治疗途径就是和幼儿的抚养人合作：①识别能引起幼儿创伤后应激障碍中过度泛化的恐惧反应的情境；②保护幼儿远离那些诱发情境；③当幼儿感到痛苦时，快速有效地安慰他们。例如：遭遇过车祸的幼儿，闻到汽油味就会产生创伤后应激障碍反应；等待救援时的黑暗会导致遭遇地震的幼儿在很长时间里恐惧黑暗，等等。这些需要抚养人用心观察才能得出结论。

（2）游戏疗法。

游戏疗法一般对 2 岁以后的幼儿更合适，可以参看本书第四章的内容。

（3）暴露疗法。

暴露疗法是让患者持续暴露在恐惧刺激面前，并在此时实施积极的应对。使用该技能需要注意，婴幼儿对程序的无意识感觉和可能的痛苦，以及可能会导致儿童症状恶化的任何程序，都要引起治疗人员的重视。

请看下面的案例。

父母因为没时间照顾孩子，将 3 岁的儿子交给老人抚养，在此期间孩子与其他儿童交往甚少。10 个月后，父母接回孩子，发现他不愿意出去和同龄幼儿一起玩耍，宁愿待在家里听父母讲故事或者自己画画、看动画片。如果父母强行带他出去和其他幼儿交往，他会表现出强烈的反抗情绪，甚至哭闹着反对。在路上遇到其他幼儿时，他会退让回避。当其他孩子抢其玩具时他不知所措，往往任人抢去而没有任何反抗行为。在参加集体活动时他表现被动，基本上不和其他幼儿交流。

对这个孩子使用暴露疗法的矫正过程如下：

①在父母的陪同下远远地看着其他同龄儿童。矫正时间主要安排在晚上 7:00—9:30。父母每天晚上以散步或买东西为借口，带孩子到其他同龄儿童喜欢去的场所，并陪在孩子身边看着其他儿童玩耍。若孩子出现一些紧张的现象，如紧紧抓着父母的手，则父母要用语言安慰孩子，告诉他这里没有危险，很安全。在孩子的紧张度有所下降后，父母可以介绍其他儿童所玩的游戏是什么、可以怎么玩，以引起孩子的兴趣。这个阶段需要持续 15 天左右，父母要每天进行记录。

②在父母的陪同下待在同龄儿童附近。这个阶段的孩子仍然不敢和同龄人

一起玩耍。父母需要鼓励孩子勇敢地和大家一起玩，可以买能够吸引其他孩子兴趣的玩具，以邀请他们跟自己的孩子一起玩，但父母不可以离开，以防止孩子出现不良反应。此阶段大约持续 40 天。

③在父母的陪同下与同龄儿童说话。孩子在父母的鼓励下向同龄儿童借玩具玩，并说“谢谢”。当其他儿童对孩子说“谢谢”时，父母需要给予自己的孩子语言强化：“其他小朋友都是很喜欢你的，都愿意跟你玩。”此阶段大约持续 20 天。

④在父母的陪同下与同龄儿童一起做游戏。经过前几个阶段的矫正，孩子已经能和同龄儿童待在一起并进行简单的交流，但仍然不敢和他们说太多话，更不敢和他们做游戏。在这一阶段 ，父母鼓励孩子参与到游戏中，每次晚上出去时，父母总是让孩子带上一些零食或者玩具，到了孩子们玩耍的地方以后，帮助孩子给其他儿童分配零食或者借玩具给他们玩，孩子主动向他们示范如何操作玩具。此阶段大约持续 30 天。

⑤在父母的陪同下与同龄儿童发生矛盾。孩子已经能够和小伙伴正常相处了，但是，孩子不懂得怎么反对或拒绝其他儿童，只会一味地接受其他儿童的意见和行为，父母需要不断地教育孩子：“你要保护好自己的玩具。”而且要告诉孩子：“你自己的东西，想借给别人就借给别人，不想借给别人就可以不借给别人。”此阶段大约持续 50 天。

⑥独自与同龄儿童交往。孩子渐渐地远离父母，但是在玩过一段时间后，还是会回来看看父母是否在等着自己，这时父母需要耐心地告诉孩子：“爸爸妈妈总是会等着你的。”慢慢地孩子就会脱离父母，自己独立和小伙伴玩了。此阶段大约持续 20 天。

此方案在实施过程中若有反复，则马上回到前一阶段或者更前面的阶段，而只要孩子在矫正过程中有改变，父母就必须给予强化，主要是语言强化，也可以结合代币制来实施各项措施。

（4）眼动脱敏与再加工疗法。

眼动脱敏与再加工疗法在临床上对 4 岁以上幼儿的创伤后应激障碍有一定的效果，研究人员发现对幼儿运用这种方法的潜在优势非常大。眼动脱敏与再加工疗法不要求幼儿口述他们的想法，因此对于创伤事件的具体细节，不需要幼儿进行更多的阐述和解释，这样就能更加准确且简便地了解创伤事件对幼儿的情绪和行为造成的影响，并根据此结果进行预测和干预。双侧加工并不涉及眼动，也不是必须运用双侧听觉或触觉刺激才有效，但需要在年幼儿童的控制实验中进行预处理。

总之，上述方法需要在专业人士指导下使用。

第二节 幼儿心理健康教育中应注意的问题

一、聆听心语，体察童心：提高对幼儿心理健康的评价能力

目前，我国专门从事幼儿心理健康教育的师资力量缺乏，幼儿心理健康教育工作大部分是由幼儿教师在承担。然而，许多教师并不能对幼儿的心理健康做出一个正确的评价。因此，普及幼儿心理学知识，提高教师对幼儿心理健康的评价能力就变得很有必要。

（一）加强教师的理论知识学习

可以给教师提供机会，对其进行心理学专业知识的培训。也可以经常邀请幼儿教育专家下园指导，做专题讲座等，使幼儿教师多掌握一些心理学知识和技巧，为及时发现幼儿的心理健康问题和提高教师的评价能力，打下一个良好的基础。

（二）提高教师的评价能力

为了使幼儿在身心上得到全面、和谐发展，幼儿教师需要具有正确评价幼儿心理健康的能力，学会使用各种方法对幼儿的动作、认知、情绪、人际关系、自我意识等方面进行综合评价。如可以科学地、正确地使用前几章中介绍的时间取样法、事件取样法、现场详录法、行为核查法等观察法，以及访谈法、问卷法、同伴提名法等对幼儿的心理健康进行评价。

总之，要按照第一章所提出的幼儿心理健康教育的含义和目标开展心理健康教育，对幼儿的心理问题及时做出判断，做到早干预、早治疗。

二、选择载体，多方渗透：借助于各种教育活动

幼儿教师更要有意识地在各种具体教育活动中培养幼儿健康的心理品质，将幼儿心理健康教育渗透到教育的各个方面和各个环节。可以充分利用现代化教学手段，拓展孩子的视野，丰富孩子的见闻，例如：

让幼儿利用手中的电子设备（平板电脑、智能手机等）拍摄、记录身边发生的趣事，如一朵花的绽放过程、一只小虫的成长经过等，充分发挥拍照、摄像、录音、剪辑等功能引导孩子独自完成作品。幼儿教师可组织幼儿分享、介绍和交流，一方面提高幼儿使用电子产品的能力，另一方面促进幼儿人格的发展。

“走开，冠小毒”主题活动聚焦新冠肺炎，用拟人化的方式讲述了糖宝宝“安安”抗击新冠肺炎的故事，引导幼儿讲卫生、爱护野生动物，致敬白衣天使，也教导幼儿学会感恩、学会奉献。

教师可通过各种活动，为幼儿提供更多的交流机会，提高其适应能力，培养其责任感和谦让精神。教师也可开展混龄活动，即让不同年龄的幼儿在一起交往、玩耍、游戏。在这个过程中，大一些的孩子可以体验到当哥哥姐姐的责任感，学会谦让；小一些的孩子可以享受到更多的关心和帮助。这种活动可让他们都体会到互相帮助的乐趣，从而促进同伴关系的建立。

在设计幼儿心理健康教育课程时，要遵循本书第三章中所提出的基本原则（个性化与社会化相协调的原则，渗透性原则，认知教育与行为训练相结合的原则，适应幼儿年龄发展的特点与规律），并按照幼儿心理健康教育的目标——层次目标、年龄目标、单元目标，采用系列单元设计的方式设计出符合幼儿自身发展特点的活动方案。此外，可以把心理健康教育方法——情境教育法、榜样示范法、游戏疗法、绘画疗法、阅读疗法、行为矫正法等方法融入设计中，以达到更好的效果。

三、整合资源，携手共进：重视家庭和幼儿园同步教育

第一章中已经阐明了幼儿心理健康教育的要求，并明确地提出了家长的态度是否与幼儿园一致直接影响到幼儿的心理健康发展的观点。家庭是孩子成长的主要环境，对幼儿的心理健康起着不可忽视的作用。在教育过程中，如果没有重视与家长的密切配合，则会导致幼儿园的努力功亏一篑。因此，家园合作是幼儿心理健康教育中的重要一环。幼儿园可以通过家访、讲座、亲子活动、家庭心理咨询等方式，向家长传递心理健康教育知识，使其和幼儿园密切配合，共同提高幼儿的心理健康水平。

我当园长的时候，在幼儿园里发现过这样一个小女孩。她叫贝贝，3岁。她对周围事物的反应很冷淡，不能与小朋友们一起玩耍，也不喜欢玩玩具；总是

自言自语或重复别人的话，不与其他人的目光接触；在语言、交往等方面也有问题，只会说少量的词语和一些简单的句子，但她所讲的话别人听不懂。她的这些表现让我联想到了“儿童自闭症谱系障碍”。我知道这是一种不太常见的、比较严重的广泛性身心发展障碍性疾病，越早治疗效果会越好。我把自己的担心说给她的父母听。起初，他们并不是很在意，只是认为孩子比较孤僻。后来，我和家长反复沟通，并给他们看了一些关于自闭症谱系障碍的图书，他们才终于决定带孩子去诊断一下。结果验证了我的想法，贝贝确实是有“自闭症谱系障碍”。不过，好在发现得及时，还是能取得比较好的治疗效果。如果是5岁以后才发现，治疗的效果就会差很多，会给自闭症谱系障碍儿童日后的康复造成无法弥补的损失。

但是，在现实中并不是所有的问题都能得到解决。

4岁的蓬蓬，是一个虎头虎脑的小男孩。刚转到园里时，老师们都挺喜欢他的。可经过一段时间的接触，老师们渐渐发现他经常会做出一些攻击性行为。班里的小朋友几乎都挨过他的打，慢慢地谁也不愿意跟他玩了。我们发现这个问题后赶紧联系他的父母，希望家长能够配合幼儿园的工作，一起把孩子教育好。可令我们没想到的是，蓬蓬的家庭情况比较复杂。他的爸爸、妈妈离婚了，蓬蓬大部分时间都是跟爷爷、奶奶在一起。因为他的父母都不愿意花时间来照顾他，每个月只是固定地拿出一些钱，其他的事情就都推给他的爷爷、奶奶了。得知这个情况后，我们也感到很棘手。我们找过他的父母很多次，可他们不是没时间，就是还没等我们把话讲完就借口有事匆匆离开了。蓬蓬的爷爷、奶奶岁数也大了，我们没办法让他们过多地协助幼儿园的工作。最后，我们只能利用蓬蓬在园的时间，想办法矫正他的攻击性行为。虽然有些效果，可是直到他离开幼儿园时，我们还是没能帮他完全改掉喜欢攻击别人的毛病。没有家长的配合，仅靠幼儿园的力量是很不够的。

四、虚心求教，不妄断言：切忌对号入座或贴“标签”

例1：牛牛所在的班级新来了一位年轻的带班老师。一天，这位老师突然发现，牛牛总是特别喜欢把自己的鞋子摆整齐。于是，就对旁边的老师说道：“牛牛这孩子总是爱摆鞋子，一定是有洁癖。”这句话恰巧被牛牛听到了。回家后，牛牛看到妈妈正在整理、摆放鞋子，就对妈妈大声说：“妈妈，你有洁癖。”牛牛的妈妈一听，愣住了，疑惑地问道：“你怎么会这么说，听谁说的？”牛牛回答说：“老师说我摆鞋子有洁癖，那妈妈也有洁癖。”牛牛的妈妈听了感到很奇怪：难道摆鞋子就是有洁癖吗？虽然她觉得不太可能，但也不敢确定，就带着牛牛去专门的心理机构进行了咨询。结果得知，仅通过这一个动作是无法判断孩子是否有洁癖的。而且经过诊断，丝毫没有发现牛牛有洁癖的迹象。这下，牛牛的妈妈才放心了。不过，她也很生气：为什么老师可以说出这么不负责任的话呢？害得家长跟着瞎担心。于是她跑到幼儿园，找到了这位带班老师，想讨个说法。老师听了牛牛妈妈的叙述后，不禁脸红了，很抱歉地说道：“牛牛妈妈，真是对不起。我当时也只是刚看了一本与洁癖有关的书，看到牛牛的动作，就与书中的某个片段联系起来，顺口就说牛牛有洁癖了。没想到会给孩子和家长带来这么大的问题，我以后一定注意。”牛牛的妈妈看到老师的态度这么诚恳，也没再说什么，只是希望老师以后不要再随便给孩子贴标签了。

例 2：小丽是一个 3 岁的女孩，学说话很晚，最近王老师突然发现她说话有点结巴，特别是着急的时候。由于前不久幼儿园里刚对教师做过一些幼儿心理健康教育方面的辅导，王老师就联想到了幼儿口吃的问题，立刻紧张起来。她找到小丽的父母，告诉他们小丽已经有口吃的问题了，家长一定要给予高度重视，以免影响其他小朋友，还说了许多口吃的危害。家长也突然意识到了问题的严重性，开始担心起来。第二天，小丽的父母就带着她到专门的心理机构寻求帮助。治疗者经过详细的询问和观察后得出结论：小丽的这种口吃现象只是一时的，随着她今后的成长发育会自然地好起来，不用过分担心。王老师得知这个消息后才突然想起来，辅导老师曾经强调过，如果不是模仿或情绪上的过度紧张等问题引起的口吃，就很可能是孩子自身发育中遇到的问题，会慢慢好起来的。她这才恍然大悟，是自己的知识没有学扎实。几个月过后，小丽真的不再口吃了。

心理病理的分类是针对心理失调，而非个体本身。因此，不要用心理病理学的诊断给幼儿贴“标签”，因为它会给幼儿带来羞辱。随着幼儿教育的发展，人们对幼儿的心理健康越来越重视了。特别是幼儿园都在大力推动幼儿心理健康教育。例如，给教师普及幼儿心理学知识，请专家入园指导等，使教师初步掌握了许多心理健康知识。但是，在这个过程中也出现了一些问题。例如，有的教师虽然获得了一些关于幼儿心理学的知识，但是学得还不够扎实，偶尔看到幼儿的某一种行为，对照书中的只言片语就把其当作不正常的行为，引起了幼儿及其家长不必要的紧张。因此，在幼儿教育的过程中，要避免对号入座的问题。如果怀疑幼儿有什么异常行为或心理，应大量查阅相关资料，并认真做观察记录，或者找专业人员进行指导，以便准确地弄清楚其心理或行为的性质，切记不要随便定性。

经典案例

儿童文学作家——波拉蔻

派翠西亚·波拉蔻（Patricia Polacco），出生于美国密歇根州，是个失读症者。她在阅读和数学学习上有严重的问题。这使得她在学校里屡受挫折，其他同学都会的学习内容，她怎么也学不会。因被同学们嘲笑，波拉蔻不喜欢去上学。原本以为出现这种情况是因为自己笨，直到 14 岁那年，她才知道自己患有失读症，知道自己在生理上与别人有差异。然而，她的老师并没有因此放弃她，而是努力帮助她完成学业。

波拉蔻了解了自己的不同，并且找到了属于自己的学习方式，渐渐地对“学习”这件事感到得心应手。直到 41 岁，波拉蔻才开始从事儿童书写作。由于在课业上学习的困难，绘画对波拉蔻的生活而言变得非常重要，促使她成为绘本作家。

由此可见，即便是人自身存在障碍，也能在其他方面找到自己的优势，并把它发扬光大，从而成为不可代替的人物。

（柯华威，2000）

参考文献

［1］陈帼眉．学前心理学［M］．北京：人民教育出版社，2015．

［2］陈帼眉．幼儿心理学［M］．北京：北京师范大学出版社，2017．

［3］陈晓霞，韩清．3—6岁幼儿心理健康现状及影响因素分析——基于福建省直机关幼儿园家庭调查数据研究［J］．福建基础教育研究，2019（12）：103-105+112．

［4］程灶火，李欢欢，郑虹，耿铭，王力，王湘．多维记忆评估量表的信效度研究［J］．中国心理卫生杂志，2002，16（4）：237-241．

［5］戴明忠．会说话的花儿［J］．快乐语文，2017（Z4）：15．

［6］邓玉琴．心智觉知训练对大学生心理健康水平的干预效果［D］．北京：首都师范大学，2009．

［7］丁艳华，徐秀，王争艳，李慧蓉，王卫平．母婴依恋关系对幼儿认知和行为发展的影响［J］．中国儿童保健杂志，2013，21（12）：1243-1245．

［8］杜威．民主主义与教育［M］．王承绪，译．北京：人民教育出版社，1990．

［9］樊富珉，陈启芳，何镜炜．香港高校学生辅导［M］．北京：清华大学出版社，2001．

［10］高月梅，张泓．幼儿心理学［M］．杭州：浙江教育出版社，2005．

［11］郭铁成，曾凡梅，刘忠义．学前儿童心理健康现状调查分析［J］．新课程研究，2020（9）：112-114．

［12］韩翠萍．帮助幼儿走出“自我中心”［J］．好家长，2010（20）：43-44．

［13］韩玉莲．父母教养方式与儿童在同伴交往中受欢迎性的关系研究［D］．武汉：华中师范大学，2015．

［14］何元庆，翟晨靓，曹晓燕，孙艳，吴传花，方存峰．正念团体咨询对幼儿教师心理健康的干预效果［J］．中国卫生事业管理，2018（8）：631-632+640．

［15］侯瑞鹤，俞国良，林崇德．儿童对情绪表达规则的认知发展［J］．心理科学进展，2004（3）：387-394．

［16］华爱华．游戏，点亮快乐童年——在 2017 年全国学前教育宣传月启动仪式上的发言［J］．幼儿教育，2017（16）：1.

［17］姜勇，李艳菊，黄创．3~6 岁幼儿同伴交往能力影响因素模型［J］．学前教育研究，2015（5）：45–54.

［18］金盛华．社会心理学［M］．北京：高等教育出版社，2010.

［19］孔敏仪，周燕．论人际关系对幼儿园初任教师专业发展的影响［J］．教育导刊：下半月，2016（10）：44–46.

［20］邝廷舜，李城，许晓梅，李晓云，范晓荧．优秀幼儿教师人格特征的对照研究［J］．现代中小学教育，2016，32（2）：80–83.

［21］李娟娟．开展大班幼儿户外角色游戏的有效策略［J］．学前教育研究，2018（1）：70–72.

［22］李娜，郭玥，徐汉明．儿童青少年创伤后应激障碍患者的家庭问题研究［J］．医学与哲学（B），2018，39（8）：68–71+77.

［23］李泉，宋亚男，廉彬，冯廷勇．正念训练提升 3~4 岁幼儿注意力和执行功能［J］．心理学报，2019，51（3）：60–72.

［24］李世峰，吴艺玲，张福民，许琼英，周爱保．自我肯定缓冲新冠疫情引发的焦虑反应：一项随机对照研究［J］．心理学报，2020，52（7）：886–894.

［25］李婷婷，刘晓明．教师心理健康素质问卷编制［J］．中国健康心理学杂志，2015，23（8）：1204–1212.

［26］梁宝勇，等．精神压力、应对与健康：应激与应对的临床心理学研究［M］．北京：教育科学出版社，2006.

［27］林崇德．发展心理学［M］．杭州：浙江教育出版社，2009.

［28］林崇德，杨治良，黄希庭．心理学大辞典［M］．上海：上海教育出版社，2003.

［29］林怡，张晓敏．发展 1~2 岁宝宝的社交行为［J］．家教指南，2006（5）：30–31+40.

［30］刘方，刘文．孩子爱发脾气，家长应该怎么做？［OL］．辽师大婴幼儿心理研究团队微信公众号，2018，11（6）.

［31］刘方，刘文，于腾旭．基于气质视角的情绪调节与儿童问题行为［J］．心理科学进展，2019，27（4）：646–656.

［32］刘敏娜，黄钢，章小雷．结构式集体游戏治疗对 10~11 岁学习困难儿童的心理干预研究［J］．中国儿童保健杂志，2007，15（5）：491–493.

[33] 刘文. 创造性人格与儿童气质研究 [M]. 北京：中国大地出版社，2007.

[34] 刘文. 儿童青少年气质发展与干预 [M]. 北京：中国人民大学出版社，2017.

[35] 刘文. 健健康康快长大：婴幼儿心理门诊（图文版）[M]. 北京：蓝天出版社，2005.

[36] 刘文，梁楠，杨丽珠. 基于气质评定的幼儿同伴关系促进实验 [J]. 学前教育研究，2007（5）：28–31.

[37] 刘文. 0~3 岁育儿特快：常见育儿问题专家方略 [M]. 上海：第二军医大学出版社，2003.

[38] 刘文，刘方，邹姝姮. 国外儿童心理虐待的神经机制研究综述 [J]. 中国特殊教育，2015（12）：66–71.

[39] 刘文，聂春晖，黄丹，李英玉. 平板电脑教学对 3—4 岁幼儿工作记忆的影响 [J]. 内蒙古师范大学学报：教育科学版，2019，32（4）：50–54.

[40] 刘文，彭菲菲. 幼儿自我调节能力的发展及与气质的关系 [J]. 心理发展与教育，2010，26（3）：245–250.

[41] 刘文，齐璐. 幼儿的创造性人格结构研究 [J]. 心理研究，2008（2）：21–26.

[42] 刘文. 气质：儿童创造性人格培养的关键 [J]. 人民教育，2010（11）：15–16.

[43] 刘文，秦梦嫄，陈楠，胡艳红，陈亮. 幼儿数认知发展特点及其促进：平板电脑与面对面教学的比较 [J]. 学前教育研究，2018（11）：3–14.

[44] 刘文，杨丽珠. 基于教师评定的 3~9 岁儿童气质结构 [J]. 心理学报，2005（1）：67–72.

[45] 刘文，张嘉琪，车翰博. 3~4 岁幼儿创造性人格与气质的交叉滞后分析 [J]. 心理科学，2020，43（3）：645–651.

[46] 刘文，张珊珊，陈亮，杨丽珠. 气质稳定性与发展性新进展 [J]. 心理与行为研究，2014，12（2）：260–265.

[47] 刘文，邹丽娜，李亮. 幼儿幽默感结构和发展特点 [J]. 心理学探新，2009（1）：58–63.

[48] 刘新蕊，邢晓沛，张铁男. 学前儿童执行功能与同伴关系：外化问题

行为的中介作用［J］. 中国临床心理学杂志，2018，26（3）：546–550+527.
［49］刘瑛. 学龄前儿童行为问题与幼儿教师心理健康水平的相关研究［J］. 西华师范大学学报：哲学社会科学版，2006（4）：91–95.
［50］卢长娥，Fillmore R，王勇. 幼儿自尊与攻击性行为的特点及其关系［J］. 学前教育研究，2016（4）：56–63.
［51］卢珊，崔莹，王争艳，李亚庆，郭文婷，梁熙. 看电视时间与婴幼儿语言、情绪社会性发展的关系——一项追踪研究［J］. 学前教育研究，2018（11）：15–26.
［52］鲁玉霞，张会娟，卢海燕. 体感游戏治疗对学龄期孤独症患儿认知功能与生活技能的效果［J］. 国际精神病学杂志. 2020，47（3）：475–478.
［53］吕仁慧，张日昇，吴林桦，马西娟. 箱庭疗法的评估进展及其发展趋势［J］. 中国临床心理学杂志，2015，23（6）：1137–1140+1052.
［54］毛颖梅. 特殊儿童游戏治疗［M］. 北京：学苑出版社，2010.
［55］孟昭兰，阎军，孟宪东. 确定婴儿面部表情模式的初步尝试［J］. 心理学报，1985（1）：55–61+115–118.
［56］牛更枫，李占星，王辰宵，马晓彤，孙晓军，周宗奎. 网络亲子沟通对留守初中生社会适应的影响：一个有调节的中介模型［J］. 心理发展与教育，2019，35（6）：678–685.
［57］庞丽娟. 教师与儿童发展［M］. 北京：北京师范大学出版社，2001.
［58］桑标. 当代儿童发展心理学［M］. 上海：上海教育出版社，2003.
［59］桑标，徐轶丽. 幼儿心理理论的发展与其日常同伴交往关系的研究［J］. 心理发展与教育，2006，22（2）：1–6.
［60］申继亮. 透视处境不利儿童的心理世界［M］. 北京：北京师范大学出版社，2009.
［61］沈悦，杨丽珠，刘歌. 早期儿童自我控制的发生［J］. 学前教育研究，2015（5）：29–37.
［62］史冰，苏彦捷. 儿童情绪伪装能力的发展和影响因素［J］. 心理科学进展，2005，12（2）：162–168.
［63］史慧中. 对九十年代我国幼儿教育界历史使命的思考——一项幼教科研结果的启示［J］. 人民教育，1991（5）：38–39+37.
［64］孙铃，陈会昌，郑淑杰，单玲，陈欣银. 学前儿童社交退缩类型与气

质［J］. 中国心理卫生杂志，2006，20（5）：288–290.
［65］陶国泰，郑毅，宋维村．儿童少年精神医学［M］．南京：江苏科学技术出版社，2008.
［66］田菲菲，田录梅．亲子关系、朋友关系影响问题行为的3种模型［J］. 心理科学进展，2014（6）：968–976.
［67］廷伯莱克，卡特勒．临床社会工作游戏治疗［M］．肖萍，等译．上海：华东理工大学出版社，2004.
［68］万宇．阅读治疗在小学阶段的探索性实践——南京市钓鱼台小学的应用实例［J］．图书馆杂志，2010（10）：37–41+15.
［69］万云英．学习心理学［M］．长春：吉林教育出版社，1990.
［70］王超．身正为范——浅谈教师言行对幼儿行为的影响［J］．教师，2015（33）：116.
［71］王娥蕊，杨丽珠．3—9岁儿童自信心发展特点的研究［J］．辽宁师范大学学报：社会科学版，2006，29（3）：45–48.
［72］王芳，李彬彬．绘画对多动症儿童干预的效用分析［J］．中国特殊教育，2017（3）：59–64.
［73］王秋．大型户外建构游戏的课程化探索［J］．学前教育研究，2020（1）：88–91.
［74］王万清．读书治疗［M］．广州：广东世界图书出版公司，2003.
［75］王薇薇，王依宁，刘文．防疫期间，一同守护留守儿童［OL］．辽师大婴幼儿心理研究团队微信公众号，2020，2（7）.
［76］王晓萍．儿童游戏治疗［M］．南京：江苏教育出版社，2010.
［77］吴凤岗，梅建．“沙袋育儿”对儿童早期发展影响的调查研究报告［J］．心理发展与教育，1990（2）：75–79+89.
［78］夏莹，张昕月．幼儿心理健康现状调查分析及对策［J］．牡丹江师范学院学报：哲学社会科学版，2011（1）：110–112.
［79］项宗萍．从“六省市幼教机构教育评价研究”看我国幼教机构教育过程的问题与教育过程的评价取向［J］．学前教育研究，1995（2）：31–35.
［80］辛明月．父母教养态度与幼儿自主能力之关系探讨［J］．才智，2019（18）：181–182.
［81］辛素飞，王一鑫，林崇德．高职生心理健康水平变迁的横断历史研究：1999—2016年［J］．教育研究，2018，39（11）：120–130.

[82] 邢淑芬，梁熙，岳建宏，王争艳. 祖辈共同养育背景下多重依恋关系及对幼儿社会—情绪性发展的影响［J］. 心理学报，2016，48（5）：518-528.

[83] 徐林群，潘丽红，姚琳. 农民工子女自尊与社会适应性，心理健康及应付方式相关分析［J］. 中国健康心理学杂志，2018，26（3）：464-470.

[84] 徐伟. 幼儿心理理论与道德判断的关系［J］. 中国临床心理学杂志，2015，23（1）：67-70.

[85] 严双琴，刘国栋，陶芳标. 生命早期不良环境因素对心理健康的远期影响［J］. 安徽预防医学杂志，2015，21（5）：338-340+347.

[86] 杨丽珠，刘文. 毕生发展心理学［M］. 北京：高等教育出版社，2006.

[87] 杨丽珠，沈悦. 儿童自我控制的发展与促进［M］. 合肥：安徽教育出版社，2013.

[88] 杨丽珠，王江洋，刘文，等. 3~5 岁幼儿自我延迟满足的发展特点及其中澳跨文化比较［J］. 心理学报，2005，37（2）：224-232.

[89] 杨丽珠，吴文菊. 幼儿社会性发展与教育［M］. 大连：辽宁师范大学出版社，2000.

[90] 杨丽珠，杨春卿. 幼儿气质与母亲教养方式的选择［J］. 心理科学，1998，21（1）：3-5.

[91] 杨丽珠，邹晓燕，朱玉华. 学前儿童在游戏中社交和认知类型发展的研究——中美跨文化比较［J］. 心理学报，1995，27（1）：84-90.

[92] 姚本先，邓明. 幼儿心理健康教育的目标、任务、内容与途径［J］. 教育科学研究，2004（1）：44-46.

[93] 姚端维，陈英和，赵延芹. 3~5 岁儿童情绪能力的年龄特征、发展趋势和性别差异的研究［J］. 心理发展与教育，2004（2）：12-16.

[94] 一行禅师. 正念的奇迹［M］. 丘丽君，译. 北京：中央编译出版社，2010.

[95] 俞国良，辛自强. 社会性发展心理学［M］. 合肥：安徽教育出版社，2004.

[96] 袁源，周燕. 家庭功能弱化对学前留守儿童社会化的影响［J］. 教育导刊：下半月，2016，6（5）：72-75.

[97] 约翰逊，等. 游戏与儿童早期发展［M］. 华爱华，郭力平，译. 上

海：华东师范大学出版社，2006.
[98] 泽纳. 婴幼儿心理健康手册 [M]. 刘文，等译. 北京：中国人民大学出版社，2014.
[99] 曾守锤，吴华清. 儿童同伴关系不良的原因及对策 [J]. 幼儿教育，2004（3）：13.
[100] 张光珍，梁宗保，陈会昌，陈欣银，张萍. 社交退缩与儿童的社会适应之间的关系：性别的调节作用 [J]. 心理科学，2013（4）：860–864.
[101] 张丽华，杨丽珠. 3~8 岁儿童自尊发展特点的研究 [J]. 心理与行为研究，2005，3（1）：11–14.
[102] 张璐璐，高东慧. 班级幼儿同伴交往的特点与原因分析 [J]. 学前教育研究，2015（4）：64–66.
[103] 张瑞瑞. 在支持幼儿自我表达中培养美术表现力 [J]. 学前教育，2019（2）：15–17.
[104] 张绍勤. 博士生的父母谈家庭教育 [M]. 哈尔滨：黑龙江人民出版社，1998.
[105] 张新洲. 幼儿园课程设计 [J]. 家教设计，2015（33）：30–33.
[106] 张岩，刘文. 气质与儿童同伴关系研究评介 [J]. 辽宁师范大学学报：社会科学版，2001，24（2）：40–41.
[107] 张印平，刘亚鹏，朱颖，张光珍，梁宗保，陆祖宏，邓慧华. 亲子依恋与父母养育方式之间的关系 [J]. 应用心理学，2015，21（1）：32–38.
[108] 赵海信，孙灯勇. 教师教学风格对学生学习心理和行为的影响研究 [M]. 广州：世界图书出版广东有限公司，2013.
[109] 赵景欣，刘霞，张文新. 同伴拒绝、同伴接纳与农村留守儿童的心理适应：亲子亲合与逆境信念的作用 [J]. 心理学报，2013，45（7）：797–810.
[110] 郑国，潘莉，张骞. 幼儿不良情绪疏导策略研究 [J]. 四川文理学院学报，2018，28（4）：71–76.
[111] 郑雪，刘学兰，王玲. 幼儿心理健康教育 [M]. 广州：暨南大学出版社，2006.
[112] 周晓芸，彭先桃. 正念训练：幼儿教师专业发展的现实之需 [J]. 科教导刊：下旬，2018（6）：78–79.

[113] 周德明，丁强．参与性探究中“稚化思维”的教学案例及评析课题：三角函数的周期性［J］．数学教学研究，2015（1）：19–22+26．

[114] 朱华，徐萍．幼儿人格与家庭养育环境的相关性分析［J］．南昌大学学报：医学版，2014，54（9）：79–80．

[115] 朱智贤．心理学大辞典［M］．北京：北京师范大学出版社，2019．

[116] 庄严，许锐营．幼儿情绪调控的跨文化研究［J］．心理研究，1996，27（9）：103–115．

[117] 邹萍．父母共同养育行为及其对小学生人格发展的影响［D］．大连：辽宁师范大学，2007．

[118] Aischuler R H．The Post Card：From Socrates to Freud and Beyond［J］．Self & Society，1978，44（4）：484–486．

[119] Altan-Aytun Ö，Yagmurlu B，Yavuz H M．Turkish Mothers’ Coping with Children’s Negative Emotions：A Brief Report［J］．Journal of Child & Family Studies，2013，22（3）：437–443．

[120] Antje V S，Jamil F M，Larsen R A A A，et al.．Personal and Contextual Factors Associated with Growth in Preschool Teachers’ Self-efficacy Beliefs during a Longitudinal Professional Development Study［J］．Teaching and Teacher Education，2018，75（27）：278–289．

[121] Arslan G，Allen K A，Craig H．Social-emotional Health in Higher Education：A Psychometric Evaluation with Turkish Students［J］．British Journal of Guidance and Counselling，2020，29（4）：1–14．

[122] Baddeley A．Working Memory：The Interface Between Memory and Cognition［J］．Journal of Cognitive Neuroscience，1992，4（3）：281–288．

[123] Briley D A，Tucker-Drob E M．Genetic and Environmental Continuity in Personality Development：A Meta-analysis［J］．Psychological Bulletin，2014，140（5）：1303–1331．

[124] Bullock A，Xiao B，Xu G，et al.．Unsociability，Peer Relations，and Psychological Maladjustment among Children：A Moderated-mediated Model［J］．Review of Social Development，2020，2（1）：1–17．

[125] Castro V L，Cooke A N，Halberstadt A G，et al.．Bidirectional Linkages Between Emotion Recognition and Problem Behaviors in Elementary School Children［J］．Journal of Nonverbal Behavior，

2018，42（4）：155–178.

[126] Chess S，Thomas A. Know Your Child：An Authoritative Guide for Today's Parents [M]. New York：Basic Books，1987.

[127] Coan J A，Maresh E L. Social Baseline Theory and the Social Regulation of Emotion [M]. New York，NY：Psychology Press，2013.

[128] Dixon Jr W E，Gouge N B，Price J S，et al.. Household Income Moderates the Relationship Between Temperament and Language Development [J]. 2017，12（8）：115–125.

[129] Dunfield K A. A Construct Divided：Prosocial Behavior as Helping，Sharing，and Comforting Subtypes [J]. Frontiers in Psychology，2014（5）：958–971.

[130] Eschenbeck H，Kohlmann C W，Lohaus A. Gender Differences in Coping Strategies in Children and Adolescents [J]. Journal of Individual Differences，2007，28（1）：18–26.

[131] Fabes R A，Leonard S A，Kupanoff K，et al.. Parental Coping with Children's Negative Emotions：Relations with Children's Emotional and Social Responding [J]. Child Development，2010，72（3）：907–920.

[132] Fjell A M，Westlye L T，Inge A，et al.. High-Expanding Cortical Regions in Human Development and Evolution Are Related to Higher Intellectual Abilities [J]. Cerebral Cortex，2015，25（1）：26–34.

[133] Freud A，Dan S. Normality and Pathology in Childhood：Assessments of Development. New York：International Universities Press，1951.

[134] Fromberg D P，Bergen D. Play from Birth to Twelve [M]. 2nd Edition. London：Routledge，2006.

[135] Grossmann T. The Development of Emotion Perception in Face and Voice during Infancy [J]. Restorative Neurology & Neuroence，2010，28（2）：219–236.

[136] Halberstadt A G，Parker A E，Castro V L. Nonverbal Communication：Developmental Perspectives [M]. Berlin：De Gruyter Mouton，2013.

[137] Harlow H F，Zimmermann R R. Affectional Response in the Infant Monkey：Orphaned Baby Monkeys Develop a Strong and Persistent

Attachment to Inanimate Surrogate Mothers [J]. Science, 1959, 130 (3373): 421–432.

[138] Harter S, Buddin B J. Children's Understanding of the Simultaneity of Two Emotions: A Five-stage Developmental Acquisition Sequence [J]. Developmental Psychology, 1987, 23 (3): 388–399.

[139] Huth-Bocks A C, Levendosky A A, Theran S A, et al.. The Impact of Domestic Violence on Mothers' Prenatal Representations of Their Infants [J]. Infant Mental Health Journal, 2004, 25 (2): 79–98.

[140] Izard, C, Fine S, et al.. Emotion Knowledge as a Predictor of Social Behavior and Academic Competence in Children at Risk [J]. Psychological Science, 2001, 12 (1): 18–23.

[141] Jones, J O B. Affiliation Amid Perceived Parental Expectation, Stress, and Life Satisfaction [D]. Moraga: Saint Mary's College of California, 2015.

[142] Kagan J, Reznick J S, Gibbons J. Inhibited and Uninhibited Types of Children [J]. Child Development, 1989, 23 (78): 838–845.

[143] Kendler D L, Brennan V, Davies T F, et al.. Expression of Human Thyroid Peroxidase in Insect Cells Using Recombinant Baculovirus [J]. Molecular & Cellular Endocrinology, 1993, 93 (2): 199–207.

[144] Klinger E. What Function Have Cholinergic Nerves in the Smooth Muscle of the Male Genital Tract ? [J]. Acta Physiologica Scandinavica Supplementum. 1977, 45 (2): 89–91.

[145] Landreth C C, Adrian R J, et al.. High Resolution Measurement of Turbulent Structure in a Channel with Particle Image Velocimetry [J]. Experiments in Fluids, 1991, 10 (6): 301–312.

[146] Letamendi A M. A Family Study of PTSD: Occurrence and Correlates of Internalizing Disorders in Children of OIF/OEF Soldiers with Combat Posttraumatic Stress Disorder [D]. La Jolla: University of California, San Diego, 2011.

[147] Lieberman A F. Traumatic Stress and Quality of Attachment: Reality and Internalization in Disorders of Infant Mental Health [J]. Infant Mental Health Journal, 2010, 25 (4): 336–351.

[148] Linda W V, Kamras R J. The Duchenne Smile: Emotional Expression

and Brain Physiology II [J]. Journal of Personality and Social Psychology, 2004, 58 (2): 342–353.

[149] Li X, Huang X, Tan H, et al.. A Study on the Relationship Between Posttraumatic Stress Disorder in Flood Victim Parents and Children in Hunan, China [J]. Australian and New Zealand Journal of Psychiatry, 2010, 5 (1): 543–550.

[150] Loizou E, Recchia S L. Research On Young Children's Humor: Theoretical and Practical Implications for Early Childhood Education [M]. Switzerland: Springer Nature Switzerland AG, 2019.

[151] López-Pérez B, & Pacella D. Interpersonal Emotion Regulation in Children: Age, Gender, and Cross-cultural Differences Using a Serious Game [J]. Emotion, 2019, 5 (10): 1–36.

[152] López-Pérez B, Wilson E L, Dellaria G, et al.. Developmental Differences in Children's Interpersonal Emotion Regulation [J]. Motivation & Emotion, 2016, 40 (5): 1–14.

[153] Masten A S, Coatsworth J D. The Development of Competence in Favorable and Unfavorable Environments: Lessons from Research on Successful Children [J]. American Psychologist, 1998, 53 (2): 205–220.

[154] Mendonca C, Shrivastava A, Pietschnig J. The Effect of Adaptive Capacity, Culture and Employment Status on Happiness among Married Expatriate Women Residing in Dubai [J]. Current Psychology, 2020, 39 (2): 1322–1330.

[155] Moss B. Structure of Vaccinia Virus Early Promoters [J]. Journal of Molecular Biology, 1989, 210 (4): 749–769.

[156] Niven K, Totterdell P, Holman D. A Classification of Controlled Interpersonal Affect Regulation Strategies [J]. Emotion, 2009, 9 (4): 498–509.

[157] Nolen-Hoeksema S, Aldao A. Gender and Age Differences in Emotion Regulation Strategies and Their Rrelationship to Depressive Symptoms [J]. Personality and Individual Differences, 2011, 51 (6): 704–708.

[158] Olfson M, Gerhard T, Huang C, et al.. Premature Mortality among Adults with Schizophrenia in the United States [J]. Jama Psychiatry,

2015，72（12）：1172–1181.

［159］Pianta R C，Egeland B. Relation between Depressive Symptoms and Stressful Life Events in a Sample of Disadvantaged Mothers［J］. Consult Clinical Psychology，1994，62（6）：1229–1234.

［160］Pratt M E，Swanson J，et al.. Cumulative Family Stressors and Kindergarten Adjustment：The Exacerbating Role of Teacher-Child Conflict［J］. Merrill-Palmer Quarterly，2019，65（1）：28–53.

［161］Premack D，Woodruff G. Does the Chimpanzee Have a Theory of Mind？［J］. Behavioral & Brain Sciences，1978，1（4）：515–526.

［162］Prentice A M. Overeating：The Health Risks［J］. Obesity Research，2001，9（4）：234–238.

［163］Rieder C，Cicchetti D. Organizational Perspective on Cognitive Control Functioning and Cognitive-Affective Balance in Maltreated Children［J］. Developmental Psychology，1989，25（3）：382–393.

［164］Robert M K，Karen O，et al.. Estrogen Replacement in Turner Syndrome：Literature Review and Practical Considerations［J］. Journal of Clinical Endocrinology & Metabolism，2018，24（11）：1103–1121.

［165］Rose A J，Asher S R. Children's Strategies and Goals in Response to Help-Giving and Help-Seeking Tasks Within a Friendship［J］. Child Development，2004，75（3）：749–763.

［166］Saarni C. Children's Emotional-expressive Behaviours as Regulators of Others' Happy and Sad Emotional States［J］. New Directions in Child Development，1992，55（10）：91–106.

［167］Slavson S R. Child-Centered Group Counseling of Parents［J］. International Journal of Group Psychotherapy，1960，10（1）：104–105.

［168］Stadler M，Aust M，Becker N，et al.. Choosing between What You Want Now and What You Want Most：Self-control Explains Academic Achievement beyond Cognitive Ability［J］. Personality & Individual Differences，2016，94（5）：168–172.

［169］Tang F，Liang J，Zhang H，Kelifa M M，Wang P. Covid-19 Related Depression and Anxiety among Quarantined Respondents［J］. Psychology and Health，2020，6（5）：1–15.

[170] Terman L M, Merrill M A. Measuring Intelligence: A Guide to the Administration of the New Revised Stanford-Binet Tests of Intelligence [J]. Psychological Bulletin, 1937, 1 (4): 605–609.

[171] Thomas A, Chess S. Temperament and Development [J]. Journal of the American Academy of Child Psychiatry, 1977, 146 (18): 3205–3216.

[172] Tuckerdrob E M, Briley D A, Harden K P. Genetic and Environmental Influences on Cognition across Development and Context [J]. Current Directions in Psychological Science, 2013, 22 (5): 349–355.

[173] Tzuriel D. Dynamic Assessment of Young Children [M]. New York: Springer, 2001.

[174] Watts T W, Duncan G J, Quan H. Revisiting the Marshmallow Test: A Conceptual Replication Investigating Links Between Early Gratification Delay and Later Outcomes [J]. Psychological Science, 2018, 29 (7): 1159–1177.

[175] Wellman H M, Bartsch K. Young Children's Reasoning About Beliefs [J]. Cognition, 1988, 30 (13) 239–277.

[176] Widen S C, Russell J A. A Closer Look at Preschoolers' Freely Produced Labels for Facial Expressions [J]. Developmental Psychology, 2003, 39 (1): 114–128.

[177] Williams W C, Morelli S A, Ong D C, et al.. Interpersonal Emotion Regulation: Implications for Affiliation, Perceived Support, Relationships, and Well-Being [J]. Journal of Personality & Social Psychology, 2018, 115 (2): 224–254.

[178] Yoder G R, Pao P S, Imam M A, et al.. Prediction of Slip-band Facet Angle in the Fatigue Crack Growth of an AlLi Alloy [J]. Scripta Metallurgica, 1988, 22 (8): 1241–1244.

[179] Zaki J, Williams W C. Interpersonal emotion regulation [J]. Emotion, 2013, 13 (5): 803–810.